21世纪高等教育建筑环境与能源应用工程系列规划教材

燃气燃烧与燃烧装置

主　编　刘　蓉　刘文斌
副主编　赵惠忠
参　编　徐　鹏　郭　全　张　敏
主　审　彭世尼　冯　良

机械工业出版社

本书系统地阐述了燃气燃烧理论、燃烧器及民用燃具设计、燃气在空调及工业炉中的应用等内容。

全书内容密切结合国内外燃气燃烧应用发展的现状，以我国最新的标准、规程和规范为依据，取材面广，反映了当代燃气燃烧装置的科技成就和水平。因此，本书亦可供从事燃气热能利用工作的设计、科研及运行管理人员参考。

本书配有电子课件，免费提供给选用本教材的授课教师。课件索取方式参见书末“信息反馈表”。

图书在版编目（CIP）数据

燃气燃烧与燃烧装置/刘蓉，刘文斌主编. —北京：机械工业出版社，2009.8（2026.1 重印）

（21 世纪高等教育建筑环境与设备工程系列规划教材）

ISBN 978-7-111-27542-8

Ⅰ.燃… Ⅱ.①刘…②刘… Ⅲ.①燃料气—燃烧理论—高等学校—教材②燃气设备—高等学校—教材 Ⅳ.TE64 TK17

中国版本图书馆 CIP 数据核字（2009）第 114542 号

机械工业出版社（北京市百万庄大街 22 号 邮政编码 100037）
责任编辑：刘 涛 版式设计：张世琴 责任校对：陈延翔
封面设计：王伟光 责任印制：单爱军
中煤（北京）印务有限公司印刷
2026 年 1 月第 1 版第 10 次印刷
169mm×239mm · 16.75 印张 · 322 千字
标准书号：ISBN 978-7-111-27542-8
定价：39.80 元

电话服务	网络服务
客服电话：010-88361066	机 工 官 网：www.cmpbook.com
010-88379833	机 工 官 博：weibo.com/cmp1952
010-68326294	金 书 网：www.golden-book.com
封底无防伪标均为盗版	机工教育服务网：www.cmpedu.com

序

建筑环境与设备工程（2012 年更名为建筑环境与能源应用工程）专业是 1998 年教育部新颁布的全国普通高等学校本科专业目录，将原“供热通风与空调工程”专业和“城市燃气供应”专业进行调整、拓宽而组建的新专业。专业的调整不是简单的名称的变化，而是学科科研与技术发展，以及随着经济的发展和人民生活水平的提高，赋予了这个专业新的内涵和新的元素，创造健康、舒适、安全、方便的人居环境是 21 世纪本专业的重要任务。同时，节约能源、保护环境是这个专业及相关产业可持续发展的基本条件，因而它们和建筑环境与设备工程（建筑环境与能源应用工程）专业的学科科研与技术发展总是密切相关的，不可忽视。

新专业的组建及其内涵的定位，它首先是由社会需求所决定的，也是和社会经济状况及科学技术的发展水平相关的。我国的经济持续高速发展和大规模建设需要大批高素质的本专业人才，专业的发展和重新定位必然导致培养目标的调整和整个课程体系的改革。培养“厚基础、宽口径、富有创新能力”，符合注册公用设备工程师执业资格要求，并能与国际接轨的多规格的专业人才，是本专业教学改革的目的。

机械工业出版社本着为教学服务，为国家建设事业培养专业技术人才，特别是为培养工程应用型和技术管理型人才作贡献的愿望，积极探索本专业调整和过渡期的教材建设，组织有关院校具有丰富教学经验的教授、副教授编写了这套建筑环境与设备工程专业系列教材。

这套系列教材的编写以“概念准确、基础扎实、突出应用、淡化过程”为基本原则，突出特点是既照顾学科体系的完整，保证学生有坚实的数理科学基础，又重视工程教育，加强工程实践的训练环节，培养学生正确判断和解决工程实际问题的能力，同时注重加强学生综合能力和素质的培养，以满足 21 世纪我国建设事业对专业人才的要求。

我深信，这套系列教材的出版，将对我国建筑环境与设备工程（建筑环境与能源应用工程）专业人才的培养产生积极的作用，会为我国建设事业做出一定的贡献。

陈在康

前　言

“燃气燃烧与燃烧装置”是普通高等学校建筑环境与设备工程本科专业的主要专业课程之一。本书体系主要参照城市燃气热能工程专业教材《燃气燃烧与应用》，系统地阐述了燃气燃烧理论、燃烧器及民用燃具设计、燃气在空调及工业炉中应用等内容，并列举了计算例题。同时还阐述了燃气燃烧的自动控制和安全措施。本书的编写注重理论结合实践，通过本门课程的教学，可培养学生从事燃气燃烧设备的设计、研究、应用管理等方面的能力。

本书根据建筑环境与设备工程本科专业的特点，详细阐述了燃烧器的设计原理，重点介绍了民用燃气燃烧装置的系统构成、应用规范等。本书在保留传统教材理论体系的前提下，根据专业设置的特点作了相应调整：增加了对燃气采暖壁挂锅炉以及燃气空调的介绍，还简单介绍了天然气冷热电三联供的利用形式；在第 6 章燃气互换性中增加了燃气配气的内容；对燃气燃烧器的节能环保技术作了较系统的介绍；对燃气在工业中的应用仅作了简单介绍，但强调了对工业炉耗气量的计算。

本书内容包括燃气的燃烧计算、燃气燃烧的基本原理、燃气燃烧的气流混合、燃气燃烧方法、燃气燃烧器、燃气互换性、民用燃气用具、燃气空调、燃气工业炉。

本书由北京建筑工程学院刘蓉、华中科技大学刘文斌任主编，上海理工大学赵惠忠任副主编，北京建筑工程学院郭全、徐鹏及上海水产大学张敏参与了编写工作。

全书共分 9 章，各章分工为：第 1 章徐鹏、刘蓉；第 2 章、第 3 章刘文斌；第 4 章刘蓉、刘文斌；第 5 章赵惠忠、刘蓉、张敏；第 6 章刘文斌、赵惠忠；第 7 章刘文斌、赵惠忠、郭全；第 8 章、第 9 章刘蓉；全书由刘蓉统稿。

本书由重庆大学彭世尼教授、同济大学冯良教授主审。

感谢北京市燃气集团刘燕高级工程师提出的非常宝贵的意见。

感谢对本书编写工作给予过帮助和关心的所有老师和朋友。

本书引用了许多资料（数据、图表、例题、工程设计等），谨向有关文献的作者表示衷心的感谢。

由于编者的水平有限，书中错误和不足之处，敬请专家和读者批评指正，编者不胜感谢。

编者

目 录

第1章 燃气的燃烧计算

1

燃烧计算是燃气燃烧与应用的基础，它为工业及民用燃烧设备的设计提供可靠的依据。燃气燃烧计算通常包括三个方面：①确定燃气的热值；②计算燃烧所需的空气量及产生的烟气量；③确定燃烧温度和绘制焓温图。

1.1 燃气的热值

1.1.1 燃烧及燃烧反应计量方程式

对于气体燃料（俗称燃气）来说，燃烧是指气体中的可燃成分（C_mH_n、H_2、CO等）在一定条件下与 O_2 发生激烈的氧化作用，并产生大量的热和光的物理化学反应过程。

燃烧反应计量方程式是进行燃烧计算的依据。它可以表示出燃烧反应前后，燃气中的各种可燃物质与其燃烧产物之间的量值比例关系。

例如，任何一种形式的碳氢化合物 C_mH_n 的燃烧反应方程式都可用下式表示

$$C_mH_n + (m + \frac{n}{4})O_2 = mCO_2 + \frac{n}{2}H_2O + \Delta H$$

式中　ΔH——C_mH_n 完全燃烧后所放出的热量。

1.1.2 燃气热值的确定

$1m^3$ 燃气完全燃烧后，其烟气被冷却至初始温度所放出的热量称为该燃气的热值，单位为 kJ/m^3。对于液化石油气，热值单位也可用 kJ/kg。

1. 低热值和高热值

由于碳氢化合物 C_mH_n 中含 H，所以燃气燃烧有 H_2O 产生。根据燃烧烟气中 H_2O 的排出状态不同，热值分为高热值和低热值。

低热值——当 H_2O 以气体状态排出时，燃烧所放出的热量称之为低热值。

高热值——当 H_2O 以凝结水状态排出时，蒸汽中所含的潜热得以释放，此种状态下所放出的热量称之为高热值。

显然，燃气的高热值在数值上大于其低热值，差值为烟气中水的汽化热（汽化潜热）。

在燃烧设备中，烟气中的水蒸气通常是以气体状态排出的，因此实际工程中经常用到的是燃气的低热值。有时为了进一步利用烟气中的热量，把烟气冷却至其露点温度以下使水蒸气冷凝液化，这时可用到燃气的高热值，例如冷凝锅炉。

2. 热值计算

在此特别说明，本教材以 15℃、0.101325MPa 为计算基准状态，以下简称基态。没有特别说明的与体积相关的参数值均为基态的值，体积单位为 m^3。标准状态特指 0℃、0.101325MPa 的状态。

单一可燃气体的热值参见附录 B。

实际使用的燃气通常是含有多种可燃组分的混合气体。混合气体的热值可以直接用实验的方法测定，也可以由各单一气体的热值根据混合法则按下式进行计算

$$H = 0.01 \times (H_1 r_1 + H_2 r_2 + \cdots + H_n r_n) \tag{1-1}$$

式中 H—— 燃气（混合气体）的高热值或低热值（kJ/m^3）；

H_1、H_2、…、H_n——燃气中各可燃组分的高热值或低热值（kJ/m^3）；

r_1、r_2、…、r_n——燃气中各可燃组分的体积分数（%）。

3. 热值的换算

1）干燃气的高热值与低热值的换算

$$H_h^{dr} = H_l^{dr} + 18.57(r_{H_2} + \Sigma \frac{n}{2} r_{C_mH_n} + r_{H_2S}) \tag{1-2}$$

式中 H_h^{dr}——干燃气的高热值［kJ/m^3(干燃气)］；

H_l^{dr}——干燃气的低热值［kJ/m^3(干燃气)］；

r_{H_2}、$r_{C_mH_n}$、r_{H_2S}——H_2、C_mH_n、H_2S 在干燃气中的体积分数（%）；

18.57——水在基态下的汽化热（$\times 10^2 kJ/m^3$）。

2）湿燃气的高热值与低热值的换算

$$H_h^w = H_l^w + \left[18.57 \times \left(r_{H_2} + \Sigma \frac{n}{2} r_{C_mH_n} + r_{H_2S}\right) + 2353 d_g\right] \frac{0.79}{0.79 + d_g} \tag{1-3}$$

式中 H_h^w——湿燃气的高热值［kJ/m^3(干燃气)］；

H_l^w——湿燃气的低热值［kJ/m^3(干燃气)］；

d_g——燃气的含湿量［kg/m^3(干燃气)］；

0.79——水蒸气在基态下的密度（kg/m^3）；

2353——水的汽化热（kJ/kg）。

3）干燃气的低热值与湿燃气的低热值的换算

$$H_l^w = H_l^{dr} \frac{0.79}{0.79 + d_g} \tag{1-4}$$

4）干燃气的高热值与湿燃气的高热值的换算

$$H_h^w = (H_h^{dr} + 2353 d_g) \frac{0.79}{0.79 + d_g} \tag{1-5}$$

1.2　燃烧所需空气量

燃烧所需的 O_2 一般是从空气中直接获得的。若不考虑空气中含有的少量 CO_2 和其他稀有气体，干空气的体积分数可按 O_2 为 21%、N_2 为 79%计算。在燃气的燃烧过程中要供给适量的空气，过多或过少都会对燃烧产生不利影响。

1.2.1　理论空气需要量

理论空气需要量是指按燃烧反应计量方程式，每 m^3（或 kg）燃气完全燃烧所需的空气量，是燃气完全燃烧所需的最少空气量。

干空气中 N_2 与 O_2 的容积比为

$$\frac{r_{N_2}}{r_{O_2}} = \frac{79}{21} = 3.76$$

各单一可燃气体燃烧所需的理论空气量可按附录 B 所列的燃烧反应式确定，其值可按该表查出。例如，H_2 的燃烧反应式为

$$H_2 + 0.5O_2 + 0.5 \times 3.76N_2 = H_2O + 0.5 \times 3.76N_2$$

$$1m^3 \quad \underbrace{0.5m^3 \quad 1.88m^3}_{2.38m^3} \quad \underbrace{1m^3 \quad 1.88m^3}_{2.88m^3}$$

在近似假定各种气体的 kmol 容积相等的前提下，由以上反应式可见，$1m^3 H_2$ 完全燃烧需同样温度压力状态的 $0.5m^3 O_2$ 或 $2.38m^3$ 空气，燃烧后生成烟气换算到同一状态的值为 $2.88m^3$。特别说明，采用 m^3/m^3 单位的参数，其中所涉及的气体状态均换算到同一计算状态，则该比例值不随温度变化。

用上述同样方法，可写出任何碳氢化合物 C_mH_n 的燃烧反应通式

$$C_mH_n + \left(m + \frac{n}{4}\right)O_2 + 3.76\left(m + \frac{n}{4}\right)N_2 = mCO_2 + 3.76 \times \left(m + \frac{n}{4}\right)N_2 + \frac{n}{2}H_2O$$

已知 C_mH_n 的分子式，就可以求得该 C_mH_n 完全燃烧所需的理论空气量。

对于混合燃气，当燃气组分已知时，可按下式计算燃气燃烧所需的理论空气量

$$V_0=\frac{1}{21}\left[0.5r_{H_2}+0.5r_{CO}+\Sigma(m+\frac{n}{4})r_{C_mH_n}+1.5r_{H_2S}-r_{O_2}\right] \tag{1-6}$$

式中 V_0——理论空气需要量[m^3(干空气)/m^3(干燃气)];

r_{H_2}、r_{CO}、$r_{C_mH_n}$、r_{H_2S}、r_{O_2}——燃气中 H_2、CO、C_mH_n、H_2S、O_2 的体积分数(%)。

一般情况下，燃气的热值越高，燃烧所需的理论空气量就越多。因此，当已知燃气热值时，其理论空气量还可按以下公式近似计算：

当燃气的低热值小于 9953kJ/m^3 时

$$V_0=\frac{0.22}{1000}H_l \tag{1-7}$$

当燃气的低热值大于 9953kJ/m^3 时

$$V_0=\frac{0.274}{1000}H_l-0.25 \tag{1-8}$$

对烷烃类燃气（天然气、石油伴生气、液化石油气）可采用

$$V_0=\frac{0.283}{1000}H_l \tag{1-9}$$

$$V_0=\frac{0.253}{1000}H_h \tag{1-10}$$

式中 H_l、H_h—— 燃气（混合气体）的低热值和高热值（kJ/m^3）。

1.2.2 实际空气需要量

由于燃气与空气的混合很难达到完全均匀，如果在实际燃烧装置中只供给理论空气量，则很难保证在有限的时间内燃气与空气的充分接触，不能做到完全燃烧。因此，实际供给的空气量一般应大于理论空气需要量，即要供应一部分过剩空气。过剩空气的存在增加了燃气分子与空气分子接触的机会，也增加了其相互作用的机会，从而促使其燃烧完全。

实际供给的空气量 V 与理论空气需要量 V_0 之比称为过剩空气系数 α，即

$$\alpha=\frac{V}{V_0} \tag{1-11}$$

式中 V——实际空气需要量[m^3(干空气)/m^3(干燃气)]。

在燃烧过程中，正确选择和控制 α 值的大小是十分重要的，α 过小或过大都会导致不良后果：α 过小会导致不完全燃烧，造成能源浪费和环境污染；α 过大则使烟气体积增大，炉膛温度与烟气温度降低，导致换热设备换热效率降低与排烟热损失增大，同样造成能源浪费。因此，先进的燃烧设备一般在保证完全燃烧的前提下，尽量使 α 值趋近于 1。而随时掌握燃烧设备的 α 值又是监测燃烧器具运行工况的重要手段。

实际上，α 的取值决定于所采用的燃烧方法及燃烧设备的运行状况。在工业设备中，α 值一般控制在 1.05～1.20；在民用燃气用具中，α 值一般控制在 1.3～1.8。

1.3 燃烧产物的计算

燃气燃烧后的产物就是烟气。当只供给理论空气量时，燃气完全燃烧后产生的烟气量称为理论烟气量。理论烟气的组分有 CO_2、H_2O 和 N_2。一些燃料中含有一定的 S，则在它们的燃烧产物中还含有 SO_2。由于在进行气体分析时，CO_2 和 SO_2 的含量经常合在一起，而 CO_2 和 SO_2 的计量方程式也有许多相似之处，因此通常将 CO_2 和 SO_2 合称为三原子气体，用符号 RO_2 表示。当有过剩空气时，烟气中除上述组分外还含有 O_2，这时的烟气量称为实际烟气量。如果燃烧不完全，则除上述组分外，烟气中还将出现 CO、CH_4、H_2 等可燃组分。

1.3.1 理论烟气量（α=1 时）

理论烟气量可根据燃气燃烧反应计量方程式计算，也可根据燃气热值近似计算。

1. 按燃气组分计算

在已知燃气组分时可根据燃气燃烧反应计量方程式计算理论烟气量。

（1）RO_2 体积

$$V_{RO_2}=V_{CO_2}+V_{SO_2}=0.01\times(r_{CO_2}+r_{CO}+\Sigma m r_{C_mH_n}+r_{H_2S}) \quad (1\text{-}12)$$

式中 V_{RO_2}——RO_2 体积 [m^3/m^3(干燃气)]；

r_{CO_2}、r_{CO}、$r_{C_mH_n}$、r_{H_2S}——燃气中 CO_2、CO、C_mH_n、H_2S 的体积分数（%）；

V_{CO_2}、V_{SO_2}——CO_2 和 SO_2 的体积 [m^3/m^3(干燃气)]。

（2）水蒸气体积

$$V_{H_2O}{}^0=0.01\times\left[r_{H_2}+r_{H_2S}+\Sigma\frac{n}{2}r_{C_mH_n}+126.6\times(d_g+V_0d_a)\right] \quad (1\text{-}13)$$

式中 $V_{H_2O}{}^0$——理论烟气中水蒸气的体积 [m^3/m^3(干燃气)]；

d_a、d_g——空气、燃气的含湿量 [kg/m^3(干空气)]；

r_{H_2}——燃气中 H_2 的体积分数（%）；

126.6——水蒸气在基态的比体积（m^3/kg）。

（3）N_2 体积

$$V_{N_2}{}^0=0.79V_0+0.01r_{N_2} \quad (1\text{-}14)$$

式中 $V_{N_2}{}^0$——理论烟气中 N_2 的体积［m^3/m^3(干燃气)］；

r_{N_2}——燃气中 N_2 的体积分数（%）。

(4) 理论烟气总体积

$$V_f{}^0 = V_{RO_2} + V_{H_2O}{}^0 + V_{N_2}{}^0 \tag{1-15}$$

式中 $V_f{}^0$——理论烟气量［m^3/m^3(干燃气)］。

2. 按燃气热值近似计算

对烷烃类燃气

$$V_f^0 = \frac{0.252H_l}{1000} + \alpha \tag{1-16}$$

其中，天然气，$\alpha=2$；石油伴生气，$\alpha=2.2$；液化石油气，$\alpha=4.5$。

对炼焦煤气

$$V_f^0 = \frac{0.287H_l}{1000} + 0.25 \tag{1-17}$$

对低热值小于 11944kJ/m³ 的燃气

$$V_f^0 = \frac{0.183H_l}{1000} + 1.0 \tag{1-18}$$

1.3.2 实际烟气量（$\alpha>1$ 时）

RO_2 体积与过剩空气无关，所以体积量不变。

水蒸气体积增加了过剩空气带入的 H_2O

$$V_{H_2O} = V_{H_2O}{}^0 + 1.266 \times (\alpha - 1)V_0 d_a \tag{1-19}$$

N_2 体积也增加了过剩空气带入的 N_2

$$V_{N_2} = V_{N_2}{}^0 + 0.79 \times (\alpha - 1)V_0 \tag{1-20}$$

实际烟气中存在 O_2，其体积为

$$V_{O_2} = 0.21 \times (\alpha - 1)V_0 \tag{1-21}$$

实际烟气总体积为

$$V_f = V_{RO_2} + V_{H_2O} + V_{N_2} + V_{O_2} \tag{1-22}$$

如果忽略过剩空气带入的 H_2O，则实际烟气量还可根据下式计算

$$V_f = V_f{}^0 + (\alpha - 1)V_0 \tag{1-23}$$

1.3.3 烟气的密度

$$\rho_f = \frac{\rho_g^{dr} + 1.226\alpha V_0 + (d_g + \alpha V_0 d_a)}{V_f} \tag{1-24}$$

式中 ρ_f、ρ_g^{dr}——烟气、干燃气的密度（kg/m^3）；

d_g、d_a——燃气、空气的含湿量 [kg/m^3(干空气)];

1.226——空气在基态时的密度 (kg/m^3)。

1.4 燃烧运行时烟气中的CO含量和过剩空气系数

1.4.1 烟气中CO含量的确定

如前所述，当燃气不完全燃烧时，烟气中除含有 CO_2、SO_2、N_2 和 H_2O 外，尚有不完全燃烧产物 CO、CH_4 和 H_2 等。由于 CH_4、H_2 的含量比CO少得多，因此工程上常将CO的含量视为该烟气中的不完全燃烧产物量。

烟气中的CO含量一般很少，都在1%～2%以下，需采用微量气体分析仪才能准确地测得，有时也可以根据燃气成分及烟气中三原子气体和过剩 O_2 的含量用计算方法来确定CO量，其计算公式推导如下：

假定燃气的体积分数是

$$r_{H_2} + r_{CO} + \Sigma r_{C_mH_n} + r_{H_2S} + r_{O_2} + r_{CO_2} + r_{N_2} = 100 \tag{1-25}$$

如果实际得到的干烟气体积分数是

$$r_{CO_2}{}' + r_{SO_2}{}' + r_{CO}{}' + r_{N_2}{}' + r_{O_2}{}' = 100 \tag{1-26}$$

式中 $r_{CO_2}{}'$、$r_{SO_2}{}'$、$r_{CO}{}'$、$r_{N_2}{}'$、$r_{O_2}{}'$——干烟气中 CO_2、SO_2、CO、N_2、O_2 的体积分数 (%)。

其中的 N_2 是从三个不同来源进入烟气的。一部分随燃烧所需的理论空气进入，一部分随燃气原始组分进入，另一部分随过剩空气进入。因此，燃烧 1m^3 干燃气所得的 N_2 的容积 V_{N_2} 应为

$$V_{N_2} = 0.79V_0 + \frac{r_{N_2}}{100} + \frac{V_f^{dr}(r_{O_2}{}' - 0.5r_{CO}{}')}{100}\frac{79}{21} \tag{1-27}$$

式中 V_{N_2}——干烟气中 N_2 的体积 [m^3/m^3(干燃气)];

V_f^{dr}——燃烧 1m^3 干燃气所得干烟气体积 [m^3/m^3(干燃气)]。

因为燃烧 1m^3 干燃气时，所得的三原子气体和 CO_2 的总体积是

$$V_{RO_2} + V_{CO} = \frac{1}{100}(r_{CO} + \Sigma m r_{C_mH_n} + r_{CO_2} + r_{H_2S}) \tag{1-28}$$

如以 $r_{RO_2}{}' + r_{CO}{}'$ 表示三原子气体和CO在干烟气中的体积分数，则

$$r_{RO_2}{}' + r_{CO}{}' = \frac{V_{RO_2} + V_{CO}}{V_f^{dr}}100$$

即

$$V_f^{dr} = \frac{100(V_{RO_2} + V_{CO})}{r_{RO_2}{}' + r_{CO}{}'} \tag{1-29}$$

将式（1-26）中的 r_{N_2}' 用 $\frac{V_{N_2}}{V_f^{dr}}$ 代替，则

$$r_{RO_2}' + r_{CO}' + \frac{V_{N_2}}{V_f^{dr}} 100 + r_{O_2}' = 100 \tag{1-30}$$

将式（1-27）、式（1-29）、式（1-6）代入式（1-30）中可得

$$(r_{RO_2}' + r_{CO}') + r_{O_2}' + \frac{r_{RO_2}' + r_{CO}'}{100 \times (V_{RO_2} + V_{CO})} 100 \left\{ \frac{79}{21} \times \frac{1}{100} \times \left[0.5 \times (r_{H_2} + r_{CO}) + \Sigma\left(m + \frac{n}{4}\right) r_{C_mH_n} + 1.5 r_{H_2S} - r_{O_2} \right] + \frac{r_{N_2}}{100} \right\} + \frac{79}{21} \times (r_{O_2}' - 0.5 r_{CO}') = 100$$

将 $(V_{RO_2} + V_{CO})$ 按式（1-28）代入，得

$$0.21 \times (r_{RO_2}' + r_{CO}') + r_{O_2}' - 0.395 r_{CO}' + (r_{RO_2}' + r_{CO}') \times \frac{0.395 \times (r_{H_2} + r_{CO}) + 0.79 \Sigma\left(m + \frac{n}{4}\right) r_{C_mH_n} + 1.18 r_{H_2S} - 0.79 r_{O_2} + 0.21 r_{N_2}}{r_{CO} + \Sigma m r_{C_mH_n} + r_{CO_2} + r_{H_2S}} = 21$$

令 $\beta =$

$$\frac{0.395 \times (r_{H_2} + r_{CO}) + 0.79 \Sigma\left(m + \frac{n}{4}\right) r_{C_mH_n} + 1.18 r_{H_2S} - 0.79 r_{O_2} + 0.21 r_{N_2}}{r_{CO} + \Sigma m r_{C_mH_n} + r_{CO_2} + r_{H_2S}} - 0.79 \tag{1-31}$$

式中 β——燃烧特性系数，它只与燃料的组成有关，对一定组成的燃料，β 为定值。如对天然气 $\beta = 0.75 \sim 0.8$；对液化石油气 $\beta = 0.5$；对炼焦煤气 $\beta = 0.98$。

代入 β，式（1-31）可写成

$$0.21 \times (r_{RO_2}' + r_{CO}') + r_{O_2}' - 0.395 r_{CO}' + (r_{RO_2}' + r_{CO}')\beta + 0.79 \times (r_{RO_2}' + r_{CO}') = 21$$

即
$$(r_{RO_2}' + r_{CO}') + r_{O_2}' - 0.395 r_{CO}' + (r_{RO_2}' + r_{CO}')\beta = 21$$

由此可得出确定 r_{CO}' 的公式

$$r_{CO}' = \frac{21 - r_{O_2}' - r_{RO_2}'(1 + \beta)}{0.605 + \beta} \tag{1-32}$$

式中 r_{RO_2}' 和 r_{O_2}' 由烟气分析测定。

当完全燃烧时，$r_{CO}' = 0$，则

$$21 - r_{O_2}' - r_{RO_2}'(1 + \beta) = 0 \tag{1-33}$$

式（1-33）即为燃气完全燃烧的基本方程式，用此方程式可判别燃烧过程的好坏。

$21-r_{O_2}'-r_{RO_2}'(1+\beta)=0$ 表明燃烧完全；$21-r_{O_2}'-r_{RO_2}'(1+\beta)>0$ 表明燃烧不完全。

式（1-33）还可写成

$$r_{RO_2}'=\frac{21-r_{O_2}'}{(1+\beta)} \tag{1-34}$$

由式（1-34）可知，烟气中 r_{RO_2}'含量与过剩 r_{O_2}'有关，即与过剩空气系数 α 有关。若 α 越大，r_{RO_2}'越小。

只有当完全燃烧（$r_{CO}'=0$）和过剩空气系数 $\alpha=1$ 时（$r_{O_2}'=0$），r_{RO_2}'才达到最大值，从式（1-34）可得

$$r_{RO_{2max}}'=\frac{21}{1+\beta} \tag{1-35}$$

从式（1-35）不难看出，$r_{RO_{2max}}'$只与燃料的特性系数 β 有关。当燃料一定时，β 为定值，因此 $r_{RO_{2max}}'$也为定值。一般天然气 $r_{RO_{2max}}'=11.7\sim12$；液化石油气 $r_{RO_{2max}}'=14$；炼焦煤气 $r_{RO_{2max}}'=10.6$。同时还可以看出，$\beta>0$ 的燃料的 $r_{RO_{2max}}'$小于 21%。

应该指出，气体燃料不完全燃烧产物除 CO 还有 H_2 和 CH_4，因此式(1-32)只是一个近似计算式，准确的 r_{CO}'、r_{H_2}'、r_{CH_4}'只能靠气体分析仪测得。

1.4.2 过剩空气系数的确定

燃气设备工作时，由于各种原因，实际的过剩空气系数常常与设计值不符，过剩空气量的大小直接影响其热效率。因此，必须经常根据烟气分析的结果计算过剩空气系数 α，及时检查和调节过剩空气量，使其符合燃烧过程的需要。

如前所述，过剩空气系数是实际空气量和理论空气需要量之比，即

$$\alpha=\frac{V}{V_0}=\frac{V}{V-\Delta V}=\frac{1}{1-\dfrac{\Delta V}{V}} \tag{1-36}$$

式中 ΔV——过剩空气量[m^3(干空气)/m^3(干燃气)]。

1. 完全燃烧时过剩空气系数的确定

当完全燃烧时，过剩 O_2 含量 V_{O_2} 可以按干烟气中自由氧的体积分数 r_{O_2}'确定，即

$$V_{O_2}=\frac{r_{O_2}'}{100}V_f^{dr} \tag{1-37}$$

而空气中 O_2 的体积分数是 21%，所以过剩空气量为

$$\Delta V=\frac{V_{O_2}}{0.21} \tag{1-38}$$

将式（1-37）代入式（1-38）中，得

$$\Delta V=\frac{r_{O_2}{}'}{21}V_f^{dr} \tag{1-39}$$

同时，燃烧所用的实际空气量V可以用干烟气中由空气带入的N_2含量V_{N_2}来确定

$$V_{N_2,a}=\frac{r_{N_2,a}{}'}{100}V_f^{dr}$$

式中 $r_{N_2,a}{}'$——干烟气中由空气带入的N_2的体积分数（%）。

而空气中N_2的体积分数是79%，所以实际空气量为

$$V=\frac{V_{N_2,a}}{0.79}=\frac{r_{N_2,a}{}'}{79}V_f^{dr} \tag{1-40}$$

将式（1-39）和式（1-40）代入（1-36）中得

$$\alpha=\frac{1}{1-\dfrac{\dfrac{r_{O_2}{}'}{21}V_f^{dr}}{\dfrac{r_{N_2,a}{}'}{79}V_f^{dr}}}=\frac{1}{1-\dfrac{79}{21}\dfrac{r_{O_2}{}'}{r_{N_2,a}{}'}}$$

或

$$\alpha=\frac{21}{21-79\dfrac{r_{O_2}{}'}{r_{N_2,a}{}'}} \tag{1-41}$$

式（1-41）中 $$r_{N_2,a}{}'=r_{N_2}{}'-r_{N_2,g}{}'$$

式中 $r_{N_2}{}'$——干烟气中N_2的总体积分数（%）；

$r_{N_2,g}{}'$——干烟气中由燃气带入的N_2的体积分数（%）。

而 $$r_{N_2,g}{}'=\frac{V_{N_2,g}}{V_f^{dr}}100=\frac{r_{N_2}r_{RO_2}{}'}{V_{RO_2}100}$$

式中 $V_{N_2,g}$——干烟气中由燃气带入的N_2的体积［m^3/m^3(干燃气)］；

r_{N_2}——干燃气中N_2的体积分数（%）。

所以 $$r_{N_2,a}{}'=r_{N_2}{}'-r_{N_2,g}{}'=r_{N_2}{}'-\frac{r_{N_2}r_{RO_2}{}'}{V_{RO_2}100}$$

将上式代入式（1-41）中，就得到完全燃烧时过剩空气系数的计算公式

$$\alpha=\frac{21}{21-79\dfrac{r_{O_2}{}'}{r_{N_2}{}'-\dfrac{r_{N_2}r_{RO_2}{}'}{V_{RO_2}100}}} \tag{1-42}$$

将式（1-12）中的 V_{RO_2} 值代入上式，得

$$\alpha=\frac{21}{21-79\dfrac{r_{O_2}{}'}{r_{N_2}{}'-\dfrac{r_{N_2}r_{RO_2}{}'}{r_{CO_2}+r_{CO}+\Sigma m r_{C_mH_n}+r_{H_2S}}}} \tag{1-43}$$

当燃气中 N_2 含量很少时，可认为 $r_{N_2,g}\approx 0$，则

$$r_{N_2,a}{}'=r_{N_2}{}'$$

而完全燃烧时干烟气中

$$r_{RO_2}{}'+r_{O_2}{}'+r_{N_2}{}'=100$$

所以

$$r_{N_2,a}{}'=100-(r_{RO_2}{}'+r_{O_2}{}')$$

将上式代入式（1-41）得

$$\alpha=\frac{21}{21-79\dfrac{r_{O_2}{}'}{100-(r_{RO_2}{}'+r_{O_2}{}')}} \tag{1-44}$$

式中的 $r_{RO_2}{}'$ 和 $r_{O_2}{}'$ 均由烟气分析而得。

2. 不完全燃烧时过剩空气系数的确定

不完全燃烧时，烟气的含 O_2 量就包括过剩空气的 O_2 和由于不完全燃烧而未耗用的 O_2 两部分，因此过剩空气量为

$$\Delta V=\frac{100}{21}\times(V_{O_2}-0.5V_{CO}-0.5V_{H_2}-2V_{CH_4})$$

式中 V_{O_2}、V_{CO}、V_{H_2}、V_{CH_4}——$1m^3$ 干燃气燃烧后产生的 O_2、CO、H_2 和 CH_4 的量 [m^3/m^3(干燃气)]；

$0.5V_{CO}$——由于 CO 未燃尽而少耗的 O_2 量 [m^3/m^3(干燃气)]；

$0.5V_{H_2}$——由于 H_2 未燃尽而少耗的 O_2 量 [m^3/m^3(干燃气)]；

$2V_{CH_4}$——由于 CH_4 未燃尽而少耗的 O_2 量 [m^3/m^3(干燃气)]。

或

$$\Delta V=\frac{V_f^{dr}}{21}(r_{O_2}{}'-0.5r_{CO}{}'-0.5r_{H_2}{}'-2r_{CH_4}{}') \tag{1-45}$$

将上式代入式（1-36）中，可得不完全燃烧时过剩空气系数的计算公式

$$\alpha = \frac{21}{21 - 79\dfrac{r_{O_2}{}' - 0.5r_{CO}{}' - 0.5r_{H_2}{}' - 2V_{CH_4}{}'}{r_{N_2}{}' - \dfrac{r_{N_2}}{V_f^{dr}}}}$$

$$\alpha = \frac{21}{21 - 79 \times \dfrac{r_{O_2}{}' - 0.5r_{CO}{}' - 0.5r_{H_2}{}' - 2r_{CH_4}{}'}{r_{N_2}{}' - \dfrac{r_{N_2}(r_{RO_2}{}' + r_{CO}{}' + r_{CH_4}{}')}{r_{CO_2} + r_{CO} + \Sigma m r_{C_mH_n} + r_{H_2S}}}} \tag{1-46}$$

利用式（1-46），只要测得燃气和烟气成分，便可计算出不完全燃烧时的过剩空气系数。应该说明，上式并未考虑烟气中的含S组分。

当不完全燃烧产物主要是CO时，则 $r_{H_2}{}' \approx 0$，$r_{CH_4}{}' \approx 0$，式（1-46）就可简化。这时按式（1-32）可以算出 $r_{CO}{}'$，代入式（1-46）后即可算出 α。

1.5 燃烧温度

1.5.1 燃气燃烧温度

燃气燃烧时所放出的热量加热燃烧产物（烟气），使之能达到的温度称为燃气的燃烧温度。它由燃烧过程的热量平衡来确定。

一定比例的燃气和空气燃烧，它们带入的热量包括两部分：①由燃气和空气带入的物理热（燃气和空气的体积焓 h_g 和 h_a）；②燃气的化学热（热值）。而热平衡的支出项包括：①烟气带走的物理热（烟气的体积焓 h_f）；②向周围介质散失的热量 Q_2；③由于不完全燃烧而损失的热量 Q_3；④烟气中的 CO_2 和 H_2O 在高温下分解所消耗的热量 Q_4。以 $1m^3$ 基态燃气的燃烧为例，可列出燃烧过程的热平衡方程

$$H_l + h_g + h_a = h_f + Q_2 + Q_3 + Q_4 \tag{1-47}$$

其中

$$h_g = (c_g + 1.266c_{H_2O}d_g)t_g \tag{1-48}$$

$$h_a = \alpha V_0(c_a + 1.266c_{H_2O}d_a)t_a \tag{1-49}$$

$$h_f = (V_{RO_2}c_{RO_2} + V_{H_2O}c_{H_2O} + V_{N_2}c_{N_2} + V_{O_2}c_{O_2})t_f \tag{1-50}$$

式中 H_l——燃气的热值 [kJ/m^3(干燃气)]；

h_g——燃气的体积焓 [kJ/m^3(干燃气)]；

h_a——由 $1m^3$ 干燃气燃烧所需空气带入的物理热 [kJ/m^3(干燃气)]；

h_f——由 $1m^3$ 干燃气燃烧生成烟气的体积焓 [kJ/m^3(干燃气)]；

$c_g、c_{H_2O}、c_a、c_{RO_2}、c_{N_2}、c_{O_2}$——燃气、$H_2O$、空气、三原子气体、$N_2$、$O_2$ 由 $0\sim t_f$℃的平均体积定压热容 [kJ/(m³·k)];

1.266——水蒸气基态时的比体积 (m³/kg);

t_g、t_a、t_f——燃气、空气、烟气的温度 (℃);

V_{RO_2}、V_{H_2O}、V_{N_2}、V_{O_2}——1m³ 干燃气完全燃烧后所产生的三原子气体、水蒸气、N_2、O_2 的体积 [m³/m³(干燃气)];

d_a、d_g——空气、燃气的含湿量 [kg/m³(干气)];

Q_2——向周围介质散失的热量 [kJ/m³(干燃气)];

Q_3——由于不完全燃烧而损失的热量 [kJ/m³(干燃气)];

Q_4——烟气中的 CO_2 和 H_2O 在高温下分解所消耗的热量 [kJ/m³(干燃气)]。

由此，可以得到烟气温度的通用计算公式

$$t_f=\frac{H_l+(c_g+1.266c_{H_2O}d_g)t_g+\alpha V_0(c_a+1.266c_{H_2O}d_a)t_a-Q_2-Q_3-Q_4}{V_{RO_2}c_{RO_2}+V_{H_2O}c_{H_2O}+V_{N_2}c_{N_2}+V_{O_2}c_{O_2}} \tag{1-51}$$

但影响 t_f 的因素很多，很难精确地计算。

为了比较燃气在不同条件下的热力特性，假设出多种简化了的热平衡条件，从而得到了不同定义的燃烧温度：

(1) 热量计温度 t_c　假设燃烧过程在绝热条件下 ($Q_2=0$) 进行，且完全燃烧 ($Q_3=0$)，忽略烟气成分的高温分解 ($Q_4=0$)，由燃气和空气带入的全部热量完全用于加热烟气本身，这时烟气所能达到的温度称为热量计温度 t_c，即

$$t_c=\frac{H_l+(c_g+1.266c_{H_2O}d_g)t_g+\alpha V_0(c_a+1.266c_{H_2O}d_a)t_a}{V_{RO_2}c_{RO_2}+V_{H_2O}c_{H_2O}+V_{N_2}c_{N_2}+V_{O_2}c_{O_2}} \tag{1-52}$$

(2) 燃烧热量温度 t_{ther}　在上述 (1) 的假设条件下，若不计燃气和空气带入的物理热 ($h_g=h_a=0$)，并且假设 $\alpha=1$，得到的烟气温度称为燃烧热量温度 t_{ther}，即

$$t_{ther}=\frac{H_l}{V_{RO_2}c_{RO_2}+V_{H_2O}c_{H_2O}+V_{N_2}c_{N_2}+V_{O_2}c_{O_2}} \tag{1-53}$$

可见，t_{ther} 只与燃气组成有关，即只取决于燃气性质，所以它是燃气的热工特性之一，是从燃烧温度的角度评价燃气性质的一个指标。

(3) 理论燃烧温度 t_{th}　在绝热且完全燃烧的条件下，考虑烟气的高温分解吸热的损失所得到的烟气温度称为理论燃烧温度 t_{th}，即

$$t_{th}=\frac{H_l+(c_g+1.266c_{H_2O}d_g)t_g+\alpha V_0(c_a+1.266c_{H_2O}d_a)t_a-Q_4}{V_{RO_2}c_{RO_2}+V_{H_2O}c_{H_2O}+V_{N_2}c_{N_2}+V_{O_2}c_{O_2}} \tag{1-54}$$

t_{th}是燃气燃烧过程控制的一个重要指标。它表明某种燃气在一定条件下燃烧，其烟气所能达到的最高温度。

在一般工业炉和锅炉中，当燃烧温度为1500℃、烟气中CO_2的含量等于10%时，只有0.7%的CO_2发生分解，水蒸气的分解量则更小，分解所消耗的热量也就很少。因此，在实际计算中，当烟气温度低于1500℃时，CO_2和H_2O分解的影响可以忽略不计。但当烟气温度高于1800～2000℃时，分解反应开始明显，应考虑CO_2和H_2O的分解吸热。这时在烟气中有下列三种分解反应

$$CO_2 \rightarrow CO + \frac{1}{2}O_2 - \Delta H$$

$$H_2O \rightarrow H_2 + \frac{1}{2}O_2 - \Delta H$$

$$H_2O \rightarrow \frac{1}{2}H_2 + OH - \Delta H$$

图1-1中给出了CO_2和H_2O的分解程度与温度（℃）及分压力（绝对大气压）关系曲线。

图1-2表示热分解消耗的热量与理论燃烧温度、空气中O_2含量之间的关系。随着燃烧温度的提高，热分解消耗的热量占烟气总焓的百分比也上升。

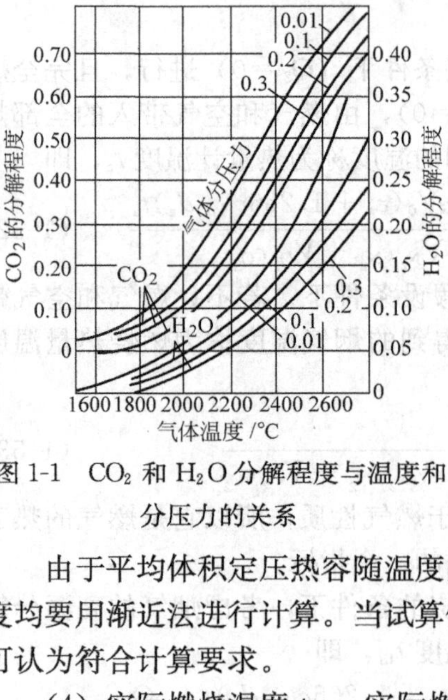

图1-1 CO_2和H_2O分解程度与温度和分压力的关系

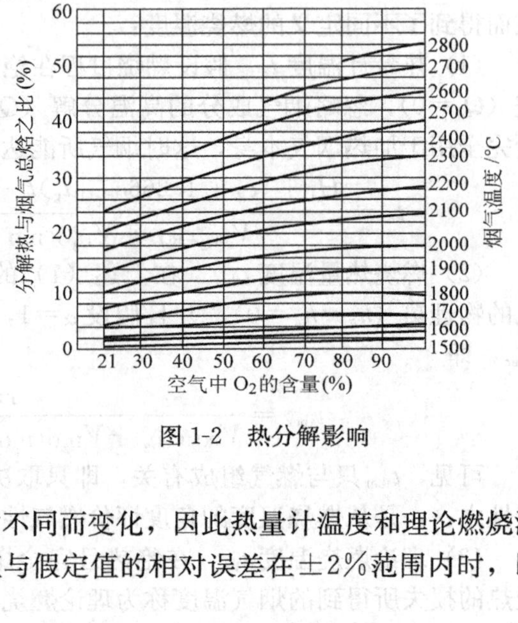

图1-2 热分解影响

由于平均体积定压热容随温度的不同而变化，因此热量计温度和理论燃烧温度均要用渐近法进行计算。当试算值与假定值的相对误差在±2%范围内时，即可认为符合计算要求。

（4）实际燃烧温度t_{act} 实际燃烧温度与理论燃烧温度的差值随工艺过程和燃烧环境的不同而不同，很难精确地计算出来。人们根据长期的实践经验，得出了实际燃烧温度的经验公式

$$t_{act} = \mu t_{th} \tag{1-55}$$

式中　μ——高温系数。无焰燃烧器的火道可取 μ=0.9，其他热工设备的 μ 值见表 1-1。

表 1-1　常用热工设备的高温系数

设备名称	μ	设备名称	μ
锻造炉	0.66～0.70	隧道窑	0.75～0.82
无水冷壁锅炉的炉膛	0.70～0.75	竖井式水泥窑	0.75～0.80
有水冷壁锅炉的炉膛	0.65～0.70	平炉	0.71～0.74
有关闭炉门的室炉	0.75～0.80	回转式水泥窑	0.65～0.85
连续式玻璃池炉	0.62～0.68	高炉空气预热器	0.77～0.80

1.5.2　影响燃烧温度的因素

分析式（1-49）可看出，燃气燃烧温度的高低与燃烧的完全程度、燃气热值、燃烧产物的数量、燃气与空气的温度、过剩空气系数和设备保温等因素有关。下面分析这些因素对燃烧温度的影响：

（1）热值的影响　一般来说，燃烧温度随燃气低热值 H_l 的增大而增大。当燃气中含有较多的重烃时，由于热值增高，燃烧温度也增高。但有时热值低的燃气的燃烧温度可能高于热值高的燃气的燃烧温度，这主要是由于燃烧产物的数量和比热容等因素起了主要作用。因为燃气燃烧放出的热主要用于加热燃烧产物，所以当燃烧产物数量多时，所需热量也多，燃烧温度就下降。同样，当燃烧产物的比热容大时燃烧温度也下降。因此，CH_4 的热值虽高于 H_2，但其燃烧温度却低于 H_2。

（2）过剩空气系数的影响　燃烧区的过剩空气系数太小时，由于燃烧不完全，不完全燃烧热损失增大，使燃烧温度降低；若过剩空气系数太大，则增加了燃烧产物的数量，使燃烧温度也降低。因此，为提高实际燃烧温度，应在保证完全燃烧的前提下尽量降低过剩空气量。

（3）空气和燃气温度的影响　预热空气或燃气可加大空气和燃气的焓值，从而提高燃烧温度。由于燃烧时空气量比燃气量大得多，因此预热空气对提高燃烧温度的影响比较明显。

（4）设备散热的影响　由于被加热物体的吸热和设备向四周的散热，实际燃烧温度比理论燃烧温度低。设备结构越合理，保温越好，向周围介质的散热损失就越小，实际燃烧温度也就越接近理论燃烧温度。

（5）燃烧的化学热损失　燃烧的化学热损失越多，提供给烟气的热量就越少，燃烧温度也越低。在提供了足够空气的情况下，使燃气与空气充分混合是减少化学热损失的有效方法。

1.5.3 烟气的焓

在进行燃烧设备热力计算时，需要知道烟气在不同温度下的焓。烟气的焓（体积焓），是指 $1m^3$ 干燃气燃烧所生成的烟气在等压条件下从 0℃加热到烟气温度 t_f 时所需要的热量，单位为 kJ/m^3（干燃气）。

含有 $1m^3$ 干燃气的湿燃气燃烧后所生成的烟气在不同温度下的焓（体积焓）等于理论烟气的焓（体积焓）与过剩空气的焓（体积焓）之和，即

$$h_f = h_f^0 + (\alpha - 1)h_a^0$$
$$= [V_{RO_2}c_{RO_2} + V_{H_2O}^0 c_{H_2O} + V_{N_2}^0 c_{N_2} + (\alpha - 1)V_0(c_a + 1.266c_{H_2O}d_a)]t_f \quad (1\text{-}56)$$

式中 h_f——烟气的体积焓 [kJ/m^3(干燃气)]；

h_f^0——理论烟气的体积焓 [kJ/m^3(干燃气)]；

h_a^0——理论空气在烟气温度下的体积焓 [kJ/m^3(干燃气)]；

α——过剩空气系数。

由于在燃烧设备中各部分的过剩空气系数 α 不完全一样（越接近烟囱，α 值越大），烟气的体积焓也需要分别计算。在热力计算中，一般都用式（1-52）先编制出烟气焓温表再绘出焓温图，参见例 1-2。利用烟气的焓温图，可以方便地查得在不同 α 时，不同温度下烟气的体积焓 h_f；反之，在一定温度下，若已知烟气的焓值，也可确定此时燃烧的 α 值。

【例 1-1】 已知天然气的体积分数如下：CH_4 92.1%；C_2H_6 3%；C_3H_8 1.5%；$i\text{-}C_4H_{10}$ 0.05%；$n\text{-}C_4H_{10}$ 0.05%；CO_2 2%；N_2 1%；O_2 0.3%。空气的含湿量 $d_a=10g/m^3$(干空气)，天然气的含湿量忽略不计。

试求：(1) 高热值及低热值；(2) 燃烧所需理论空气量；(3) 完全燃烧时的烟气量（$\alpha=1$ 和 $\alpha=1.2$ 时）；(4) 天然气 $t_g=0$℃、空气 $t_a=100$℃时的热量计温度（$\alpha=1$）。

【解】 查附录 B 得各燃气组分的参数如下：

项目 组分	体积分数 (%)	高热值 /(kJ/m³)	低热值 /(kJ/m³)	密度 /(kg/m³)	理论空气量 /(m³/m³)	理论烟气量 /(m³/m³)
CH_4	92.10	37767	34036	0.68	9.52	10.52
C_2H_6	3.00	66687	61043	1.29	16.66	18.16
C_3H_8	1.50	95996	88388	1.91	23.80	25.80
$i\text{-}C_4H_{10}$	0.05	107160	116458	2.55	30.94	34.44
$n\text{-}C_4H_{10}$	0.05	126912	117209	2.56	30.94	34.44
CO_2	2.00	0	0	1.88	0	0
N_2	1.00	0	0	1.18	0	0
O_2	0.30	0	0	1.36	0	0

（1）求高热值和低热值

根据混合法则，按式（1-2）求得燃气高、低热值

$$H_h = 0.01(H_{h1}r_1 + H_{h2}r_2 + \cdots + H_{hn}r_n)$$
$$= (37767 \times 0.921 + 66687 \times 0.03 + 95996 \times 0.015 + 107160 \times 0.0005 + 126912 \times 0.0005)\text{kJ/m}^3\text{(干燃气)}$$
$$= 38341\text{kJ/m}^3\text{(干燃气)}$$

$$H_l = 0.01(H_{l1}r_1 + H_{l2}r_2 + \cdots + H_{ln}r_n)$$
$$= (34036 \times 0.921 + 61043 \times 0.03 + 88388 \times 0.015 + 116458 \times 0.0005 + 117209 \times 0.0005)\text{kJ/m}^3\text{(干燃气)}$$
$$= 34621\text{kJ/m}^3\text{(干燃气)}$$

（2）求理论空气需要量

由所含组分计算，按式（1-4）求得

$$V_0 = \frac{1}{21}\left[0.5r_{H_2} + 0.5r_{CO} + \Sigma\left(m + \frac{n}{4}\right)r_{C_mH_n} + 1.5r_{H_2S} - r_{O_2}\right]$$
$$= \frac{1}{21} \times \left[\left(1 + \frac{4}{4}\right) \times 92.1 + \left(2 + \frac{6}{4}\right) \times 3 + \left(3 + \frac{8}{4}\right) \times 1.5 + \left(4 + \frac{10}{4}\right) \times 0.1 - 0.3\right]\text{m}^3/\text{m}^3\text{(干燃气)}$$
$$= 9.65\text{m}^3/\text{m}^3\text{(干燃气)}$$

（3）求完全燃烧时的烟气量

1）理论烟气量（$\alpha=1$ 时）：

RO_2 气体体积按式（1-12）求得

$$V_{RO_2} = V_{CO_2} + V_{SO_2}$$
$$= 0.01(r_{CO_2} + r_{CO} + \Sigma m r_{C_mH_n} + r_{H_2S})$$
$$= 0.01 \times (2 + 1 \times 92.1 + 2 \times 3 + 3 \times 1.5 + 4 \times 0.1)$$
$$= 1.05\text{m}^3/\text{m}^3\text{(干燃气)}$$

水蒸气体积，按式（1-13）求得

$$V_{H_2O}{}^0 = 0.01\left[r_{H_2} + r_{H_2S} + \Sigma\frac{n}{2}r_{C_mH_n} + 126.6(d_g + V_0 d_a)\right]$$
$$= 0.01 \times \left[\frac{4}{2} \times 92.1 + \frac{6}{2} \times 3 + \frac{8}{2} \times 1.5 + \frac{10}{2} \times 0.1 + 126.6 \times (0 + 9.65 \times 0.01)\right]\text{m}^3/\text{m}^3\text{(干燃气)}$$
$$= 2.12\text{m}^3/\text{m}^3\text{(干燃气)}$$

N_2 体积，按式（1-14）求得

$$V_{N_2}{}^0 = 0.79V_0 + 0.01r_{N_2}$$

$$= (0.79 \times 9.65 + 0.01 \times 1)\text{m}^3/\text{m}^3(\text{干燃气})$$
$$= 7.63\text{m}^3/\text{m}^3(\text{干燃气})$$

理论烟气总体积，按式（1-15）求得

$$V_f^0 = V_{RO_2} + V_{H_2O}^0 + V_{N_2}^0$$
$$= (1.05 + 2.12 + 7.63)\text{m}^3/\text{m}^3(\text{干燃气})$$
$$= 10.8\text{m}^3/\text{m}^3(\text{干燃气})$$

2）实际烟气量（α=1.2 时）：

RO_2 体积与过剩空气无关，所以体积量不变

$$V_{RO_2} = 1.05\text{m}^3/\text{m}^3(\text{干燃气})$$

水蒸气体积增加了过剩空气带入的 H_2O

$$V_{H_2O} = V_{H_2O}^0 + 0.01 \times 126.6(\alpha - 1)V_0 d_a$$
$$= (2.12 + 0.01 \times 126.6 \times 0.2 \times 9.65 \times 0.01)\text{m}^3/\text{m}^3(\text{干燃气})$$
$$= 2.14\text{m}^3/\text{m}^3(\text{干燃气})$$

N_2 体积也增加了过剩空气带入的 N_2

$$V_{N_2} = V_{N_2}^0 + 0.79(\alpha - 1)V_0$$
$$= (7.63 + 0.79 \times 0.2 \times 9.65)\text{m}^3/\text{m}^3(\text{干燃气})$$
$$= 9.15\text{m}^3/\text{m}^3(\text{干燃气})$$

实际烟气中存在 O_2，其体积为

$$V_{O_2} = 0.21(\alpha - 1)V_0$$
$$= (0.21 \times 0.2 \times 9.65)\text{m}^3/\text{m}^3(\text{干燃气})$$
$$= 0.405\text{m}^3/\text{m}^3(\text{干燃气})$$

实际烟气总体积为

$$V_f = V_{RO_2} + V_{H_2O} + V_{N_2} + V_{O_2}$$
$$= (1.05 + 2.14 + 9.15 + 0.405)$$
$$= 12.75\text{m}^3/\text{m}^3(\text{干燃气})$$

（4）求热量计温度

查附录 C 得 100℃时空气的体积定压热容 c_a=1.238kJ/(m³ · K)、水的体积定压热容 c_{H_2O}=1.421kJ/(m³ · K)。

由于平均比热容随温度的不同而变化，因此热量计温度必须经过试算才能确定。

假设热量计温度为 2000℃，查附录 C 得该温度下烟气中各气体的体积定压热容如下：

气体类别	CO_2	H_2O	N_2	O_2
体积定压热容/[kJ/(m³ · K)]	2.298	1.833	1.405	1.461

根据式（1-48）得 $\alpha=1.0$ 时的热量计温度

$$t_c=\frac{H_l+(c_g+1.266c_{H_2O}d_g)t_g+\alpha V_0(c_a+1.266c_{H_2O}d_a)t_a}{V_{RO_2}c_{RO_2}+V_{H_2O}c_{H_2O}+V_{N_2}c_{N_2}+V_{O_2}c_{O_2}}$$

$$=\left(\frac{34621+0+1\times9.65\times(1.238+1.266\times1.421\times0.01)\times100}{1.05\times2.298+2.12\times1.833+7.63\times1.461}\right)℃=2063℃$$

此计算值与假设温度相比较，误差值为 3.1%，大于 2%。

若设热量计温度为 2050℃，则该温度下各气体的体积定压热容如下：

气体类别	CO_2	H_2O	N_2	O_2
体积定压热容/［kJ/(m³·K)］	2.304	1.841	1.407	1.463

则

$$t_c=\frac{H_l+(c_g+1.266c_{H_2O}d_g)t_g+\alpha V_0(c_a+1.266c_{H_2O}d_a)t_a}{V_{RO_2}c_{RO_2}+V_{H_2O}c_{H_2O}+V_{N_2}c_{N_2}+V_{O_2}c_{O_2}}$$

$$=\left(\frac{34621+0+1\times9.65\times(1.238+1.266\times1.421\times0.01)\times100}{1.05\times2.304+2.12\times1.841+7.63\times1.463}\right)℃$$

$$=2050℃$$

此计算值与假设温度相比较，误差值为 0，假设合适。

【例 1-2】 在例 1-1 计算的基础上，绘制该天然气燃烧后烟气的焓温图。

【解】 烟气焓的计算公式：$h_f=[V_{RO_2}c_{RO_2}+V^0_{H_2O}c_{H_2O}+V^0_{N_2}c_{N_2}+(\alpha-1)V_0(c_a+1.20c_{H_2O}d_a)]t_f$

根据例题 1 可知其中

$V_{RO_2}=1.05m^3/m^3$（干燃气）

$V^0_{H_2O}=2.12m^3/m^3$（干燃气）

$V^0_{N_2}=7.63m^3/m^3$（干燃气）

$V_0=9.65m^3/m^3$（干燃气）

$d_a=10g/m^3$ 干空气

又根据附录 C 查得烟气中各组分不同温度下的体积定压热容：

c/［kJ/(m³·K)］ \ t_f/℃	400	800	1200	1600	2000	2400
c_{CO_2}	1.842	2.032	2.158	2.234	2.298	2.341
c_{H_2O}	1.476	1.570	1.671	1.758	1.833	1.897
c_{N_2}	1.250	1.298	1.341	1.377	1.405	1.425
c_a	1.262	1.310	1.354	1.389	1.417	1.437

通过计算得该天然气燃烧后烟气的焓温表——不同温度和不同过剩空气系数下的烟气焓 kJ/m³（干燃气）：

t_f/℃ \ α	1.0	1.2	1.4	1.6	1.8	2.0	2.5	3.0
400	5840.29	6828.98	7817.73	8806.45	9795.17	10783.89	13255.69	15727.49
800	12292.59	14345.92	16399.25	18452.58	20505.90	22551.88	27692.55	32825.87
1200	19248.30	22433.16	25617.99	28802.844	31987.69	35172.54	43134.66	51096.78
1600	26526.67	30884.631	35242.58	39600.53	43958.48	48316.43	59211.31	70106.19
2000	34308	39597.19	45156.4	50715.6	56274.8	61834	75732	89630
2400	41645.86	48413.28	55180.70	61948.13	68715.55	75482.98	92401.54	109320.1

绘制成焓温度图如下：

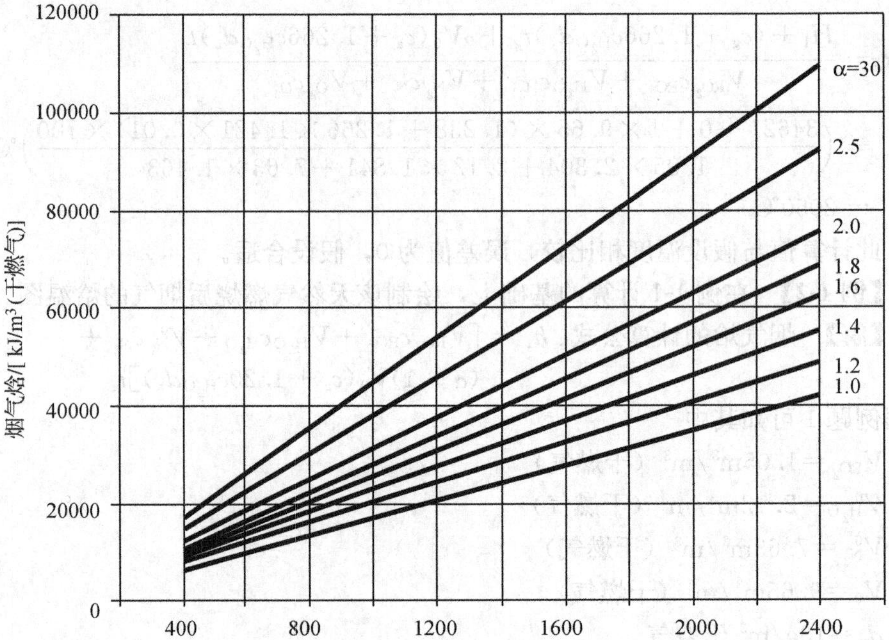

思 考 题

1. 什么是完全燃烧与不完全燃烧？碳氢化合物与空气完全燃烧与不完全燃烧时的产物有何区别？

2. 比较附录中所列几种常用气源的热值、理论空气需要量及烟气生成量，并分析其中的规律。

3. 试分析影响燃气燃烧温度的因素。

4. 如何通过烟气测量得到过剩空气系数？如果只测量烟气中的一个成分，可否计算出过剩空气系数？

第 2 章

2

燃气燃烧的基本原理

燃气的燃烧是一种化学反应，因此它遵循一些基本的化学定律。不同分子之间只有互相碰撞以后才能发生化学反应，但是互相碰撞的分子不一定都能产生化学反应。在分子互相碰撞时，只有少数具有较大能量的活化分子能够产生化学反应。活化分子所具有的能量比普通分子的能量大，而且要超过一定的值，才能破坏原来分子的结构，建立新的分子。这种超过分子平均能量可使分子活化而发生反应的能量称为活化能。

温度越高，分子的热运动越激烈，它们所具有的能量也越大，具有活化能或超过活化能的分子数量也越多，反应也越剧烈。

另外，实验表明，有些化学反应的机理十分复杂，它们往往不是由反应物一步就获得生成物，而是通过链反应方式来进行的。链反应只要一旦被引发，就会相继发生一系列基元反应，直至反应物消耗殆尽或通过外加因素使链环中断为止。

实验表明，在 H_2 和 O_2 的混合气体中，存在一些不稳定的分子，它们在碰撞过程中不断变成化学上很活跃的质点：H、O 和 OH 基。这些自由原子和游离基称为活化中心。通过活化中心来进行反应，比原来的反应物直接反应容易得多。

2.1　燃气的着火

任何可燃气体在一定条件下与 O_2 接触，都要发生氧化反应。如果氧化反应过程产生的热量等于散失的热量，或者活化中心浓度增加的数量正好补偿其销毁的数量，这个氧化反应过程就会很缓慢，不会发光，也不会产生大量的热，以至于通过肉眼很难观察到，通常把这个过程称为稳定的氧化反应过程。

如果氧化反应过程生成的热量大于散失的热量，或者活化中心浓度增加的数量大于其销毁的数量，这个过程就称为不稳定的氧化反应过程。

由稳定的氧化反应转变为不稳定的氧化反应而引起燃烧的一瞬间，称为着火。

在一定条件下，由于活化中心浓度迅速增加而引起反应加速从而使反应由稳定的氧化反应转变为不稳定的氧化反应的过程，称为支链着火。例如，磷在大气中会发光，但温度并不高；许多液态可燃物（醚、汽油、煤油等）在低压和温度只有 200～280℃时产生微弱的火光（又称冷焰）等。

一般工程上遇到的着火是由于系统中热量的积聚，使温度急剧上升而引起的。这种着火称为热力着火。

2.1.1 支链着火

在链反应中，如果每一链环中有两个或更多个活化中心可以引出新链环的反应，这种链反应称为支链反应；如果每一链环只产生一个新的活化中心，那么这种链反应称为直链反应（图 2-1）。燃烧反应都是支链反应。

支链反应的反应速度和压力、温度的关系是很复杂的。在一定的条件下，支链反应能够以自动加速的方式来进行，从而引起自燃。

对于支链反应，会因化学反应而不断产生新的活化中心。与此同时，活化中心和容器壁以及惰性分子相互碰撞又会不断销毁。

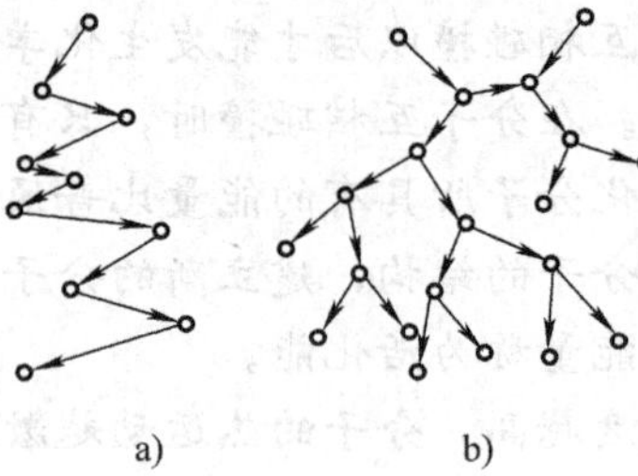

图 2-1 链反应图式

a）直链反应 b）支链反应

当活化中心增加的速度小于其销毁的速度时，反应属于稳定状态，不会引起着火；反之，反应变为自动加速的不稳定状态则引起支链着火。

对于支链反应，在着火前存在着一个感应期，在此期间系统中的能量主要用于火花中心的积聚，反应的速度极小，甚至很难察觉出来。经过感应期之后，反应速度达到可测速度，接着反应速度就迅速增加，在瞬时达到极大值而完成反应。感应期的长短主要取决于反应开始时的情况。若开始时活化中心浓度较大，感应期就较短；否则就较长。

2.1.2 热力着火

燃气与空气混合物的热力着火，不仅与燃气的物理化学性质有关，而且还与系统中的热力条件有关。

当燃气与空气的混合物在容器中进行化学反应时，分析其发生的热平衡现象，可以了解热力着火的条件。

对于一个简单反应

$$aA + bB = cC + dD$$

假设容器内壁面温度为 T_0，容器内的反应物温度为 T，反应物的浓度为 C（kg/m），那么，单位时间内容器中由于化学反应产生的热量为

$$Q_1 = WHV = k_0 e^{-\frac{E}{RT}} C_A^a C_B^b HV$$

式中　W——化学反应速度 [kg/(m² · s)]；

H——燃气的热值（kJ/m³）；

k_0——常数；

V——容器的体积（m³）。

在着火以前，由于温度 T 不高，反应速度很小，可以认为反应物浓度没有变化。将上式中各常数项的乘积用 A 表示，可写成

$$Q_1 = Ae^{-\frac{E}{RT}} \tag{2-1}$$

式（2-1）是容器中单位时间内由于化学反应而发生的热量与温度 T 的关系，绘在图 2-2 中，为一指数曲线 L（为了使问题简化，此处未考虑由于温度升高而使活化中心增加，从而对化学反应速度产生的影响）。

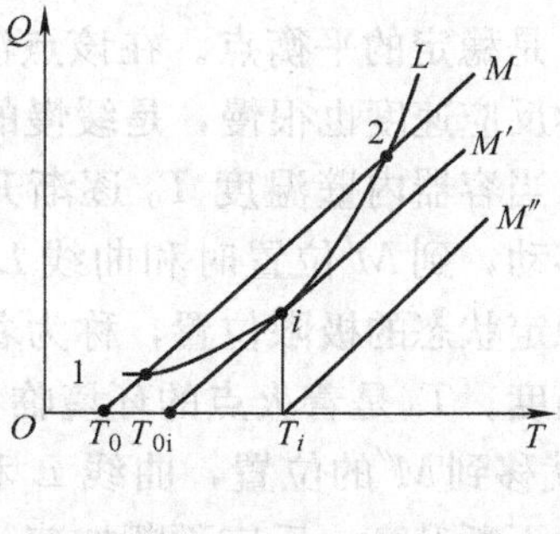

图 2-2　可燃混合物的热力着火过程

单位时间内燃气与空气的混合物通过容器向外散失的热量为

$$Q_2 = \alpha F(T - T_0)$$

式中　α——由混合物向内壁的散热系数；

F——容器的表面积；

T——混合物的温度；

T_0——容器内壁温度。

由于容器中温度变化不大，可以近似地认为 α 是常数。用 B 表示 αF，则上式可写成

$$Q_2 = B(T - T_0) \tag{2-2}$$

式（2-2）为散热量与温度的关系，在图 2-2 上是一根直线 M，散热线 M 的斜率取决于散热条件，它与横坐标的交点是容器内壁温度 T_0。

在图 2-2 中还可以看到散热曲线随着 T_0 变化而平行移动的情况。当温度 T_0 较低时，散热线 M 和发热曲线 L 有两个交点 1 和 2。此两交点显然都符合发热量等于散热量的条件，亦即都处于平衡状态，但情况却有所不同。为了进一步分析，将这两个点分别绘于图 2-3 上加以比较。

首先分析交点 2 的情况。假设由于偶然的原因使温度下降一些，则由化学反应发生的热量就小于散失的热量，温度将不断下降。假设温度偶尔升高，则发热量大于散热量，温度将不断升高。可见任何温度的微小波动都会使反应离开平衡状态，因而交点 2 实际上是不稳定的平衡状态。

交点 1 的情况则不同。假设温度偶然降低，则由化学反应发生的热量将大于散失的热量，温度将回升到原处。假设温度偶尔升高，则散热量将大于发热量，使温度又降回到原处。因此，交点 1 是稳定的平衡点。在该点混合物的温度很低，化学反应速度也很慢，是缓慢的氧化状态。

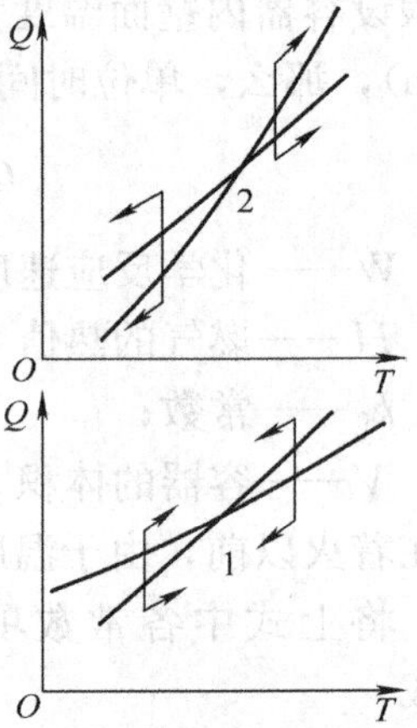

图 2-3 两种平衡状态的分析

当容器内壁温度 T_0 逐渐升高时，直线 M 向右移动，到 M'位置时和曲线 L 相切于 i 点。i 点是稳定状态的极限位置，称为着火点，相应于该点的温度 T_i 称为着火温度或自燃温度。T_{0i}是着火点的环境临界温度。若容器内壁温度比 T_{0i}再升高一点，曲线 M'就移到 M''的位置，曲线 L 和 M''就没有交点。这时发热量总是大于散热量，温度不断升高，反应不断加速，化学反应就从稳定的、缓慢的氧化反应转变成为不稳定、激烈的燃烧。换言之，只有环境（或容器）温度高于 T_{0i}，才会发生着火。

除了上述用加热方法（使 T_0 提高）能使可燃混合物着火以外，用升高压力的办法也能达到着火的目的。如果散热条件不变，升高压力将使反应物浓度增加，因而使化学反应速度加快。在图 2-4 中发热曲线 L 将向左上方移动。到 L'位置时，出现一个切点，就是着火点 i。当压力继续升高时，产热就永远大于散热（见 L''）。

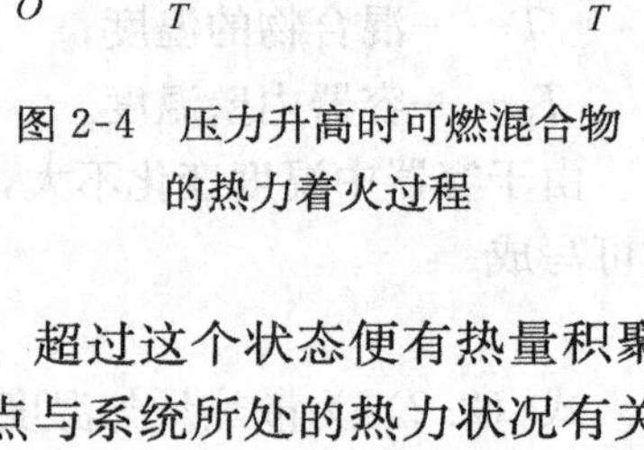

图 2-4 压力升高时可燃混合物的热力着火过程

根据以上分析可知，着火点是一个极限状态，超过这个状态便有热量积聚，使稳定的氧化反应转为不稳定的氧化反应。着火点与系统所处的热力状况有关，即使同一种燃气，着火温度也不是一个物理常数。

从图 2-5 可以看到，当可燃混合物的发热曲线 L 不变时，如果散热加强，直线 M 斜率将增大，着火点温度将由 T_i 升高至 $T_i{}'$。

由于着火点是发热曲线与散热曲线的相切点，它必然符合以下关系

$$\begin{cases} Q_1 = Q_2 \\ \dfrac{dQ_1}{dT} = \dfrac{dQ_2}{dT} \end{cases}$$

用式（2-1）和式（2-2）代入以上联立方程式可得到

$$\begin{cases} Ae^{-\frac{E}{RT}} = B(T - T_{0i}) \\ \dfrac{AE}{RT^2}e^{-\frac{E}{RT}} = B \end{cases}$$

合并以上两式可得

$$\frac{E}{RT^2}(T - T_{0i}) = 1$$

或

$$T^2 - \frac{E}{R}T + \frac{E}{R}T_{0i} = 0$$

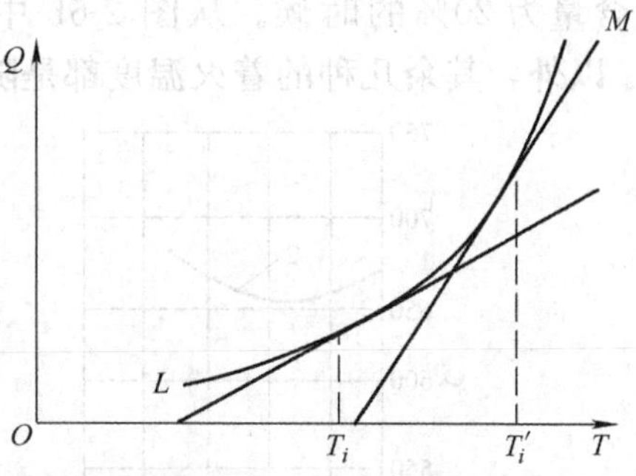

图 2-5　着火点与散热条件的关系

解此二次方程式就可得到相当于切点 i 的着火温度

$$T = T_i = \frac{1 - \sqrt{1 - \dfrac{4RT_{0i}}{E}}}{2\dfrac{R}{E}} \tag{2-3}$$

上式中根号前只取负号，因为取正号时所得着火温度将在 10000K 以上，实际上是不可能达到的。

将式（2-3）展开成级数，得

$$T_i = \frac{2\left(\dfrac{RT_{0i}}{E}\right) + 2\left(\dfrac{RT_{0i}}{E}\right)^2 + 4\left(\dfrac{RT_{0i}}{E}\right)^3 + \cdots}{2\dfrac{R}{E}}$$

式中$\dfrac{RT_{0i}}{E}$值很小，将其大于二次方的各项略去（误差不超过 1/100）可得

$$T_i = T_{0i} + \frac{R}{E}T_{0i}^2 \tag{2-4}$$

式（2-4）确定了使可燃混合物着火的条件，并用数量关系表达出来。也就是说可燃混合物只需从 T_{0i} 加热，使其温度上升 $\Delta T = \dfrac{RT_{0i}^2}{E}$，就能着火。

在通常情况下，如果 $E = (12.5 \sim 25) \times 10^4 \mathrm{J/mol}$，周围介质 $T_{0i} = 700\mathrm{K}$，则着火前的加热程度

$$\Delta T = T_i - T_{0i} = \frac{RT_{0i}^2}{E} = 16 \sim 33℃$$

也就是说 T_i 和 T_{0i} 是很接近的。

图 2-6 是一些燃气-空气混合物的着火温度。从图 2-6a 可以看出，H_2 的着火温度随着混合物中氢含量的增加而上升；CO 的最低着火温度出现于混合物中 CO 含量为 20% 的时候。从图 2-6b 中可以看到几种 C_mH_n 的着火温度，除了 CH_4 以外，其余几种的着火温度都是随着它们在混合物中的含量增加而降低。

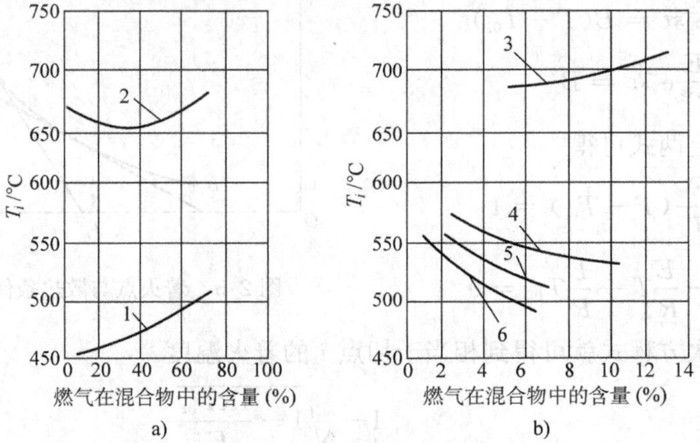

图 2-6 着火温度和可燃混合物组成的关系

a）氢和 CO b）碳氢化合物

1—H_2 2—CO 3—CH_4 4—C_2H_6 5—C_3H_8 6—C_4H_{10}

2.2 燃气的点火

当一微小热源放入可燃混合物中时，则贴近热源周围的一层混合物被迅速加热，并开始燃烧产生火焰，然后向系统其余冷的部分传播，使可燃混合物逐步着火燃烧。这种现象称为强制点火，简称点火。点火热源可以是热物体、小火焰、电火花等。

2.2.1 热物体点火

热物体点火是一种点火的基本形式。点火用热物体，可以是各种高温的物体，比如高温陶瓷、金属等球状、棒状物等。小火焰的点火也可归于热物体点火。热物体点火原理如下：假设一热金属颗粒放入可燃混合物中，其附近的温度分布如图 2-7 所示，T_W 为颗粒温度，T_a 为混合物温度。由于有温差，颗粒的热量向贴近的混合气体传递，热流率与周围介质的热力性质有关。如果 T_W 一定，则形成一稳定温度场，颗粒周围薄层中温度梯度最大。在可燃介质中，由于反应产生热量，温度线 b 比在非可燃介质中的温度线 a 高。虚线表示表面上的温度梯度斜率。由此可见，当发生放热反应时，温度梯度较小，因而从表面传向介质的热流也较小。如果颗粒温度升高，则温度分布曲线的差异更加显著。颗粒温度越高，周围介质层反应产生的热量也越多，则温度梯度越小，表面发出的热流也越小。当颗粒温度升高到某一临界值 T_{is}时，表面传向介质的热流等于零。如果颗粒表面温度稍高于 T_{is}，则反应加快，并在离开表面很小的距离上出现最高温度。一部分热量流向颗粒，而大部分则流向周围介质。这时，由于温度最高点继续离开颗粒表面，不可能形成稳定温度场。当灼热颗粒表面法线方向温度梯度等于零，即 $\left(\frac{dT}{dx}\right)_W=0$ 时，火焰层开始向未燃部分传播。温度临界值 T_{is}就是强制点火的点火温度。其意义与自动着火过程的着火温度相似，但比后者要高。

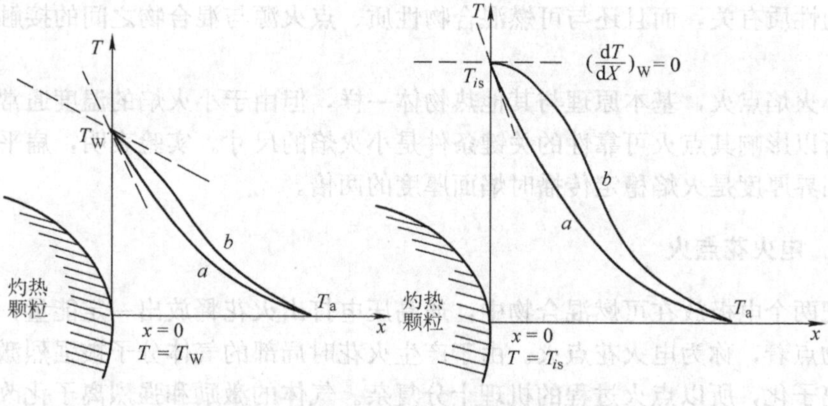

图 2-7　灼热颗粒附近温度分布

a—在非可燃介质中　*b*—在可燃介质中

必须指出，在反应介质中往往伴随有气体组分的浓度梯度。由于发生化学反应，颗粒表面附近可燃物浓度降低，而反应产物浓度增高。这样，就出现可燃物和反应产物各自的分子扩散。严格来讲，在分析点火问题时需考虑分子扩散的影响。

点火成功时，在灼热颗粒表面形成一火焰层，其厚度为 δ_f。若设其最高温度为火焰温度 T_f，则可由该火焰层的热平衡求得其厚度。

火焰层单位时间内的传导热量

$$Q_1 = \frac{\lambda(T_f - T_0)}{\delta_f}A$$

层内的化学反应放热量

$$Q_2 = \delta_f HWA$$

按热量平衡 $Q_1 = Q_2$，则可得

$$\delta_f^2 = \frac{\lambda(T_f - T_0)}{HW} \tag{2-5}$$

式中 δ_f——火焰层厚度；

A——火焰层面积；

λ——热导率；

T_f——火焰温度；

T_0——混合物起始温度；

H——混合物的燃烧热；

W——火焰层中燃烧反应速度。

强制点火要求点火源处的火焰能够传至整个容积，因此着火的条件不仅与点火源的性质有关，而且还与可燃混合物性质、点火源与混合物之间的接触时间等有关。

小火焰点火，基本原理与其他热物体一样，但由于小火焰的温度通常变化不大，所以影响其点火可靠性的关键条件是小火焰的尺寸。实验表明，扁平点火火焰的临界厚度是火焰稳定传播时焰面厚度的两倍。

2.2.2 电火花点火

把两个电极放在可燃混合物中，通高压电打出火花释放出一定能量，使可燃混合物点着，称为电火花点火。由于产生火花时局部的气体分子被强烈激励，并发生离子化，所以点火过程的机理十分复杂。气体的激励和强烈离子化改变了火花区化学反应的进程，相应地也改变了点火的临界条件。无疑，电火花使局部气体温度急剧上升，因此火花区可当作灼热气态物体，成为点火源。

用电火花进行点火时，从燃气的点燃到燃尽大体上可分成两个阶段。先是由电火花激励可燃混合物而使之局部着火，形成初始的火焰中心，随后初始火焰中心向未着火的混合物传播，使其燃烧。如果初始中心形成，并出现稳定的火焰传播，则点火成功。初始火焰中心能否形成，取决于电极间隙内混合物中燃气的体积、浓度、压力、初始温度、流动状态、混合物的性质以及电火花提供的能量等。

点火电极可做成各种形式，如平头、圆头或平行板状等。产生火花的方法通常有电容放电和感应放电两种。电容放电是快速释放电容器所储能量而产生的；感应放电是在断开包括变压器、点火线圈等在内的电路时产生的。电容放电时，释放能量可由下式表示

$$E = \frac{1}{2}C(U_1^2 - U_2^2) \tag{2-6}$$

式中 C——电容器的电容；

U_1、U_2——产生火花前后施加于电容器的电压。

通常 $U_2 \ll U_1$，故

$$E=\frac{1}{2}CU_1^2 \tag{2-7}$$

（1）最小点火能　最小点火能和熄火距离可用来表征各种不同可燃混合物的点燃特性。实验表明，当电极间隙内的可燃混合物的浓度、温度和压力一定时，若要形成初始火焰中心。放电能量必须有一最小极值。能量低于此极值时不能形成初始火焰中心。这个必要的最小放电能量就是最小点火能 E_{min}。

从电火花点火的理论来讲，可以认为火花产生后便形成一高温可燃混合气的小球。由于存在着向未燃气体的热流，使其温度急剧下降，而小球附近的气体层的温度上升，并诱发化学反应，所以形成了壳形焰面并向外传播。为使其继续传播，火焰在当时至少要增大到这种程度：火焰中心的已燃气体与火焰外的未燃气体之间的温度梯度具有与稳定火焰波中的温度梯度相同的斜率，如果火焰球过小，则温度梯度过陡，内核的反应析热率不足以抵偿预热外层未燃气体的热损失率。这时，热损失量不断超过反应热量，造成整个反应空间温度下降，反应逐渐中断，火焰波只是在点火时点燃一小部分气体后就熄灭了。所以，最小点火能就是为建立临界最小尺寸的火焰所需的能量，如图 2-8 所示。

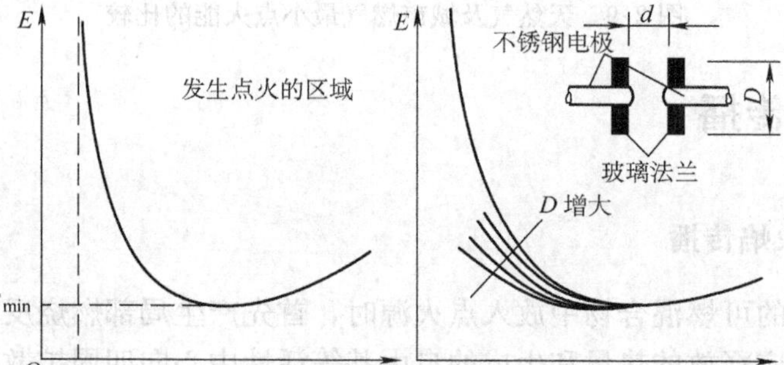

图 2-8　点火能与电极间距的关系曲线

a）E_{min}与 d_q　b）法兰直径的影响

（2）熄火距离　从图 2-8 还可知，当 d 小到无论多大的火花能量都不能使可燃混合物点燃时，这个最小距离就叫熄火距离 d_q，也叫猝熄直径。因为，当电极间隙过小时，初始火焰中心对电极的散热过大，以致火焰不能向周围混合物传播。所以，电极间的距离不宜过小，在给定条件下有一最佳值。

图 2-9 所示为最小点火能与天然气及城市燃气（含 50% H_2）在混合物中含量的关系曲线，曲线上方为点火区域。由此可见，天然气所需点火能高，而且点

火范围也窄，因此较难点着。而含氢量较高的城市燃气则易于点火。最小点火能 E_{min} 及熄火距离 d_q 的最小值一般都在靠近化学计量混合比之处，同时 E_{min} 及 d_q 随混合物中燃气含量的变化曲线均呈U形。

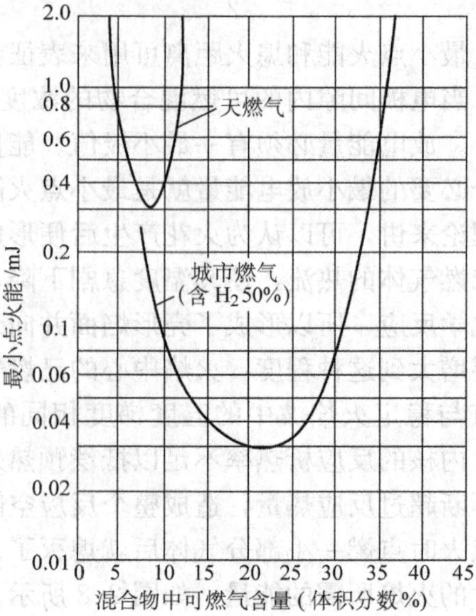

图 2-9　天然气及城市燃气最小点火能的比较

2.3　火焰传播

2.3.1　层流火焰传播

当在静止的可燃混合物中放入点火源时，首先产生局部燃烧反应而形成点源火焰。由于反应释放的热量和生成的自由基等活性中心向四周扩散传输，使紧挨着的一层未燃气体着火、燃烧，形成一层新的火焰。反应依次往外扩张，形成瞬时移动的球形火焰面。球内是已燃的炽热气体，周围为未燃气体，如图2-10所示。

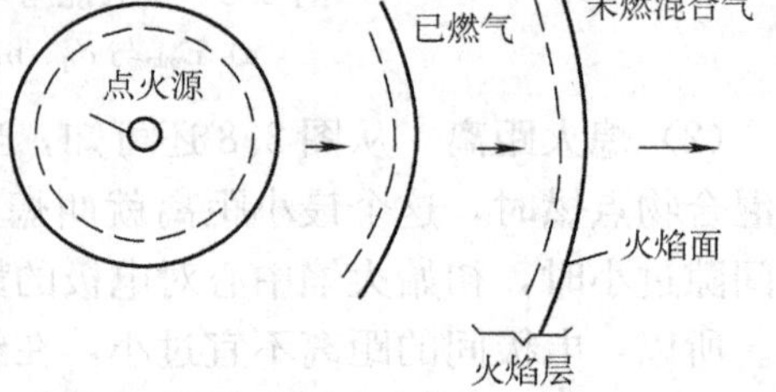

图 2-10　静止均匀混合气体中的火焰

如取一根水平管子，一端封住，另一端敞开，并设有点火装置，管内充满可燃混合气。点火时，可以观察到靠近点火热源处的可燃气体先着火，形成一燃烧的火焰面。此火焰面以一定的速度向未燃气体方面移动，直到另一端，把全部可燃混合气烧尽。这种情况下的火焰与在静止可燃气体中向周围传播有所不同。由于管壁的摩擦和向外的热量损失，轴心线上的传播速度要比管壁处大。气体的粘性使火焰面略呈抛物线形状，而不是完全对称的火焰锥。冷热气体产生的浮力又使抛物面变形，成为向前推进倾斜的弯曲焰面。

如果上述试验中由管子的闭口端点火，且管子相当长，那么火焰锋面在移动了大约 5～10 倍管径的距离之后，便明显开始加速，最后形成速度很高的（达每秒几十米）高速波，这就是爆振波。爆振波在可燃混合气中的传播是靠气体的膨胀来压缩未燃气体而形成冲击波，带动火焰锋面快速移动。前述正常燃烧属于稳定态燃烧，可视为等压过程；而爆振属不稳定态燃烧，有压缩过程。一般来说，爆振波只是在具有较高火焰传播速度的可燃混合气中才能发生。在民用燃气用具和燃气工业炉中，燃气的燃烧均属于正常燃烧，并不发生爆振现象，因而本章不予讨论。

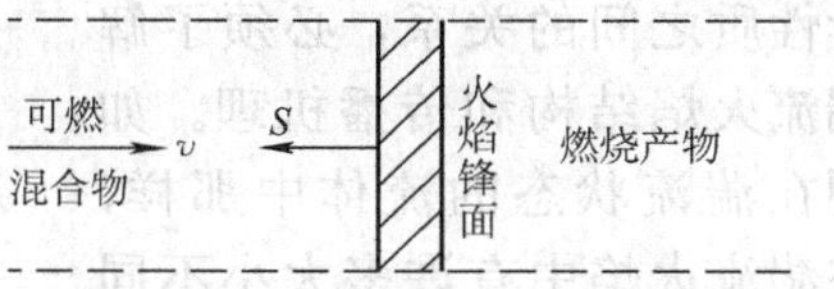

图 2-11　流动气体中的火焰锋

实际燃烧装置中，可燃混合气不是静止，而是连续流动的。如图 2-11 所示，若可燃混合气在一管内流动，其速度 v 是均匀分布的，点燃后可形成一平整的火焰锋面；火焰传播速度用 S 表示。此锋面对管壁的相对位移可能出现以下三种情况：①如 $S>v$，则火焰面向气流的上游方向移动；②如 $S<v$，则火焰面向气流的下游方向移动；③如 $S=v$，则气流速度与火焰传播速度相平衡，火焰面驻定不动。最后一种情况，是燃烧装置中连续流动的可燃混合气稳定燃烧的必要条件。

下面总结火焰传播的基本概念：

1）火焰传播：当可燃混合气体被点燃后，在着火处形成一层高温燃烧层，该高温燃烧层将热量和活化中心传递给相邻的可燃混合气体，将其点燃形成新的燃烧层，燃烧层这样依次向未燃的可燃混合气体传播，使每层气体都相继经历加热、着火和燃烧的过程，叫做火焰传播。

2）火焰面：未燃气体与燃烧产物的分界面称为火焰面。

3）火焰传播速度：焰面向前移动的速度称为火焰传播速度，用符号 S 表示，单位为 m/s。

4）层流火焰传播：当可燃混合气为静止或处于层流状态，热量以及活化中心通过分子间的传递和扩散，从可燃混合物的一层传播到相邻层时，称层流火焰传播。对于规则的层流火焰传播，火焰面移动的方向与火焰面垂直，此时的火焰传播速度称为法向火焰传播速度，用符号 S_n 表示。图 2-10 所示模型为典型的法向火焰传播，其速度为法向火焰传播速度。

2.3.2 湍流火焰传播

平整的火焰面只能在静止气体或层流流动状态下观察到。在湍流流动时，火焰面变得混乱和曲折，形成火焰的湍流传播。

在研究湍流火焰传播时，仍借用层流火焰锋面的概念。把焰面视为一束燃气与已燃气体之间的宏观整体分界面，也称为湍流火焰锋面。湍流火焰传播速度也是以这个几何面来定义的，用 S_t 表示。

为了在理论上定量地建立湍流火焰传播速度、燃烧强度、湍动程度以及混合气体物理化学性质之间的关系，必须了解湍流火焰结构和传播机理。如同在湍流状态的流体中那样，在湍流火焰中有许多大小不同的微团作不规则运动。如果微团的平均尺寸小于层流火焰锋面的厚度，称为小尺度湍流火焰；反之，则称为大尺度湍流火焰。这两种火焰的模型如图 2-12 所示。

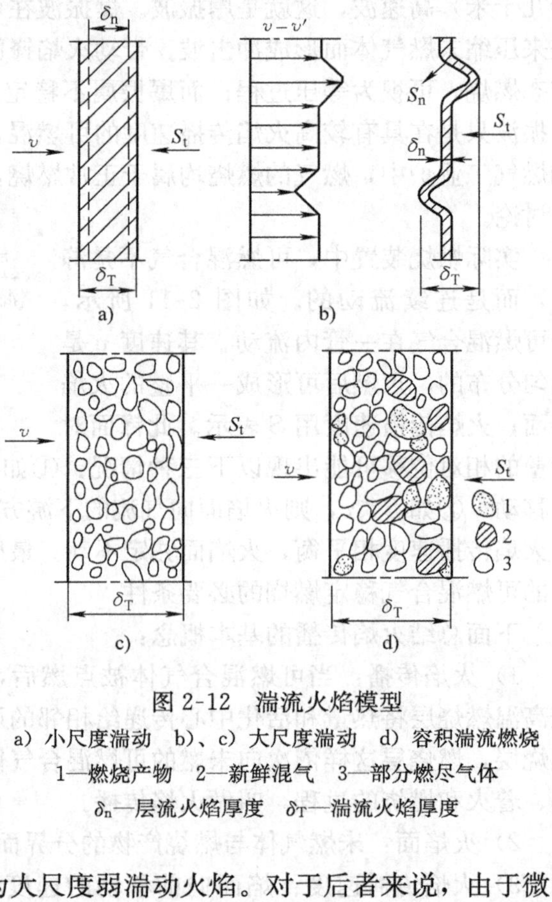

图 2-12 湍流火焰模型

a) 小尺度湍动 b)、c) 大尺度湍动 d) 容积湍流燃烧

1—燃烧产物 2—新鲜混气 3—部分燃尽气体

δ_n—层流火焰厚度 δ_T—湍流火焰厚度

从设定的火焰模型可以看出，小尺度湍流火焰尚能保持较规则的火焰锋面，其燃烧区的厚度仅略大于层流火焰锋面厚度。当微团的脉动速度大于层流火焰传播速度（$v' > S_t$）时，为大尺度强湍动火焰，反之为大尺度弱湍动火焰。对于后者来说，由于微团脉动速度小于层流火焰传播速度（$v' < S_t$），则微团不能冲破火焰锋面，但因微团尺寸大于层流火焰的锋面厚度，故锋面受到扭曲，如图 2-12b 所示。而在强湍动情况下，由于微团尺寸和脉动速度均相应地大于层流火焰的厚度和传播速度，所以此时已不存在连续的火焰锋面，如图 2-12c 所示。

以上是以表面理论来分析湍流火焰。但还有大量的实际现象不能解释，因而有研究者试图用容积理论来解释。图 2-12d 所示为容积湍流燃烧模型。

容积理论认为，在大尺度强湍动下燃烧的气体微团中，并不存在把未燃气体和已燃气体截然分开的正常火焰锋面。湍流燃烧是以气团为单位进行的，在每个湍流微团内部，一方面进行着不同成分和温度的物质的迅速混合，同时也进行着快慢程度不同的反应。有的微团达到了着火条件就整体燃烧，而另外未达到着火条件的微团在其脉动过程中，或是在已燃部分的影响下（传热和传质）达到着火条件而燃烧，或者消失而与其他部分混合而形成新的微团。所以在燃烧区中同时存在三种气团，一种是尚未燃烧的，另一种是正在燃烧的，再有一种是已经燃烧完的气团。

湍流火焰的结构和传播机理与层流火焰有很大差异，特别是它的传播速度比层流时要大得多，其理由可归结为以下几点：

1）湍流脉动使火焰变形，从而使火焰表面积增加，但是曲面上的法向传播速度仍保持为层流火焰速度。

2）湍流脉动增加了热量和活性中心的传递速度，反应速率加快，从而增大了垂直火焰表面的实际燃烧速度。

3）湍流脉动加快了已燃气和未燃气的混合，从而缩短混合时间，提高了燃烧速度。

2.3.3　法向火焰传播速度的测定

目前，尚不能用精确的理论公式来计算法向火焰传播速度 S_n。通常是依靠实验方法测得单一燃气或混合燃气在一定条件下的火焰传播速度值，有时也可依照经验公式和实验数据计算混合气的火焰传播速度。

实验测量方法很多，但到目前为止尚缺少完全符合 S_n 定义的测定方法。精确测量 S_n 的困难在于几乎不可能得到严格的平面状火焰面。为了尽可能准确地测定 S_n，必须选择非常接近 S_n 严格定义所要求的火焰来进行测量。若要提高 S_n 测定的精确性，必须对火焰附近的气流和温度分布进行认真研究，并改进测量技术。

测定 S_n 的实验方法，一般可归纳为静力法和动力法两类。静力法是在静止的可燃混合气中测火焰焰面的移动速度；动力法则是让可燃混合气流动，而使火焰焰面处于静止状态，则气流流速即为火焰传播速度。

1. 静力法测定 S_n

（1）管子法　静力法中最直观的方法是常用的管子法，所用仪器如图 2-13 所示。

玻璃管 1 中充满被测的燃气-空气混合物，一端封闭，另一端与装有惰性气体的容器 4 相连。装有惰性气体的容器 4 容积比玻璃管容积大 80～100 倍，从而尽可能在燃烧过程中保持压力不变。测定 S_n 时，打开阀门 2，并用火花点火器 3 点燃混合物。这时，在着火处立即形成一极薄的焰面，从点火处开始不断向未燃气体方向移动。用电影摄影机拍下火焰面移动的照片，已知胶片走动的速度和影与实物的转换的比例，就可算出可见火焰传播速度 S_v。在这种情况下，底片上留下的是倾斜的迹印，根据倾斜角可以确定任何瞬间的火焰传播速度。

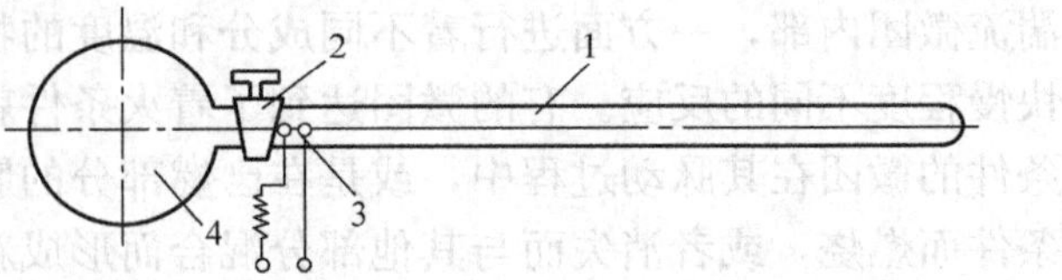

图 2-13 用静力法（管子法）测定 S_n 的仪器

1—玻璃管 2—阀门 3—火花点火器 4—装有惰性气体的容器

前已述及，由于燃烧时气流的湍动，焰面通常不是一个垂直于管子轴线的平面，而是一个曲面。因此 S_v 与 S_n 在数值上并不相等。设 F 为火焰表面积，f 为管子截面积，可得

$$S_v f = S_n F$$

从上式看出，$S_v > S_n$。管径越大，湍动越强烈，焰面弯曲度越大，S_v 与 S_n 的差值也越大。例如，CH_4 在直径为 50mm 的玻璃管中燃烧时，由于焰面的弯曲，能使 S_v 比 S_n 大 2～3 倍。

图 2-14 所示为火焰传播速度与管径 d 的关系。当管径较小时，火焰传播速度受管壁散热的影响较小，因而火焰传播速度也比较小。相反，管径越大，管壁散热对火焰传播速度的影响越小，因而如焰面不发生皱曲，则随着管径的增大火焰传播速度上升，并趋向于极限值 S_n（图 2-14 中虚线所示）。但实际上管径增大时焰面要发生皱曲。管径越大，焰面皱曲越烈，因而 S_v 值随管径的增加而不断上升。所以，用管子法测得的火焰传播速度值总是偏离 S_n 的。此外，测定值还受管径与管材的影响，管径越小，相对来说向管壁的散热就越大，火焰传播速度就越小。当管径小到某一极限值时，向管壁的散热大到火焰无法传播的程度，这时的管径称为临界直径（图 2-14 中 d_c）。例如 H_2 和空气按化学计量比混合时，临界直径为 0.9mm。CH_4 和空气按化学计量比混合时，临界直径为 3.5mm。炼焦煤气和空气按化学计量比混合时，临界直径为 2mm。临界直径在工程上是有意义的，可利用孔径小于临界直径值的金属网制止火焰通过，这是防止回火的有效措施之一。矿井里使用的安全灯就是根据临界直径设计的。

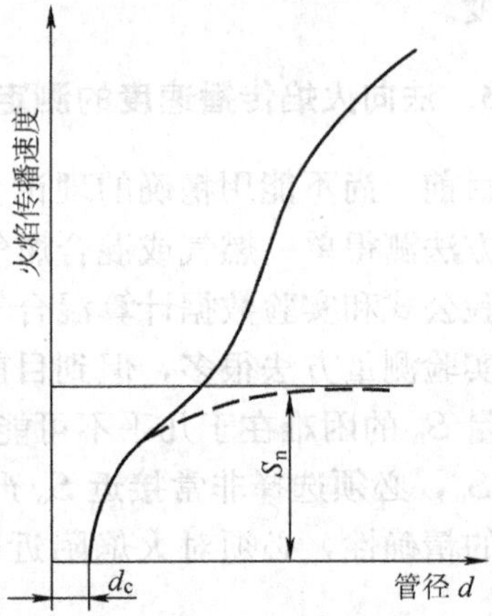

图 2-14 火焰传播速度与管径的关系

用管子法测定火焰传播速度的优点是直观性强；缺点是测定值受管径的影响

很大，因而只有在相同管径下，才能对各种燃气的实验结果进行比较。

图 2-15 所示为用 25.4mm 的管子测得的某些燃气的可见火焰传播速度与燃气-空气混合物成分的关系。

表 2-1 所示为某些燃气-空气混合物在 $d=25.4\text{mm}$ 管中测得的最大可见火焰传播速度值。

表 2-1 燃气-空气混合物的最大可见火焰传播速度（d=25.4mm）

气　体	燃气在混合物中的体积分数（%）	最大 S_v 值 /(m/s)
H_2	38.5	4.85
CO	45	1.25
CH_4	9.8	0.67
C_2H_6	6.5	0.85
C_3H_8	4.6	0.32
C_4H_{10}	3.6	0.82
C_2H_2	7.1	1.42
焦炉煤气	17	1.70
页岩气	18.5	1.30
发生炉煤气	48	0.73
水煤气	43	3.1

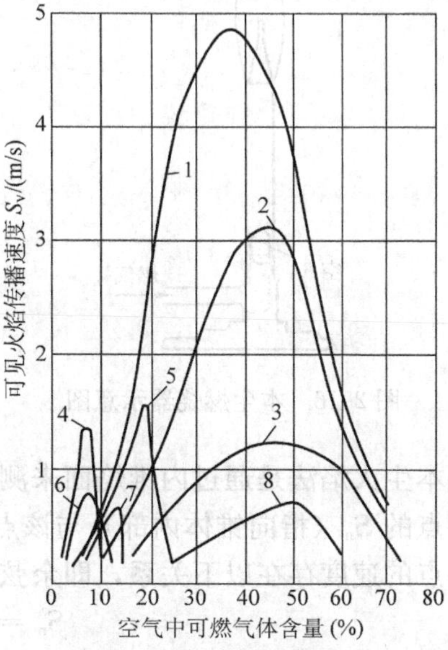

图 2-15 管子法测得的可见火焰传播速度与燃气-空气混合物成分的关系（d=25.4mm）

1—H_2　2—水煤气　3—CO　4—C_2H_4　5—炼焦煤气　6—C_2H_6　7—CH_4　8—高压富氧化煤气

（2）皂泡法　将已知成分的均匀可燃混合气注入皂泡中，再在中心用电点火化点燃中心部分的混合气，形成的火焰面能自由传播（气体可自由膨胀），在不同时间间隔出现半径不同的球状焰面。用光学方法测量皂泡起始半径和膨胀后的半径，以及相应焰面之间的时间间隔，即可计算得火焰传播速度。

这种方法的主要缺点是肥皂液蒸发对混合气湿度的影响。某些碳氢燃料对皂泡膜的渗透性、皂泡球状焰面的曲率变化以及湍流脉动等因素，都会给测定结果带来误差。

2. 动力法测定 S_n

（1）本生火焰法　1855 年本生发明了一种燃烧器，它是在燃气燃烧前吸入一些空气与燃气预混，在燃烧时形成不发光的蓝色火焰，这就是实验室常用的本生灯。图 2-16 所示为本生灯的示意图。本生火焰的结构如图 2-17 所示。该火焰由内锥和外锥两层焰面组成，内锥面由燃气与预先混合的空气燃烧而形成，外锥面由剩余燃气与周围空气扩散燃烧形成。用动力法测定 S_n 时，一部分所需空气与燃气预先混合好，并以层流状态从本生灯口喷出。

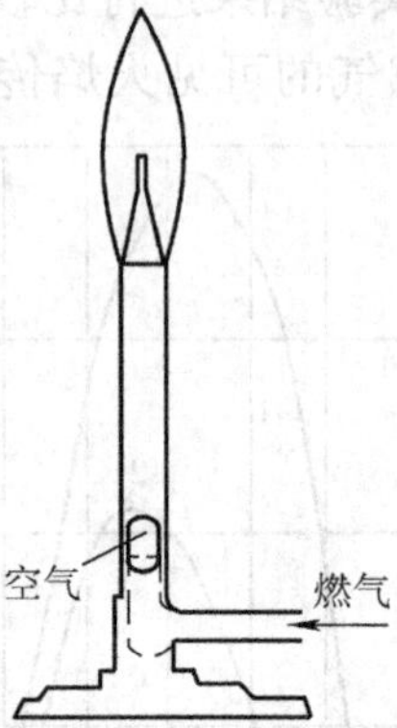

图 2-16　本生燃烧器示意图

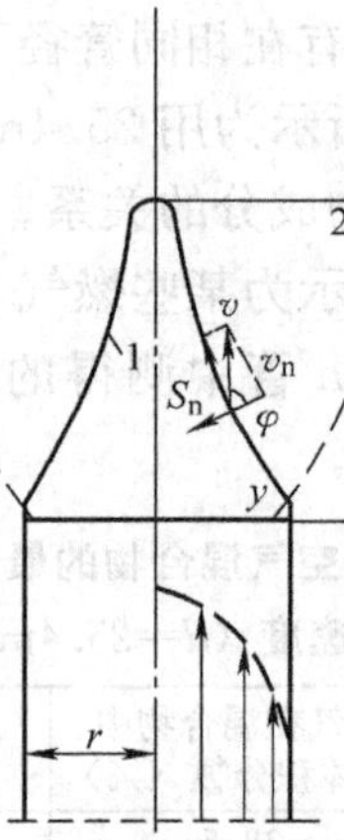

图 2-17　本生火焰示意图
1—内锥面　2—外锥面

本生火焰法是通过内锥焰面来测定 S_n 的。静止的内锥焰面说明了内锥表面上各点的 S_n（指向锥体内部）与该点气流的法向分速度 v_n 是平衡的。内锥面上每一点的速度存在以下关系，即余弦定律

$$S_n = v\cos\varphi = v_n \tag{2-8}$$

只要测得某一点的气流速度 v 及焰面的斜转角 φ，就可求得该点的火焰传播速度。

由于局部散热情况不同而使得局部火焰传播速度也不同，以致局部的火焰表面形状不同。如火焰中心顶点因四周都有火焰，所以散热小；同时，由于四周火焰的存在而使顶点处有大量活性中心集中，结果是火焰锋面速度增大，向未燃混合气溯进，使顶部形状变圆。在圆锥火焰的根部（即火孔处），由于火孔吸热而使得该处焰锋速度降低。在紧靠火孔处的熄火距离以内火焰熄灭而形成死区，使新鲜混合气由此处外泄，所以火焰根部与火孔不衔接且稍微向外凸出。只有在圆锥火焰中部才比较真实地代表该混合气参数下的层流火焰面。

如气体出口速度分布均匀，则可假定内锥为一几何正锥体，并认为内锥焰面上各点的 S_n 均相等。这样，便可测得法向火焰传播速度的平均值，且具有足够的准确性。

当混合气出流稳定时，按连续方程有

$$\rho_0 F_0 v_m = \rho_0 v_n F_f = \rho_0 S_n F_f$$

或

$$S_n = v_m\left(\frac{F_0}{F_f}\right) \tag{2-9}$$

式中　F_0——燃烧器出口截面积；

v_m——燃气-空气混合物在燃烧器出口处的平均流速；

S_n——平均法向火焰传播速度；

F_f——火焰的内锥表面积。

按此式测定火焰传播速度，关键在于精确地确定气流速度和火焰表面积。若采用特制的火孔，可使出口流速具有较好的分布均匀性，则出口处平均流速为

$$v_m = \frac{L_g + L_a}{F_0} \tag{2-10}$$

L_g、L_a 分别为燃气和空气流量。

再设内锥为一正锥体，底半径是 r，高度为 h，则锥面积为

$$F_f \approx \pi r\sqrt{r^2 + h^2}$$

只要准确测得气体流量和火焰内锥高度，便可按下式求得法向火焰传播速度

$$S_n = \frac{L_g + L_a}{\pi r\sqrt{r^2 + h^2}} \tag{2-11}$$

图 2-18 所示是由本生火焰颗粒示踪的照片合成而得的，图上表示了火焰发光区内边界的位置和颗粒运动轨迹（即流线），各轨迹线上标有频闪间歇之间的长度。气流受火焰锋面的加热而膨胀，使流线发生折转。

图 2-19 所示是利用颗粒运动轨迹及频闪间歇长度计算得的 S_n 沿燃烧器火孔截面的分布图。从图中测点可以看出，在焰面的大部分区域中 S_n 等于常数，只是在锥顶和锥底部分 S_n 值有较大变化，其显示的数值与前面的解释是吻合的。

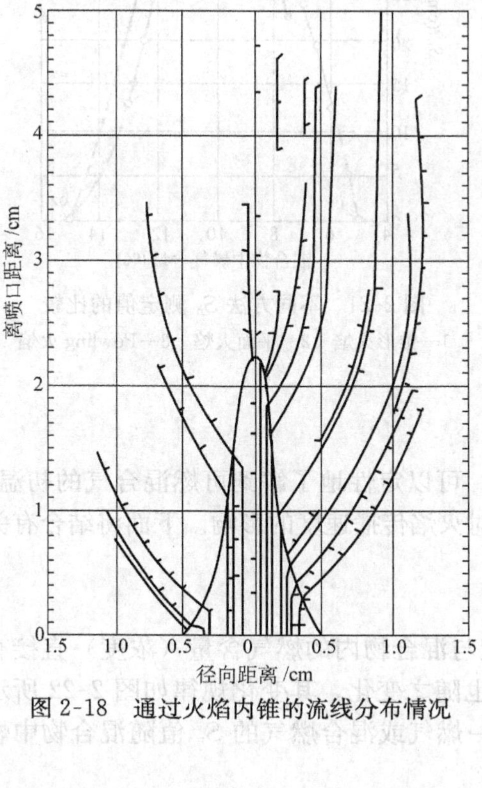

图 2-18　通过火焰内锥的流线分布情况

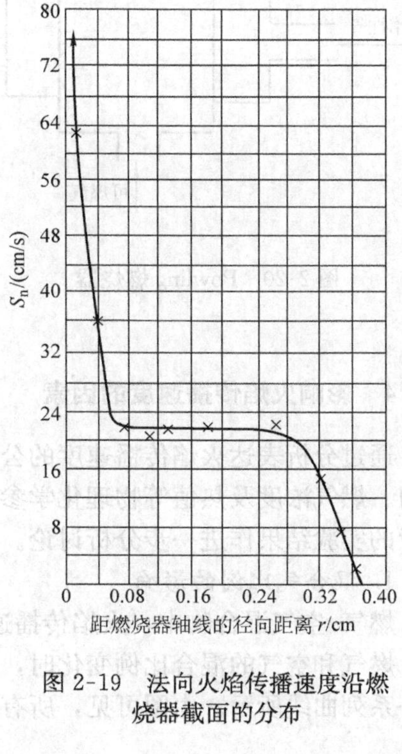

图 2-19　法向火焰传播速度沿燃烧器截面的分布

(2) 平面火焰法　Powling 燃烧器可提供平面火焰，此类火焰的面积比较容易精确测量。图 2-20 所示为 Powling 燃烧器简图。均匀可燃混合气进入直径较大的圆管，通过装在管口的多孔板或蜂窝格及整流网等，形成出口平面处速度的均匀分布。点燃混合气，即可在管口下游一定位置形成一平面火焰。管口四周用惰性气体将火焰包围，用以限定火焰面的大小。只要准确测得火焰平面的面积和混合气流量，即可求得层流火焰传播速度（$S_n = L_{mix}/F_f$）。

此法的优点是火焰的发光区、浓度梯度最大处等都重叠在同一平面上，因而用不同方法测量结果是一致的。平面火焰法适用火焰传播速度低的（15cm/s 或更小）可燃混合气。图 2-21 所示为用本生火焰法和平面焰法测得的 CH_4 火焰传播速度的结果之比较，在化学计量比附近由于锥形火焰的弯曲，而出现较大的差异。

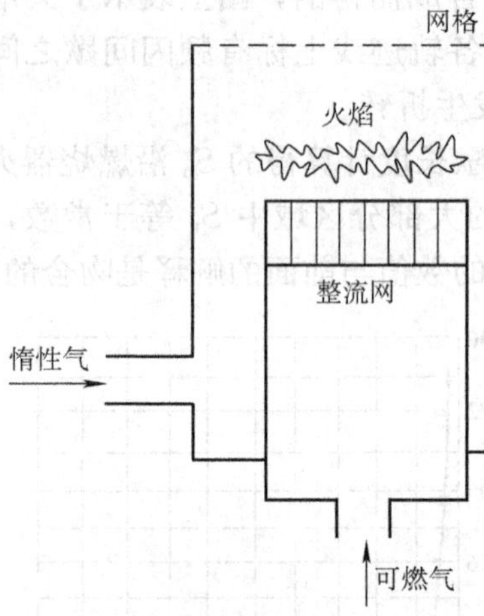

图 2-20　Powling 燃烧器

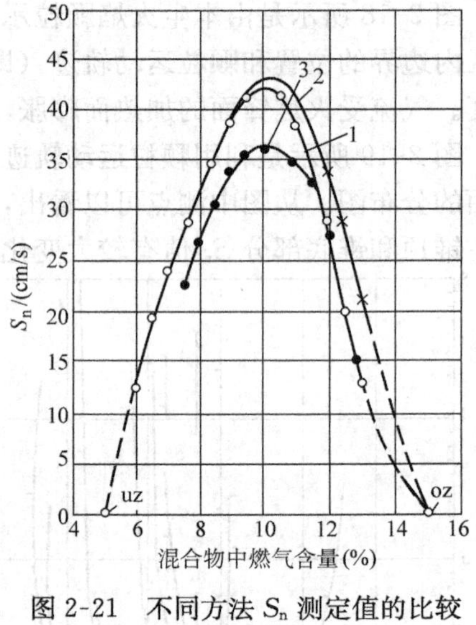

图 2-21　不同方法 S_n 测定值的比较
1—锥形火焰　2—平面火焰　3—Powling 火焰

2.3.4　影响火焰传播速度的因素

通过分析表达火焰传播速度的公式，可以定性地了解到可燃混合气的初温、压力、燃气浓度及热值等物理化学参数对火焰传播速度的影响。下面将结合有关作者的实验结果作进一步分析讨论。

1. 混合气比例的影响

燃气-空气混合物中，火焰传播速度与混合物内的燃气含量（浓度）直接有关。燃气和空气的混合比例变化时，S_n 也随之变化，其变化规律如图 2-22 所示的一系列曲线所示。由图可见，所有单一燃气或混合燃气的 S_n 值随混合物中燃气含量变化的曲线均呈倒U形，中间最大，为 S_n^{max}，两侧变小直至最小值，接近于最小值的含量即为混合物着火浓度的上限和下限。当混合物中的燃气含量低于下限或高于上限时，由于反应释放热量不足而使火焰传播停止。

实验观测表明，最大值 S_n 是在燃气含量略高于化学计量比时出现的。其原因是当混合物中燃气含量略高时，火焰中H、OH等自由基的浓度较大，链反应的断链率较小所致。上述情况出现在以空气作为氧化剂的火焰中。对于大多数火焰，当混合比接近于化学计量比时，火焰燃烧速度最快，一般认为火焰温度达到最高时，其传播速度也最快。

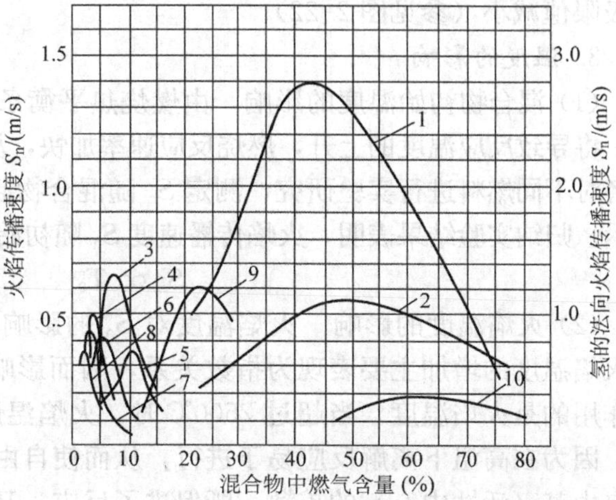

图2-22 燃气-空气混合物的 S_n 与燃气含量的关系
1—H_2 2—CO 3—C_2H_4 4—C_3H_6 5—CH_4 6—C_2H_6
7—C_3H_8 8—C_4H_{10} 9—炼焦煤气 10—发生炉煤气

2. 燃气性质的影响

火焰传播速度首先与燃气的物性有关。从传热角度分析，气体热导率越大，热量传递越快，越有利于燃烧反应，则 S_n 值也越大。例如 H_2，其热导率在燃气中为最高，故它的火焰传播速度也最快。CH_4 和其他碳氢燃气的热导率均较小，它们的 S_n 值也都不大（见图2-21）。

碳氢燃料的结构对火焰传播速度也有不同的影响。图2-23所示为燃料分子中碳原子数 n_c 对火焰传播速度的影响。由图2-23所示曲线可见，对于饱和烃类（烷烃 CH_4 除外），如 C_2H_6、C_3H_8 等，火焰传播速度几乎与分子中的 n_c 无关，约为70cm/s左右。但对不饱和烃燃料（如 C_2H_4、C_3H_6、C_2H_2、C_3H_3 等），则火焰速度随 n_c 的增多而减慢，并且在 $n_c<4$ 的范围内，S_n 下降很快，但当 $n_c>4$ 时，则 S_n 又下降缓慢，并逐步趋向于一极限值。这些结果，可用反应活化能不同（含碳多者活化能大）或者反应中离子（如H、O、OH等）的扩散速度不同来解释。实验结果还表明，随着燃料相对

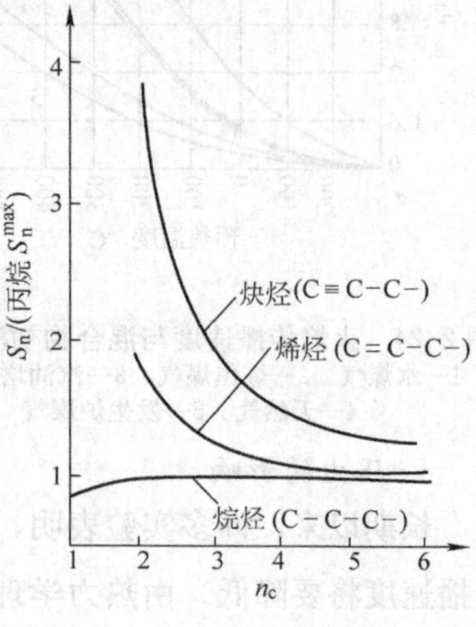

图2-23 S_n^{max} 与燃料分子中碳原子数 n_c 的关系

分子质量的增大，火焰传播范围也越来越小。因为，燃料相对分子质量增大，混合气总相对分子质量也变大，使得混合气密度增大，由原理上分析得出的火焰传播极限值减小（参见图 2-22）。

3. 温度的影响

(1) 混合物初始温度的影响　由燃烧热平衡条件可知，混合物起始温度的提高，将导致反应温度的上升，燃烧反应速率加快，从而使火焰传播速度增大。不少学者对不同燃料进行实验研究，测定 S_n 随混合物起始温度 T_0 的变化，如图 2-24 所示。归纳实验结果表明，火焰传播速度 S_n 随初始温度 T_0 的变化规律大致为

$$S_n \propto T_0^m$$

(2) 火焰温度的影响　火焰温度对 S_n 的影响较为复杂。温度不太高时，S_n 随火焰温度的增加主要表现为指数关系，因而影响很大。可以认为，对 S_n 起决定作用的是火焰温度。当超过 2500℃时，火焰温度的影响已不符合热力学理论了。因为在高温下离解反应易于进行，从而使自由基浓度大大增加。作为链载体的自由基（活性中心）的扩散，既促进了反应，又增强了火焰传播。许多火焰的实验数据表明，氢原子浓度的增加，对提高火焰传播速度的作用是十分显著的。火焰温度的影响如图 2-25 所示。

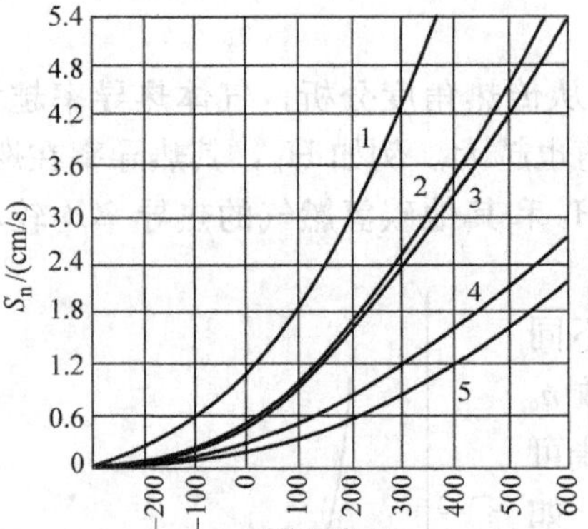

图 2-24　火焰传播速度与混合物初温的关系
1—水煤气　2—炼焦煤气　3—汽油增热煤气
4—天然气　5—发生炉煤气

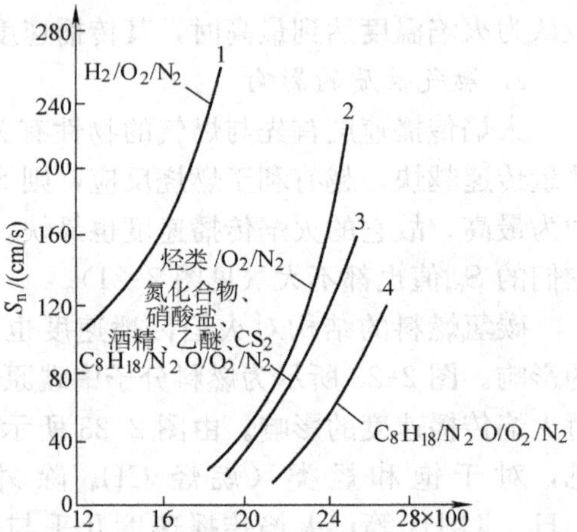

图 2-25　火焰温度对火焰传播速度的影响

4. 压力的影响

长期以来，许多实验表明，随着燃烧时压力的升高而其他参数不变时，火焰传播速度将要降低。由热力学理论分析已知 $S_n \propto p_0^{(\frac{n}{2}-1)}$。对大多数碳氢燃料的燃烧反应来说，其反应总级数均 n 小于 2。据上述比例关系式，只有 $n>2$ 时，S_n 才有可能随压力的提高而增大，否则 S_n 将随压力的上升而变小。但压力增加

时，燃烧强度明显增大，即火焰质量传播速度加快。

5. 湿度和惰性气体的影响

在单一燃气或可燃混合气中加入添加气时可以加快或减慢火焰传播速度。大多数添加气或是改变混合气的物理性质（如热导率），或是起催化作用。所以可以认为，加入添加气的结果，往往使混合气具有全新的性质。例如，CO 燃烧时加入很少量添加气，由于反应加快而使火焰传播速度显著加快。图 2-26 所示为 CO 燃烧时加入不同量的水蒸气使火焰传播速度加快的实验结果。可以看出，当混合气中水蒸气含量为 2.3%时，最高 S_n 可达 52cm/s，比干气燃烧时高出一倍多。因此，在 CO 火焰中一定要用水蒸气来促使反应加快，提高火焰传播速度。

在混合气中以惰性气体 N_2、Cl（氯）、He（氦）和 CO_2 等代替 O_2，从而改变氧化剂中 O_2 的浓度，视其含量不同对火焰传播速度有不同的影响。一般来说，加入惰性气体（或降低 O_2 的浓度），将使燃烧温度大大下降，从而降低了火焰传播速度。但是不同惰性气体的影响可能是相互矛盾的。图 2-27 所示为 N_2 含量不同时 CH_4+O_2 混合气的火焰传播速度变化的一系列曲线。若掺混 CO_2，所得结果是相似的。从图示曲线可以看出，随着 O_2 量的减少着火范围缩小，这与点火的极限相适应；另外，含 O_2 量降低时，火焰传播速度的峰值位置向左移动，点划线表示化学计量成分的火焰传播速度值的连线。

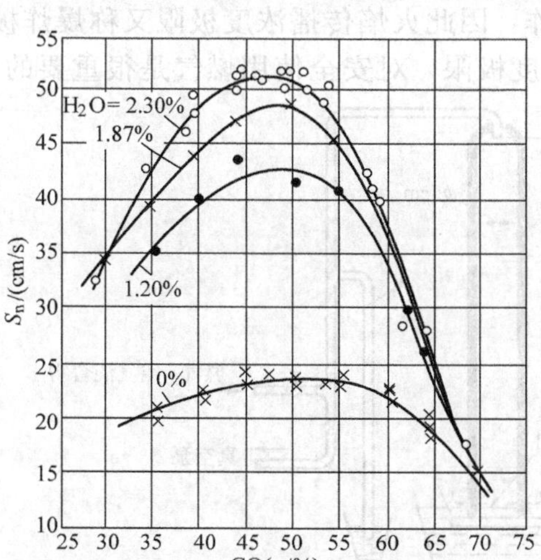

图 2-26　CO-空气混合气火焰传播速度与加入水蒸气量的关系

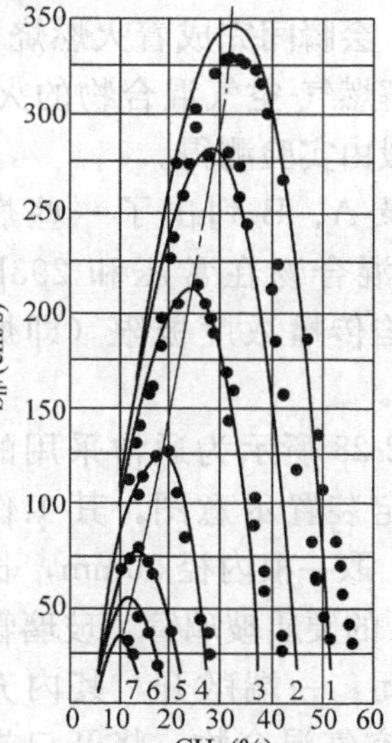

图 2-27　N_2 含量对火焰传播速度的影响（预混气：CH_4+O_2）

1—1.5% N_2+98.5% O_2　2—20% N_2+80% O_2　3—40% N_2+60% O_2　4—60% N_2+40% O_2　5—70% N_2+30% O_2　6—75% N_2+25% O_2　7—79% N_2+21% O_2

实验结果表明，烃类燃料燃烧时加入 H_2 燃烧的中间产物，如 O、H、OH 等活性中心，则可显著改善燃烧反应的动力学特性。就工程应用而言，根据添加物质对火焰传播速度的影响来判断改善反应动力学特性的程度，是很有意义的。

2.4 火焰传播浓度极限

2.4.1 火焰传播浓度极限的测定

在燃气-空气（或 O_2）混合物中，只有当燃气与空气的比例在一定极限范围之内时，火焰才有可能传播。若混合比例超过极限范围，即当混合物中燃气浓度过高或过低时，由于可燃混合物的发热能力降低，氧化反应的生成热不足以把未燃混合物加热到着火温度，火焰就会失去传播能力而造成燃烧过程的中断。能使火焰继续不断传播所必需的最低燃气浓度，称为火焰传播浓度下限（或低限）；能使火焰继续不断传播所必需的最高燃气浓度，称为火焰传播浓度上限（或高限）。上限和下限之间就是火焰传播浓度极限范围，火焰传播浓度极限又称着火浓度极限。

火焰传播浓度极限范围内的燃气-空气混合物，在一定条件下（例如在密闭空间里）会瞬间完成着火燃烧而形成爆炸，因此火焰传播浓度极限又称爆炸极限。了解燃气-空气混合物的火焰传播浓度极限，对安全使用燃气是很重要的，其值一般由实验测得。

附录 A、B 列出了一些燃气-空气混合物在常压和 293K 下的火焰传播浓度极限（即爆炸极限）。

图 2-28 所示为通常采用的一种测定装置示意图。其工作原理为：取一根内径 50mm，长 1500mm 的硬质玻璃管。玻璃管一端封闭，一端敞开，其内充以燃气-空气混合物，将开口端用盖盖住，并浸入水银槽中。在开启盖子的同时，以强力的点火源进行点火，用不同浓度的燃气-空气混合物进行试验，当火焰不能传到玻璃管上部时的浓度，即为火焰传播浓度极限。

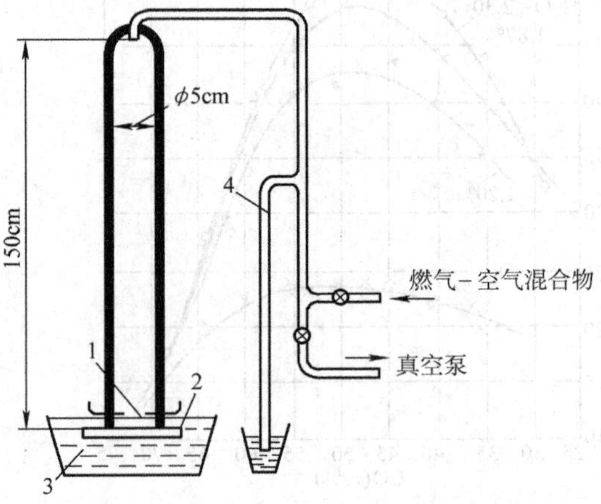

图 2-28 火焰传播浓度极限测定装置

1—发火花间隙 2—底板 3—水银槽 4—压力计

2.4.2　影响火焰传播浓度极限的因素

各种因素对火焰传播浓度极限的影响如下：

1）燃气在纯 O_2 中着火燃烧时，火焰传播浓度极限范围将扩大。

2）提高燃气-空气混合物温度，会使反应速度加快，火焰温度上升，从而使火焰传播浓度极限范围扩大。

3）提高燃气-空气混合物的压力，其分子间距缩小，火焰传播浓度极限范围将扩大，其上限变化更为显著。

4）可燃气体中加入惰性气体时，火焰传播浓度极限范围将缩小（图 2-29）。

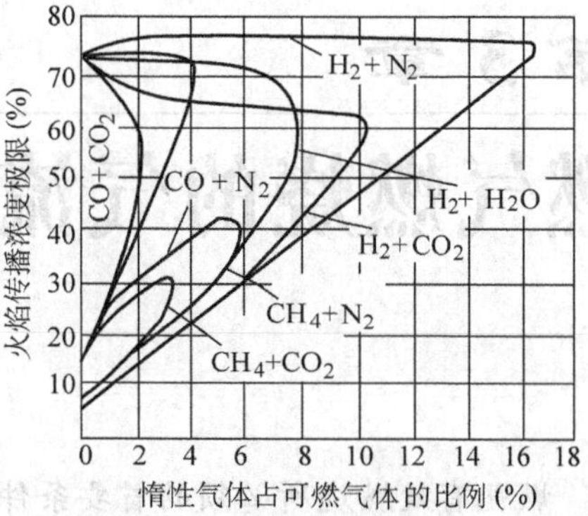

图 2-29　惰性气体对火焰传播浓度极限的影响

5）含尘量、含水蒸气量以及容器形状和壁面材料等因素，有时也影响火焰传播浓度极限。例如，在 H_2-空气混合物中引进金属微粒，由于金属往往具有催化效果，所以能使火焰传播浓度极限范围增大，并能降低其着火温度。

思　考　题

1. 试分析热力着火与支链着火的区别。
2. 哪些方法可实现热力着火？各自的原理是什么？
3. 概述热力着火和点火的基本条件。
4. 概述几种常用点火方式的点火临界参数。
5. 试述法向火焰传播速度、可见火焰传播速度的定义及它们相互之间的关系。
6. 试描述层流火焰的结构。
7. 比较静力法和动力法测定法向火焰传播速度的区别。
8. 试述本生灯法测定法向火焰传播速度的原理。
9. 试分析影响火焰传播速度的因素。
10. 什么是火焰传播浓度极限？

第3章 燃气燃烧的气流混合

3

燃气有效燃烧所必须的首要条件是使它们与燃烧所需空气充分混合。燃气和空气的混合过程也是决定燃烧过程性质的一个重要因素。例如，有焰燃烧，其火焰长度、宽度以及它的温度分布等特性将主要取决于燃气与空气的混合。这时气流的喷出速度、燃气与空气的相对速度、气流的交角和旋转强度等都会对燃烧过程产生明显的影响。研究气流混合规律，有助于解决有关燃烧理论问题，同时对改进燃烧器和提高燃烧效率也有十分重要的作用。燃烧过程是一个物理和化学的综合过程。物理过程包括能量、动量和质量的转移，它在多数燃烧过程中起着重要的作用。

3.1 静止气流中的自由射流

当气流由管嘴或孔口喷射到充满静止介质的无限空间时，形成的气流称为自由射流。自由射流的实质是喷出气体与周围介质进行动量和质量交换的过程，即喷出气体与周围介质的混合过程。自由射流理论是工程上经常遇到的受限空间射流的理论基础。

3.1.1 层流自由射流

当喷嘴口径较小，喷出流量也较小时，在喷嘴出口处形成层流自由射流。

当周围介质的温度和密度与喷出气流相同时，称为等温自由射流。

图 3-1 所示为等温层流自由射流的图形。射流的外部边界为直线 OB、OC，交点 O 为射流的极点。在射流边界上，前进运动速度为零。射流向外部介质进行分子扩散的边界 AD、ED 也是直线。在 ADE 区域内，气体速度等于喷嘴出口的起始速度，称为射流核心区。

射流外部边界的夹角 α_1 称为射流张角。射流核心区边界的夹角为射流核心

收缩角 α_2。

经过 D 点的射流横截面 FG 称为过渡截面。在此截面以前，射流轴心速度 v_m 保持不变，并且等于起始截面速度 v_0，而其后，轴心速度逐渐减少。断面平均速度 $\overline{v}_1$ 随 x 增大而减小。过渡截面之前称为起始段，其后称为基本段。

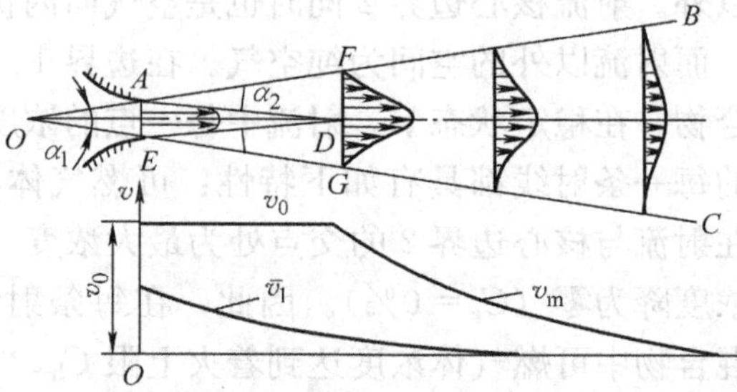

图 3-1　等温层流自由射流

通常周围介质的温度或密度与喷出气流不同，这时称为非等温射流。非等温射流的轨迹比较复杂，这时重力差使射流弯曲，如图 3-2 所示。射流水平射至高密度介质中时轴线上弯，而射流水平射至低密度介质时轴线下弯。

如果射流垂直向上射出，那么重力差只是稍微改变射流的张角及核心收缩角，并不使截面上速度分布失真，也不使射流弯曲。在这种情况下，如果喷出气流密度小于周围介质的密度，则张角及收缩角减小；反之，则增大。

当燃气射流垂直向上喷至静止空气中时，这两种不同密度气体的混合过程见图 3-3。在层流射流中，混合是以分子扩散的形式进行的。燃气在向前运动的同时，在该射流的径向产生燃气与空气分子的相互扩散，燃气分子从中心向外扩散，而空气分子则从外面向中心扩散。

图 3-2　热射流水平射至冷介质时的射流轨迹

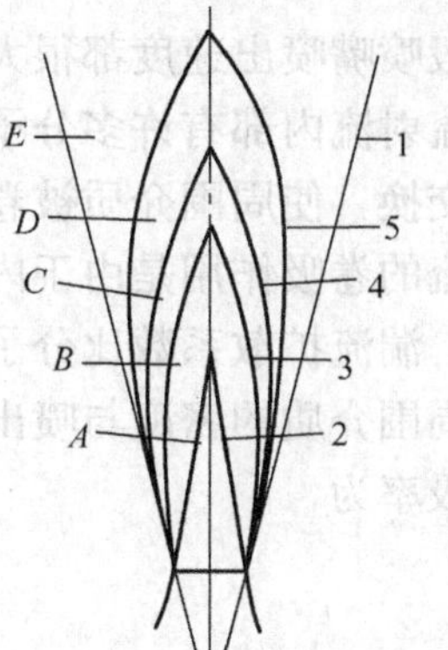

图 3-3　层流射流的等浓度面

射流的外边界 1 同时也是燃气向外扩散的边界，喷嘴射出的燃气不可能流至边界以外。射流核心边界 2 同时也是空气向内扩散的边界。因此，在核心区为纯燃气，而射流以外的空间为纯空气。在边界 1、2 之间包含着运动着的燃气-空气的混合物。在稳定状态下，射流中每一点的浓度不随时间而变化。显然，由极点引出的每一条射线都具有如下特性：可燃气体浓度随着离极点距离的增大而减小，在射流与核心边界 2 的交点处为最大浓度（$C_g=100\%$），直至足够远的距离后，浓度降为零（$C_g=0\%$）。因此，在每条射线上都可以找到三个点，一点相应于混合物中可燃气体浓度达到着火上限 C_h，一点相应于化学计量浓度 C_{st}，一点相应于着火下限 C_l。将每根射线上的三个点分别连接起来，就构成三个光滑的等浓度交界面（图 3-3 中 3、4、5），它们都是圆锥形曲面。在界面 3 上 $C_g=C_l$；界面 4 上 $C_g=C_{st}$；界面 5 上 $C_g=C_h$。这样，在稳定的燃气层流射流中，由于分子扩散，会形成性质彼此不同的几个区域：射流核心区 A，在该区内为纯燃气；区域 B，在该区为处于着火浓度上限以外的燃气-空气混合物；区域 C，在该区内为处于着火浓度范围之内的燃气-空气混合物，含有过剩燃气；区域 D，在该区内为处于着火浓度范围之内的燃气-空气混合物，含有过剩空气；区域 E，在该区内为处于着火浓度下限以外的燃气-空气混合物。

当燃气成分一定时，层流扩散火焰的长度主要取决于燃气的体积流量。火焰长度随流量的增加而增加，即出口速度一定时，喷嘴直径越大，火焰长度也越大。而喷嘴直径一定时，出口速度越大，火焰长度也越大。若流量一定时，则火焰长度与直径无关。

3.1.2 湍流自由射流

一般喷嘴喷出速度都很大，在喷嘴出口处即形成湍流射流。

湍流射流内部有许多分子微团的横向脉动，引起射流与周围介质之间的质量和动量交换，使周围介质被卷吸。

射流的卷吸作用是由于内摩擦产生的，内摩擦力的大小决定于扩散系数和速度梯度。湍流扩散系数比分子扩散系数大得多。

当周围介质的密度与喷出气流的密度相同（$\rho_0=\rho'$）时，自由射流对周围介质的卷吸率为

$$\frac{q_{m,\mathrm{en}}}{q_{m,0}}=0.32\frac{s}{d}-1 \tag{3-1}$$

若 $\rho_0\neq\rho'$，则在喷出速度和动量保持定值的条件下，射流的速度梯度及湍流强度均发生了变化，用当量直径 d_e 代替喷嘴出口直径 d，这时可以认为，从直径 d_e 的喷嘴中喷出密度为 ρ_0 的气体。根据动量相等的概念，可以得出当量直径 d_e 的计算公式

$$d_e = d\left(\frac{\rho'}{\rho_0}\right)^{1/2} \tag{3-2}$$

将式（3-2）代入式（3-1），得出非等温射流的卷吸率为

$$\frac{q_{m,en}}{q_{m,0}} = 0.32\left(\frac{\rho_0}{\rho'}\right)^{1/2}\frac{s}{d} - 1 \tag{3-3}$$

式中　$q_{m,en}$——卷吸质量流量（kg/s）；

$q_{m,0}$——射流出口质量流量（kg/s）；

d——喷嘴出口直径（m）；

s——轴线方向上离喷嘴距离（m）；

ρ'——喷出气体密度（kg/m^3）；

ρ_0——周围介质密度（kg/m^3）。

由于射流与静止介质间形成的物质交换，就使射流质量随着离喷嘴距离的增加而增大，射流宽度也随之增大，而轴心速度随之减小。

由于湍流扩散与分子扩散之间的相似性，因而湍流射流的图形如图 3-4 所示与层流射流的图形也十分相似。图 3-4 与图 3-1 的主要区别仅在于起始段内湍流自由射流截面速度分布比较均匀。

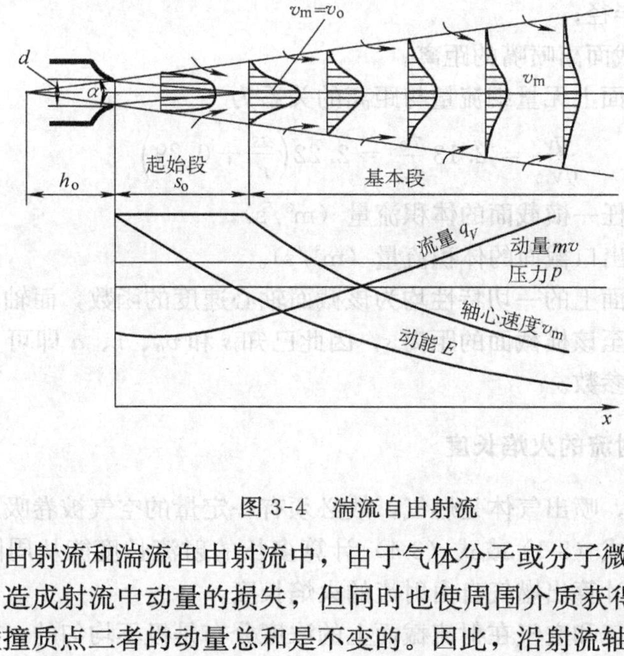

图 3-4　湍流自由射流

层流自由射流和湍流自由射流中，由于气体分子或分子微团与周围介质间的自由碰撞，造成射流中动量的损失，但同时也使周围介质获得动量而发生运动。碰撞与被碰撞质点二者的动量总和是不变的。因此，沿射流轴线方向整个射流的动量保持不变，即 mv=常数。由于动量不变，沿射流轴线方向的压力也保持不变。这是自由射流的主要特点。

湍流自由射流的起始段长度 s_0 及极点深度 h_0 都与喷嘴出口半径 r 有关

$$s_0 = \frac{0.67r}{a}$$

$$h_0 = \frac{0.29r}{a}$$

式中 a——湍流结构系数，它表示气流湍动和出口速度场的不均匀程度。

在 $Re=20\times10^3\sim4\times10^6$ 的范围内，系数 a 并不随 Re 变化，而随原始速度不均匀程度的加剧而增大。对完全均匀的速度场（$v_0/\overline{v}_f=1$），$a=0.006$；对自然湍动射流（$v_0/\overline{v}_f=1.4$），$a=0.08$（v_0 为射流出口轴心速度；$\overline{v}_f$ 为射流出口截面平均速度）。

射流轴心速度 v_m 的变化取决于喷嘴尺寸和射流出口速度。在起始段，轴心速度为常数，并等于射流出口速度 v_0。在基本段，轴心速度沿射流进程逐渐降低。

根据试验，圆形射流轴心速度的衰减规律符合下列公式

$$\frac{v_m}{v_0} = \frac{0.96}{\frac{as}{r}+0.29}$$

式中 a——湍流结构系数，等于 0.07～0.08；

r——喷嘴半径；

s——计算截面离喷嘴的距离。

圆射流任一截面上无量纲流量与距离的关系为

$$\frac{q_V}{q_{V,0}} = 2.13\frac{v_0}{v_m} = 2.22\left(\frac{as}{r}+0.29\right) \tag{3-4}$$

式中 q_V——射流任一横截面的体积流量（m^3/s）；

$q_{V,0}$——喷嘴出口截面的体积流量（m^3/s）。

自由射流各截面上的一切特性均为该截面轴心速度的函数，而轴心速度则取决于喷嘴出口截面至该横截面的距离 s，因此已知 s 和 v_0、r、a 即可直接算出各截面上所有的运动参数。

3.1.3 燃气自由射流的火焰长度

在燃烧过程中，喷出气体是燃气，故必须有一定量的空气被卷吸至射流中方能进行燃烧。可用式（3-1）或式（3-4）计算多长的射流长度能从周围获得所需要的空气量，从而计算出燃气自由射流的火焰长度。

但是，由于燃气和空气在射流截面上的浓度分布是极不均匀的，在射流四周空气大量过剩，在射流中心燃气大量过剩。为了充分完成混合过程，以便保证完全燃烧，还需要有一段扩散过程。因此，实际火焰长度比按式（3-1）或式(3-4)算出的长度大得多。

【例 3-1】 已知喷嘴直径 $d=20\text{mm}$，燃气燃烧理论空气需要量 $V_0=9.5\text{m}^3/\text{m}^3$，燃气密度 $\rho_g=0.74\text{kg/m}^3$，空气密度 $\rho_g=1.226\text{kg/m}^3$，燃气向空气中喷燃，试计算其火焰长度。

【解】 根据燃烧理论，该燃气喷射后燃烧完 1m^3 至少需要卷吸 9.5m^3 空气，由式（3-2），则卷吸距离，即最小火焰长度如下

$$s=\left(1+\frac{q_{m,\text{en}}}{q_{m,0}}\right)\frac{d}{0.32}\left(\frac{\rho_g}{\rho_a}\right)^{1/2}=\left(1+\frac{9.5\times1.226}{1\times0.74}\right)\times\frac{0.02}{0.32}\times\left(\frac{0.74}{1.226}\right)^{1/2}\text{m}$$

$$=0.812\text{m}$$

同理，用式（3-4）计算，取圆喷嘴 $\alpha=0.07$，因为$\frac{q_V}{q_{V,g}}=1+\frac{q_{V,a}}{q_{V,g}}$，所以

$$1+\frac{q_{V,a}}{q_{V,g}}=2.22\left(\frac{as}{r}+0.29\right)$$

$$1+\frac{9.5}{1}=2.22\left(\frac{0.07s}{0.015}+0.29\right)$$

$$s=0.951\text{m}$$

实际火焰长度要比计算值大。

3.2 平行气流

3.2.1 平行气流中的自由射流

当射流喷入同向平行气流中时，射流图形如图 3-5 所示。

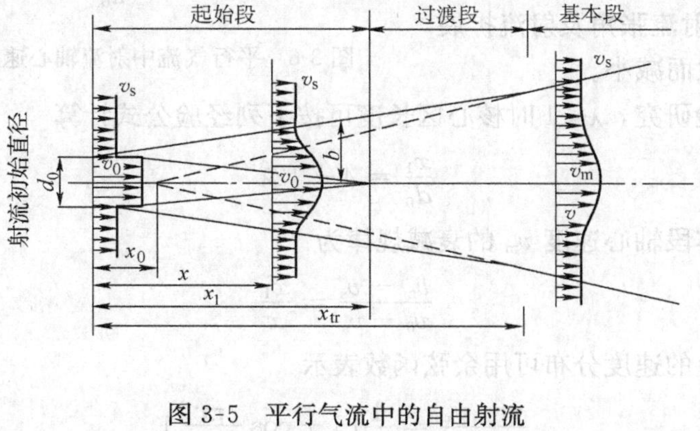

图 3-5 平行气流中的自由射流

平行气流中的自由射流与静止气流中的自由射流相比，增加了一个过渡段。在过渡段等速核心已消失，但轴心速度衰减很慢，变化仍不显著。直至过渡段终了，射流截面速度分布才稳定下来。其后为射流基本段，此时轴心速度衰减就较

明显。

平行气流中的自由射流边界仍然是直线，但基本段的边界线不同于起始段及过渡段，其极点到射流出口的距离为 x_0。

同向平行气流中射流的扩张角、轴心速度的衰减，射流核心区的长度等都与射流速度和外围平行气流速度 v_s 之间的速度梯度有关。当 v_s 由零逐渐增大时，射流与外围气流之间的速度梯度越来越小，混合程度也减小。当射流与外围气流速度相等时，混合达最小程度。

而当外围气流速度超过射流流速时，速度梯度又开始增大，因而混合又增强。同理，速度梯度越小，射流扩展及轴心速度衰减就越慢，射流核心区的长度也越大。

在研究平行气流中的自由射流时，用外围速度 v_s 与射流出口速度 v_0 之比 $\lambda=\frac{v_s}{v_0}$ 来表示气流混合的程度。图 3-6 所示为平行气流中射流轴心速度的衰减情况。从图中可见，当流速比 $\lambda=0$ 时为自由射流，其核心区长度最短，速度衰减最快。混合比较强烈。当 λ 由零趋向 1 时，其核心区越来越长，射流轴心速度衰减变慢。当流速比 $\lambda=1$ 时，混合最弱；$\lambda>1$ 时，混合又逐渐加强，速度衰减加快。此外，当 $\lambda<1$ 时，射流张角及射流扩展率随 λ 的增大而减小。

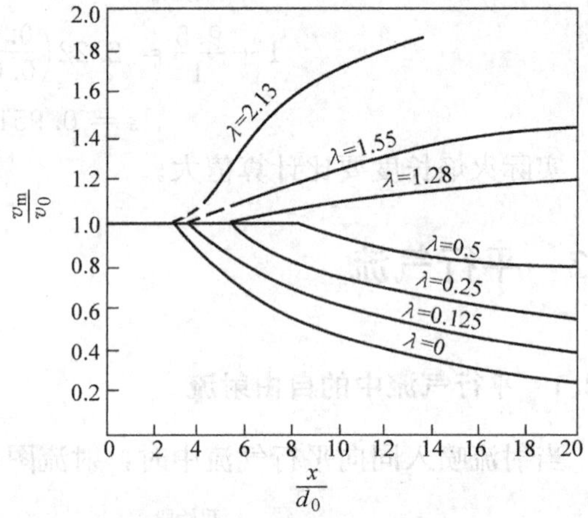

图 3-6 平行气流中射流轴心速度的衰减

根据实验研究，$\lambda<1$ 时核心区长度可按下列经验公式计算

$$\frac{x_1}{d_0}=4+12\lambda$$

射流基本段轴心速度 v_m 的衰减规律为

$$\frac{v_m-v_s}{v_0-v_s}=\frac{x_1}{x}$$

横截面上的速度分布可用余弦函数表示

$$\frac{v-v_s}{v_0-v_s}=\frac{1}{2}\left(1+\cos\frac{\pi r}{2y_{0.5}}\right)$$

r 是速度为 v 处的径向坐标。

式中，$y_{0.5}$ 是速度为 $\frac{1}{2}(v_m+v_s)$ 处的径向坐标，可按下式确定

$$y_{0.5} = \frac{d_0}{2}\left(\frac{x}{x_1}\right)^{1-\lambda}$$

当外围速度 v_s 增加时，则射流与外围流之间的速度梯度减小，射流张角、速度及浓度沿轴向的变化率随之减小。

3.2.2 多股平行射流

由上下并列的几个喷嘴流出的射流是轴心线相互平行的一组射流。这个射流组中，各单一射流截面的形状尺寸、布置及初始参数的不同，均会影响平行射流组的流动规律，因此比较复杂，尚未系统而深入地研究。

由图 3-7 可见，由于射流间的相互混合和影响，使射流组中每股射流与自由射流的规律都有某些不同之处，特别明显的是当射流组两个相邻射流在离喷嘴一定距离汇合以前是独自发展的，汇合后由于各股射流相互混合及动量交换，使速度场起了很大变化。此时，射流起始段仍取轴心速度能保持初始速度 v_0 的区段，不过其起始段长度比一般自由射流缩短了 30%。对于射流基本段，则较难划分，也有采用相邻射流汇合的截面定为射流基本段的开始截面，如图 3-7 中的 A-A 截面。这样在起始段与基本段之间有个过渡区域，此过渡区域的大小与射流组相邻喷嘴间的距离有关。图 3-7 中，喷嘴间距为 2 倍喷嘴宽度 B_0。

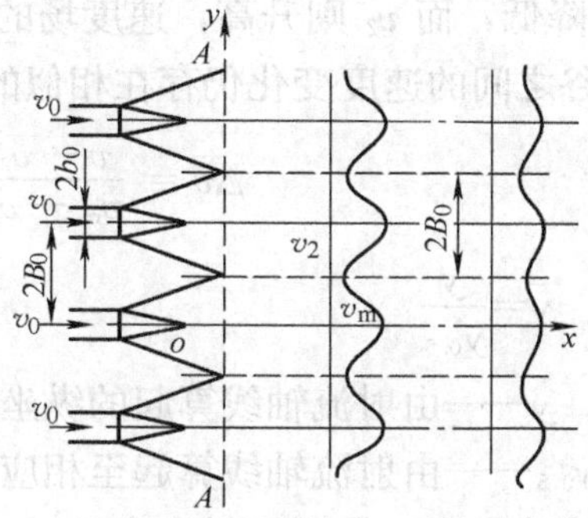

图 3-7 多股平行射流

在起始段离喷嘴不同距离的截面上速度分布具有相似性，将试验数据整理成无量纲坐标，其断面速度分布曲线如图 3-8 所示。

其中

$$\Delta\overline{v} = \frac{v_0 - v}{v_0}$$

$$\eta = \frac{y - y_2}{b}$$

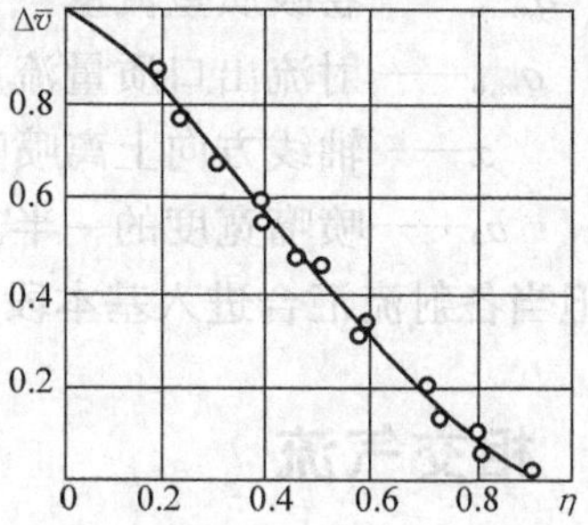

图 3-8 射流起始段无量纲速度分布图

式中 v_0——射流出口速度；

v——横截面上边界层中任意点的速度；

y——该点至轴心的距离；

y_2——该截面上核心区的半宽度；

b——该截面上边界层厚度，为射流边界至核心区边界的距离。

图 3-8 所示的速度分布曲线可用下面的经验公式来表示

$$\Delta\overline{v}=\frac{v_0-v}{v_0}=(1-\eta^{3/2})^2$$

其公式形式与自由射流相类似，但平行气流中射流边界层厚度增长得比较快。

自由射流　$b=0.27x$，平行射流　$b=0.315x$。

这是由于平行射流的湍流脉动要比自由射流大，射流之间形成较强烈的旋涡区的缘故。

由图 3-7 可见，平行射流在基本段内开始汇合，汇合后，在喷嘴中心线上断面轴心速度 v_m 仍为最大，而在两个喷嘴之间速度 v_2 为最小。离喷嘴距离增大，v_m 值降低，而 v_2 则升高，速度场的峰谷趋于拉平。由试验得知，平行射流组每一峰谷之间的速度变化仍存在相似的规律，并可用下式来表达

$$\Delta\overline{v}=\frac{v-v_2}{v_m-v_2}=\left[1-\left(\frac{\overline{y}}{2.27}\right)^{3/2}\right]^2$$

式中　$\overline{y}=\dfrac{y}{y_{0.5}}$

y——由射流轴线算起的纵坐标；

$y_{0.5}$——由射流轴线算起至相应的 $\Delta v=0.5$ 处的距离。

试验表明，在平行射流流动时，每股射流在起始段是能够卷吸一定量的周围介质的，其相对卷吸量与喷出距离 x 成正比

$$\frac{q_{m,en}}{q_{m,0}}=0.05\frac{x}{b_0}$$

式中　$q_{m,en}$——卷吸质量流量；

$q_{m,0}$——射流出口质量流量；

x——轴线方向上离喷嘴距离；

b_0——喷嘴宽度的一半。

但当各射流汇合进入基本段后，除最上侧和最下侧外，卷吸特性随即消失。

3.3 相交气流

3.3.1 燃气燃烧气流混合原则

在鼓风式燃烧装置中，广泛采用多股燃气射流以某一角度喷入空气流的方法，以强化混合过程。

为了达到强化混合的目的，在相交气流的混合过程中，主要研究的问题是：

第一，以某一角度射入主气流中的射流轨迹。

第二，射流在主气流中的穿透深度。

第三，沿射流轴线速度和温度的变化以及射流横截面上的速度场和温度场。

第四，射流与主气流的混合强度。

当射流喷入方向与主气流成某一角度时，射流边界将发生弯曲，而且从圆形喷嘴喷出的射流已不再呈轴对称。这时射流横截面由圆形变成马蹄形。主气流与射流相交时被减速，形成滞止压力区，而绕过射流后则出现低压区，在该区形成一对以相反方向旋转的旋涡（图3-9）。这对旋涡在燃烧室中可以起稳焰作用。由于侧向切应力的作用，使射流与主气流间的混合速度加快，射流核心区比自由射流缩短。射流的速度和浓度随离喷嘴距离的加大而衰减，其衰减度比自由射流显著增加。

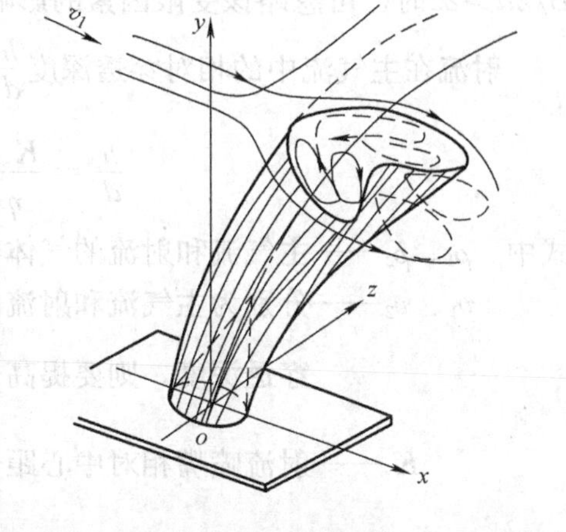

图 3-9　相交气流中自由射流截面的变化

3.3.2　射流在主气流中的穿透深度

图 3-10 所示，为单股射流与主气流相交流动的示意图。如图所示，当射流轴线变得与主气流方向一致时，喷嘴出口平面到射流轴线之间的法向距离 h 定义为绝对穿透深度。绝对穿透深度 h 与喷嘴直径 d 之比，定义为相对穿透深度。

在射流轴线上定出一点，使该点的轴速度在 x 方向上的分速度 v_x 为出口速度 v_2 的 5%，以喷嘴平面至该点的相对法向距离 $\frac{x_1}{d}$，定义为射程。

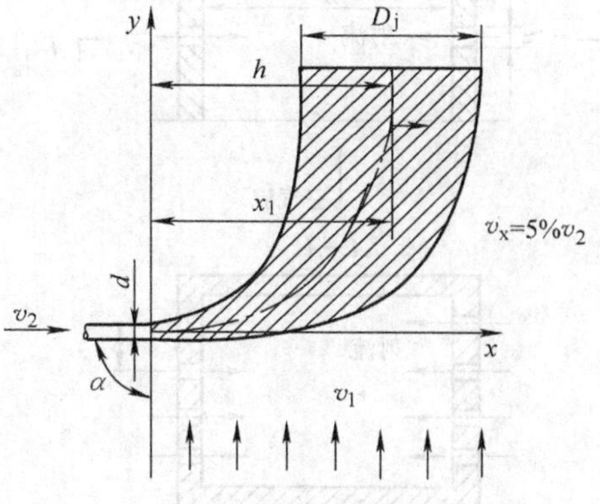

图 3-10　相交气流中的射流

此外，由实验研究得知，距离喷嘴 h 处的射流直径 D_j 与 h 的比值为常数。

$$\frac{D_j}{h}=0.75 \tag{3-5}$$

单股射流与自由气流的相交流动是一种比较简单的理想情况。在实际燃烧装置中经常遇到的则是多股射流与受限气流的相交流动（图 3-11）。影响多股射流与受限气流相交流动的重要因素是主气流流动通道的相对半宽度 $B/2d$。当 $B/2d>22$时，可忽略该受限因素的影响。

射流在主气流中的相对穿透深度$\frac{h}{d}$由下式计算

$$\frac{h}{d}=\frac{K_s\sin\alpha}{\eta\sqrt{\mu}}\frac{v_2}{v_1}\sqrt{\frac{\rho_1}{\rho_2}} \tag{3-6}$$

式中 ρ_1、ρ_2——主气流和射流的气体密度（kg/m^3）；

v_1、v_2——分别为主气流和射流的速度（m/s）；要增大相交气流中射流的穿透深度，则要提高$\frac{v_2}{v_1}$值，也就是提高射流的射入速度 v_2；

K_s——射流喷嘴相对中心距$\frac{s}{d}$的修正系数。试验得出，$\frac{s}{d}$越小，射流穿透深度也越小；当$\frac{s}{d}=8\sim16$ 时，K_s可查图 3-12 获得。当$\frac{s}{d}\geqslant16$ 时，相邻气流的影响已很小；

η——由于射流喷入主气流而使通道中混合物流速增加的修正系数。

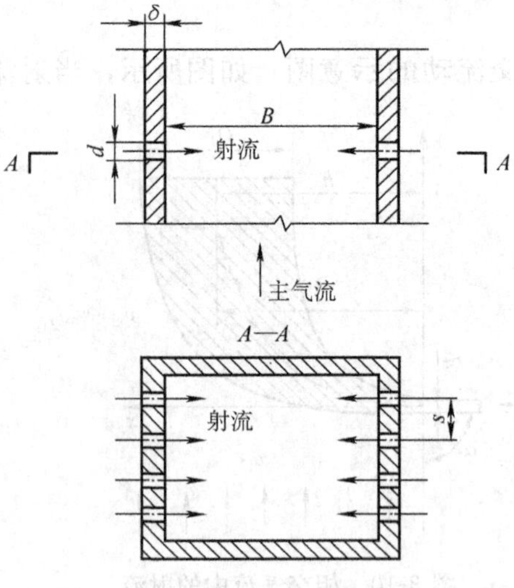

图 3-11 多股射流与受限气流的相交流动

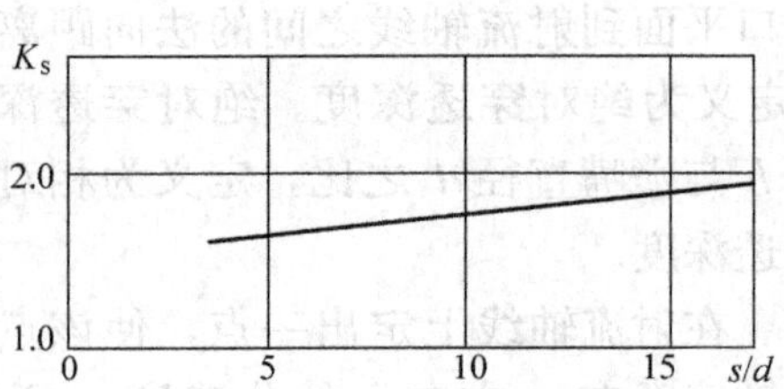

图 3-12 K_s 与 s/d 的关系

$$\eta=\frac{q_{V1}\rho_1+q_{V2}\rho_2}{q_{V1}\rho_1}$$

式中 q_{V1}——主气流体积流量；

q_{V2}——射流体积流量；

μ——喷孔流量系数。在燃烧装置中，最常见的燃气喷嘴形式是在燃气通道的壁面上装设喷嘴或直接钻孔。当壁厚与孔口直径之比$\delta/d>0.5$时，称为厚壁孔口，在喷嘴或厚壁孔口出口截面上的气流速度场是均匀的；当壁厚与孔径之比$\delta/d\leqslant 0.25\sim0.3$时，称为薄壁孔口，薄壁孔口射流在出口处有收缩现象。由于喷出时射流面积有收缩，就要用射流收缩截面直径d'代替孔口直径d，即$d'=\sqrt{\mu}d$，从而引进喷孔流量系数的修正；

α——射流与主气流的交角，见图 3-10。

式 (3-6) 并没有考虑射流介质（通常为燃气）在孔口前的流速和流向对射流穿透深度的影响。这符合燃气流速很小，流动空间很大，或其流向与射流方向相同的情况。

3.3.3 相交射流

在实际燃烧装置中，还有可能出现相交射流的现象，由图 3-13 可见，两股射流互撞后，又形成一股合成的汇合流，最初其垂直截面上射流尺寸有压扁现象，待互撞射流混合后，总射流又以一定扩张角继续流动。在水平截面上则可发现射流变得很宽，这是为了保证连续流动的缘故。射流交角越大，水平截面上射流变得越宽。

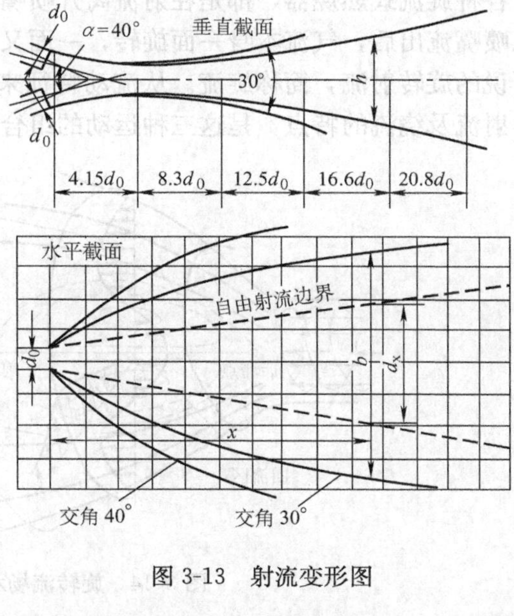

图 3-13 射流变形图

由图 3-13 可以看出，相交射流截面变形后，其边界要比自由射流的边界宽。

相交射流的变形程度，可以用横截面上水平方向的宽度b与垂直方向上的高度h的比值b/h来表示。但单用这一个量还不能全面综合相交射流的变形程度。因而常用一个主变形率ϕ的概念，它是汇合气流横截面尺寸的增量与其初始尺寸的比值。

$$\phi=\frac{b-d_x}{d_0} \tag{3-7}$$

式中 b——轴线方向上离喷嘴距离x处的射流宽度；

d_x——离喷嘴距离x处的自由射流横截面直径；

d_0——相交射流喷嘴的直径。

图 3-13 表明，交角越大，射流变形越大，混合也愈强烈。当然能量撞击损失也愈大，射流衰减也愈快，射程则愈短。另外也表明，变形最大的区域是在相交区附近，离该区域一定距离后，射流不再变形，而只是沿途扩展。

根据主变形率 ϕ 的变化情况，相交射流的流动可分成三个区段：

1）起始段：由喷嘴断面开始，到两射流的外边界线相交为止。起始段的长度可由两喷口间的距离、射流交角 α 的大小及每个射流外边界扩展角的大小决定。

2）过渡段：它是从初始段终端开始，一直到主变形率 ϕ 等于常数时为止。

3）基本段：过渡段终端以后都属于基本段。在基本段内汇合射流任意断面上的主变形率 ϕ 都相等。即从过渡段终端开始，汇合流就像一股单一的自由射流。此时，相交射流相互间的动量冲撞引起的射流变形已全部消失。

3.4 旋转气流

各种旋流式燃烧器，都是在射流离开喷嘴前先强迫流体作旋转运动。这种流体从喷嘴流出后，气流本身一面旋转，一面又向静止介质中扩散前进，这就是通常所说的旋转射流，简称旋流。从流动特征来看，旋转射流兼有旋转湍流运动、自由射流及绕流的特点，是这三种运动的组合（图 3-14）。

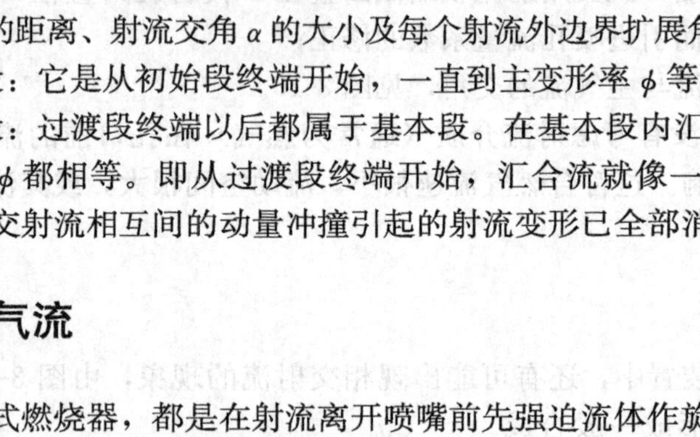

图 3-14　旋转流场示意图

在燃烧技术中，旋转射流是强化燃烧和组织火焰的一个有效措施。产生旋流的方法有如下几种：

第一，使全部气流或一部分气流沿切向进入主通道。

第二，在轴向管道中设置导向叶片，使气流旋转。

第三，采用旋转的机械装置，使通过其中的气流旋转，例如转动叶片及转动管子等。

3.4.1　旋转射流与自由射流的差异

1）在旋转射流中除了具有直流射流中存在的轴向分速和径向分速外，还有一个切向分速，而且其径向分速在喷嘴出口附近比直流射流的径向分速大得多。

2）由于旋转的原因，使得在轴向和径向上都建立了压力梯度，这两个压力梯度反过来又影响流场。在强旋转下，旋转射流的内部建立了一个回流区。从图 3-14 所示的旋转流场示意图可以看出，强旋转射流的流动区域与直流射流是不同的，其最大特点是射流内部有一个反向的回流区。

3）在强旋转下，旋转射流不但从射流外侧卷吸周围介质，而且还从内回流区中卷吸介质。在燃烧过程中，从内、外回流区卷吸的烟气对着火的稳定性起着十分重要的作用。

4）旋转射流的扩展角一般比直流射流的大，而且它随旋转的强弱而变化。

5）旋转射流的射程较小。

3.4.2　旋转射流的无量纲特性参数——旋流数

旋风燃烧器所产生的旋涡流场是靠流体内部的位能变化（静压差）而运动，所以叫“位能旋涡”。这种旋涡的回旋运动并非由外加扭矩所引起，若忽略摩擦损耗，则不同半径上流体微团的动量矩应当守恒，故又叫“自由旋涡”。

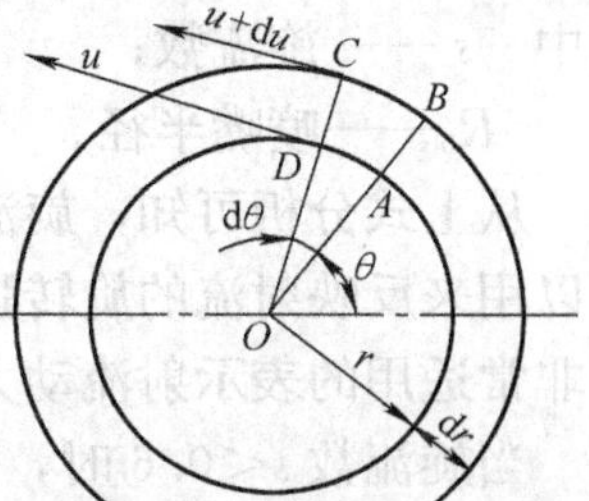

图 3-15　流体微团切向运动示意图

画两个同心圆代表自由旋涡的两条流线，间隔 dr，选定两条流线间的流体微团 $ABCD$ 正沿圆圈运动（图 3-15）。

半径 r 上的切向速度 $=u$，半径 $(r+dr)$ 的切线速度是 $u+du=u+\frac{\partial u}{\partial r}dr$，设气流轴向（垂直于图面）的尺寸 $x=1$，则流体微团的体积 $=rd\theta dr$，质量 $m=\rho rd\theta dr$，动量矩 $=mur$。

根据动量矩原理，外加扭矩 T 等于流体微团动量矩随时间的变化率，即

$$T=m\frac{d}{dt}(ur)$$

对于自由旋涡，外加扭矩 $T=0$，故有

$$m\frac{d}{dt}(ur)=0$$

或

$$ur=\text{常数} \tag{3-8}$$

这就是说，自由旋涡的切向速度 u 与半径 r 成反比，越靠近涡心，切向速度越大。根据式（3-8）可以求出自由涡心 O 沿半径 r 方向上切向速度的分布规律

$u=f(r)$，但该式不适用于 $r=0$ 的情况。

在旋转自由射流中，角动量的轴向通量 G_φ 及轴向动量 G_x 都是常数，即

$$G_\varphi=\int_0^{R_0}(ur)\rho v 2\pi r\mathrm{d}r=\text{常数}$$

$$G_x=\int_0^{R_0}v\rho v 2\pi r\mathrm{d}r+\int_0^{R_0}p 2\pi r\mathrm{d}r=\text{常数}$$

式中 v ——射流某截面上的轴向分速度；

u ——射流某截面上的切向分速度；

p ——静压力。

由于 G_φ 和 G_x 都可以看作是描述射流空气动力特性的参数，因此通常采用无量纲特性 s 表示旋转射流的旋转强度，表达式如下

$$s=\frac{G_\varphi}{G_x R_0}=\frac{\int_0^{R_0}(ur)\rho v 2\pi r\mathrm{d}r}{\left[\int_0^{R_0}v^2\rho 2\pi r\mathrm{d}r+\int_0^{R_0}p 2\pi r\mathrm{d}r\right]R_0}$$

式中 s ——旋流数；

R_0——喷嘴半径。

从上式分析可知，旋流数 s 的大小只与旋流装置的结构有关。旋流数 s 不仅可以用来反映射流的旋转强度，而且，对于几何相似的旋流装置来说，它也是一个非常适用的表示射流动力相似的相似准则。

当旋流数 $s<0.6$ 时，属于弱旋流，这时射流的轴向压力梯度还不足以产生回流区，旋流的作用仅仅表现在能提高射流对周围气流的卷吸能力和加速射流流速的衰减。

当旋流数 $s>0.6$ 时，属于强旋流。随着旋流数的不断提高，射流轴向反压梯度大到已不可能被沿轴向流动的流体质点的动能所克服，这时，在射流的两个滞点之间就会出现一个回流区（图 3-14）。

在燃烧技术中，从旋流燃烧器流出的旋转射流，大多数都属于强旋转射流。这种具有内回流区的射流在稳定燃烧方面起着重要的作用。

思 考 题

1. 描述燃气在空气中的自由射流的浓度结构。
2. 相交气流中的射流穿透深度与哪些参数有关？
3. 旋流强度是一个什么参数，其大小代表什么意思？
4. 试比较几种气流方式在燃气燃烧过程中的混合效果。

第4章

4

燃气燃烧方法

燃料燃烧所需要的全部时间通常由两部分构成，即氧化剂和燃料之间发生物理性接触所需要的时间 τ_{ph} 和进行化学反应所需要的时间 τ_{ch}，即

$$\tau=\tau_{ph}+\tau_{ch}$$

对气体燃料来说，τ_{ph} 就是燃气和氧化剂的混合时间。

如果混合时间和进行化学反应所需的时间相比非常小，即 $\tau_{ph}\ll\tau_{ch}$，则实际上

$$\tau\approx\tau_{ch}$$

这时，称燃烧过程在动力区进行。将燃气和燃烧所需的空气预先完全混合均匀后进行的燃烧，则可以认为是在动力区内进行的燃烧。

如果燃料与氧化剂混合所需要的时间与化学反应所需要的时间相比非常之大，即 $\tau_{ph}\gg\tau_{ch}$，则

$$\tau\approx\tau_{ph}$$

这时，称燃烧过程在扩散区进行。例如，将气体燃料和空气分别引入燃烧室进行的燃烧，由于燃烧室内温度较高，化学反应在瞬间内完成，这时燃烧所需的时间就完全取决于混合时间，燃烧就在扩散区进行。

显然，当燃烧过程在动力区进行时，燃烧速度将受化学动力学因素的控制，例如反应物的活化能、温度和压力等。若燃烧过程在扩散区进行，则燃烧速度将取决于流体动力学的一些因素，例如气流速度和气体流动过程中所遇到的物体的尺寸、形状等。

在燃烧的动力区和扩散区之间，还有所谓中间区（或称动力-扩散区）。在中间区，燃烧过程所需的物理接触时间和化学反应时间几乎相等，即

$$\tau_{ph}\approx\tau_{ch}$$

这时，燃烧速度同时取决于物理因素和化学因素，情况就较为复杂。

了解燃烧过程受哪些因素控制，对分析燃烧状况和改进燃烧过程是十分必

要的。

在工程燃烧中，根据燃气与空气在燃烧前的混合情况，燃气燃烧可分为扩散燃烧和预混燃烧。

如果燃气与空气预先混合后，再送入燃烧室燃烧，这种燃烧称为预混可燃气的燃烧。而预混燃烧又可分为部分预混燃烧及全预混燃烧。通常用一次空气系数 α' 表示预混空气量的程度

$$\alpha' = \frac{V'_a}{V_0}$$

式中 V'_a—— 预混空气量［m^3/m^3（燃气）］；

V_0——燃烧所需理论空气量［m^3/m^3（燃气）］。

4.1 扩散式燃烧

将火孔喷出的燃气点燃进行燃烧，如果燃烧前燃气中不混入氧化剂，则燃烧所需的 O_2 将在燃烧过程中依靠扩散作用从周围获得，这种燃烧方式称为扩散式燃烧。对于扩散式燃烧，$\alpha'=0$。

4.1.1 层流扩散火焰

在层流状态下，扩散燃烧依靠分子扩散作用使周围 O_2 进入燃烧区，在湍流状态下，则依靠湍流扩散作用来获得燃烧所需的 O_2。由于分子扩散进行得比较缓慢，因此层流扩散燃烧的速度取决于 O_2 的扩散速度。燃烧的化学反应进行得很快，因此火焰焰面厚度很小。

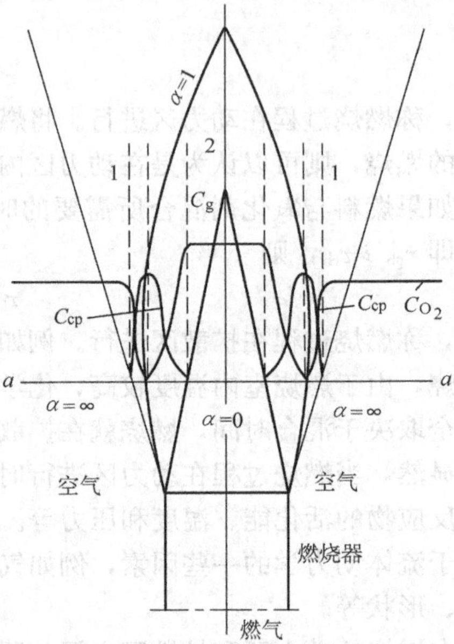

图 4-1 层流扩散火焰结构

1—外侧混合区 2—内侧混合区 C_g—燃气浓度

C_{cp}—燃烧产物浓度 C_{O_2}—O_2 的浓度

图 4-1 所示为层流扩散火焰的结构。燃气从火孔流出，着火后出现一圆锥形焰面，在焰面以内为燃气，焰面以外是静止的空气。O_2 从外部扩散到焰面，燃气从内部扩散到焰面，而燃烧产物又不断从焰面向内、外两侧扩散。该图还示出了 a-a 截面上 O_2、燃气和燃烧产物的浓度分布。O_2 浓度从静止的空气层朝着焰面方向逐步降低，燃气浓度则从火焰中心朝相反方向逐步降低。燃气和空气的混

合比等于化学计量比的那层表面便是火焰焰面。即，在焰面上，过剩空气系数 α 正好等于 1，而不可能大于或小于 1。试设想，假如在 $\alpha<1$ 的区域内首先着火，那么剩下的未燃燃气将继续向着 O_2 扩散，与焰外的空气混合而燃烧，使焰面向 $\alpha=1$ 的表面移动；假设在 $\alpha>1$ 的区域先着火，那么多余的 O_2 将向着燃气扩散，与焰内燃气混合燃烧，亦即焰面又移向 $\alpha=1$ 的表面 。在焰面上，燃烧产物的浓度最大，然后向内、外两侧逐步降低。纯燃气和纯空气之间的混合区被焰面分隔为两个区，内侧为燃气和燃烧产物相互扩散的区域，外侧为空气和燃烧产物相互扩散的区域，O_2 通过外侧混合区向焰面扩散，而燃气则通过内侧混合区向焰面扩散。

扩散火焰的形状为圆锥形。这是因为沿火焰轴线方向流动的燃气要穿过一比较厚的内侧混合区才能遇到 O_2，这就需要一段时间，而在这段时间内燃气将流过一定的距离，使焰面拉长。燃气在向前流动过程中不断燃烧，纯燃气的体积越来越小，最后在中心线上全部燃尽，所以火焰末端变尖而整个焰面成圆锥形，锥顶与火孔之间的距离称为火焰长度或火焰高度。

可以利用相似关系来讨论层流扩散火焰的基本规律。

图 4-2 中绘出了管 1 和管 2 两个相似的扩散燃烧装置。它们都有一个同心内管 A。在内管 A 中流动的是燃气，在内外管之间的空间 B 中流动的是空气，而且两种气体的流速相等。图中还绘出了燃气在管道断面上的浓度分布，燃气刚离开内管时，浓度场是矩形的。由于不断燃烧，到达距离 L_1 和 L_2 处，浓度场变成曲线形，假如 L_1 和 L_2 是火焰的长度，则在 L_1 和 L_2 处燃烧必在中心线上进行，因此在该处燃气和空气之比符合化学计量比。

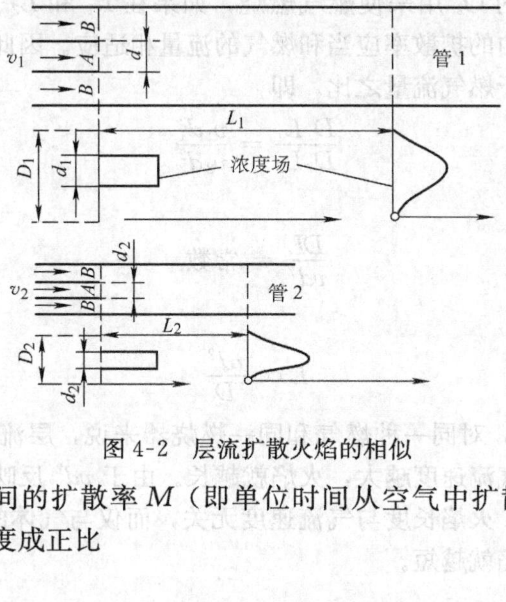

图 4-2 层流扩散火焰的相似

燃气和空气之间的扩散率 M（即单位时间从空气中扩散到燃气中去的 O_2 量）应当与浓度梯度成正比

$$M \propto DF \frac{\mathrm{d}C}{\mathrm{d}r}$$

式中 D——扩散系数；

F——垂直于扩散方向两股气流的接触面积；

$\frac{\mathrm{d}C}{\mathrm{d}r}$——径向浓度梯度。

对于上述两种相似情况，扩散率之比为

$$\frac{M_1}{M_2} = \frac{D_1 F_1 \left(\frac{\mathrm{d}C}{\mathrm{d}r}\right)_1}{D_2 F_2 \left(\frac{\mathrm{d}C}{\mathrm{d}r}\right)_2} \tag{4-1}$$

在 L_1 和 L_2 距离内，两股气流接触表面之比为

$$\frac{F_1}{F_2} = \frac{d_1 L_1}{d_2 L_2} \tag{4-2}$$

在两种情况下，燃气和 O_2 的初浓度都是相同的，因此直径越小，浓度变化越剧烈，亦即浓度梯度与直径成反比

$$\frac{\left(\frac{\mathrm{d}C}{\mathrm{d}r}\right)_1}{\left(\frac{\mathrm{d}C}{\mathrm{d}r}\right)_2} = \frac{d_2}{d_1} \tag{4-3}$$

将式（4-2）和式（4-3）代入式（4-1）得

$$\frac{M_1}{M_2} = \frac{D_1}{D_2} \times \frac{d_1 L_1}{d_2 L_2} \times \frac{d_2}{d_1} = \frac{D_1 L_1}{D_2 L_2}$$

扩散到燃气中的 O_2 用来使燃气燃烧，如果在 L_1 和 L_2 距离内燃气正好烧完。则在这段距离内的扩散率应当和燃气的流量相适应。因此，在两种情况下的扩散率之比应当等于燃气流量之比，即

$$\frac{D_1 L_1}{D_2 L_2} = \frac{v_1 d_1^2}{v_2 d_2^2}$$

或者

$$\frac{DL}{vd^2} = 常数$$

即

$$L \propto \frac{vd^2}{D} \tag{4-4}$$

式（4-4）表明，对同一种燃气和同一燃烧器来说，层流扩散火焰的长度与气流速度成正比，气流速度越大，火焰就越长。由于 vd^2 反映了气体的流量，故当燃气流量不变时，火焰长度与气流速度无关，而仅与气体的扩散系数成反比，扩散系数越大，火焰就越短。

4.1.2 湍流扩散火焰

当燃气流量逐渐增加时，火焰中心的气流速度也渐渐加大，但 O_2 向焰面扩散的速度基本未变，这就使焰面的收缩点离火孔越来越远，火焰的长度不断增加，这时火焰的表面积增大，单位时间内燃烧的燃气量也就增加了。但是，当气流速度增加至某临界值时，气体流动状态由层流转为湍流，火焰顶点开始跳动。若气流速度再增加，则火焰本身也开始扰动。这时扩散过程由分子扩散转变为湍流扩散，燃烧过程得到强化，因此火焰的长度便相应缩短。随着气流扰动程度的加剧，燃烧所需的混合时间大为缩短，最后，当混合速度大大超过化学反应的速度时（$\tau_{ph} \ll \tau_{ch}$），燃烧就开始在动力区进行，这时所呈现的特点是火焰开始丧失稳定性。如果继续强化燃烧，就会使火焰发生间断，甚至完全脱离火孔。

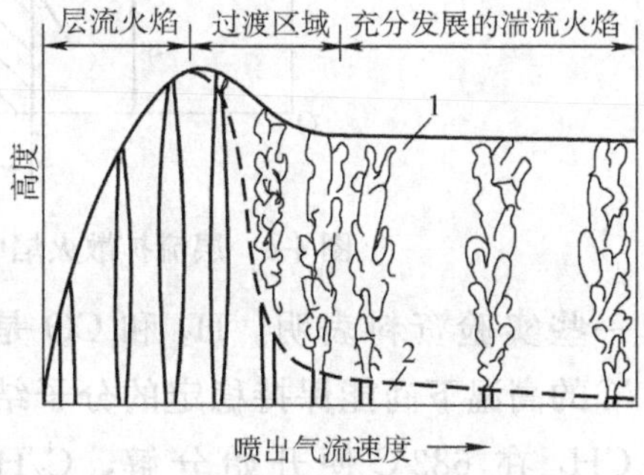

图 4-3 气流速度增加时扩散火焰长度和燃烧工况的变化

1—湍流火焰区域 2—层流火焰区域

图 4-3 所示随着气流速度增加，扩散火焰长度和燃烧工况的变化情况。这是采用直径为 3.1mm 的管子，用城市燃气喷入静止的空气中进行试验而获得的。从图中可以看出，在层流区火焰有着清晰的轮廓，气流速度增加时火焰长度也逐渐增加。在过渡区火焰顶部开始扰动并向根部扩展。由过渡区进入湍流区时火焰根部的层流火焰变得很短，火焰总长度反而缩小。在湍流区火焰长度与气流速度无关。

4.1.3 扩散火焰中的光焰

一般气体燃料燃烧，火焰是透明的，但 C_mH_n 进行扩散燃烧时，可能出现两个不同的区域：一个是真正的扩散火焰，它是从燃烧器出口垂直向上伸展的一个很薄的反应层；另一个是光焰区，其中有固体碳粒在燃烧。

1. 光焰的形成机理

为了讨论光焰出现的原因，可以分析一下层流扩散火焰中气体浓度和温度的变化情况（图 4-4）：直线 A 相当于反应区的外表面，直线 B 相当于反应区的内表面。反应区的厚度很小，仅为 δ_{ch}。O_2 浓度 C_{O_2} 在反应区内表面处降为零，而燃气浓度 C_g 则在反应区外表面才降为零。气体温度在反应区内为最高，并由反应区向内外两侧迅速下降。若在纵坐标上取一点相当于燃气开始分解的温度 t_d，则该温度的等温线与气体温度曲线相交于一点 a。在点 a 的右边将是一个只有燃

气而没有 O_2 的高温区域，它与反应区相邻，厚度为 δ_d。该区域就是燃气进行热分解的区域。

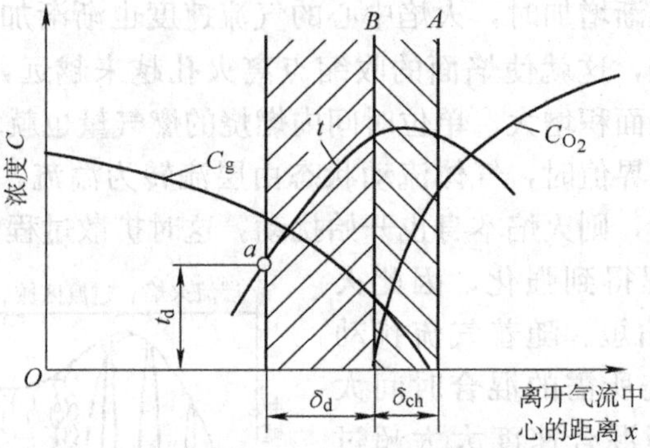

图 4-4　层流扩散火焰中气体浓度和温度的变化

一些实验资料表明，H_2 和 CO 是热稳定性较好的燃气。它们在 2500～3000℃的高温下尚能保持稳定的分子结构。各种 C_mH_n 则是热稳定性较差的燃气。CH_4 在 683℃便开始分解，C_2H_6 为 485℃、C_3H_8 为 400℃、C_4H_{10} 为 435℃。一般来说，C_mH_n 的相对分子质量越大，其稳定性也越差。

C_mH_n 的热分解历程虽然还不十分清楚，但可以肯定在分解区内发生着 C_mH_n 的脱氢过程和碳原子的积聚过程。最后生成相当多的固体碳粒，像雾一般分散在气体中。这些碳粒燃烧，呈现出明亮的淡黄色的光焰，这是 C_mH_n 在扩散燃烧时的一个特征。如果碳粒来不及燃尽而被燃烧产物带走，就形成黑烟。

2. 燃气火焰的辐射

在民用燃气设备上，由于燃烧空间有限，燃烧温度不高，光焰的出现容易形成黑烟。但在各种工业炉窑、加热炉和锅炉等热工设备上，却需要利用燃料燃烧时火焰的辐射传热。

不发光的透明火焰的辐射，主要是高温气体的辐射。对于黄色、光亮而不透明的光焰来说，火焰内的游离碳粒子产生的固体辐射占有很大的比例。因此，两种不同火焰的辐射机理是不同的。

燃气火焰一般来说是不发光的透明火焰，即使扩散火焰也是弱的光焰。透明火焰主要靠烟气中的 CO_2、水蒸气等在高温下的辐射。由于气体辐射仅在特定的窄波段内进行，与具有连续发射光谱的发光固体颗粒相比，燃气火焰的辐射能力是很弱的。

为了增加燃气火焰的辐射能力，曾有人试验过在气体燃料中加入一些液体燃料的燃烧方法。图 4-5 所示为国际火焰基金会的研究结果。可以看到，随着加入重油百分比的提高，火焰的辐射率显著增大。

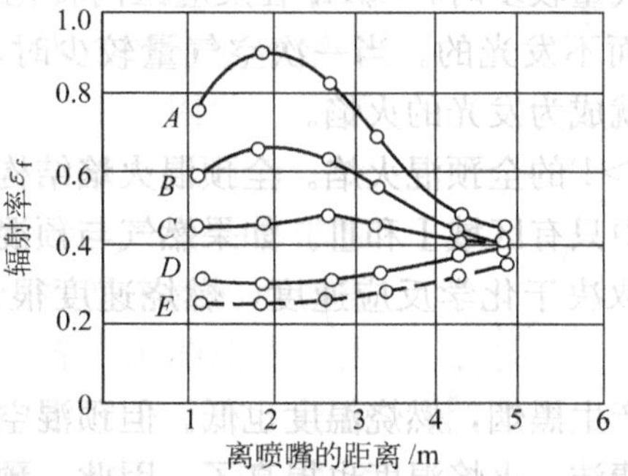

图 4-5 加入重油对辐射率的影响

A—重油 100% *B*—重油 40% *C*—重油 20% *D*—重油 10% *E*—重油 0%

4.2 预混式燃烧

依据一次空气系数 α' 的大小，预混燃烧又可分为部分预混燃烧及全预混燃烧。当 $\alpha'<1$，即预混气体中氧化剂的数量小于燃气燃烧所需的全部氧化剂数量时，称为部分预混燃烧；如果 $\alpha'\geqslant1$，即预混气体中氧化剂的数量大于或等于燃气燃烧所需的全部氧化剂数量时，称为全预混燃烧。

4.2.1 预混层流火焰的结构

火焰在预混空气前后的结构变化如图 4-6 所示。图 4-6a 所示为 $\alpha'=0$ 的扩散火焰，其结构如前一节所述。

图 4-6b 所示为 $\alpha_{C_h}<\alpha'<1$ 的部分预混层流火焰，α_{C_h} 表示着火浓度上限的过剩空气系数。也就是说，部分预混层流燃烧时，在预混空气达到着火浓度上限但小于理论空气需要量时，会出现双层火焰；$\alpha'<\alpha_{C_h}$，则燃烧火焰结构与扩散火焰相同。部分预混火焰的内焰为预混火焰，外焰为扩散火焰。如图 4-6b 所示，两层火焰锋面将火焰空间分为三部分：Ⅰ部分为未燃的可燃预混气体（燃气和空气）与少量的从焰面向内扩散的燃烧产物；Ⅱ部分为内层动力火焰未燃尽的可燃气体与燃烧产物的混合物，此区域没有空气存在；Ⅲ部分为燃烧产物与空气的混合物。

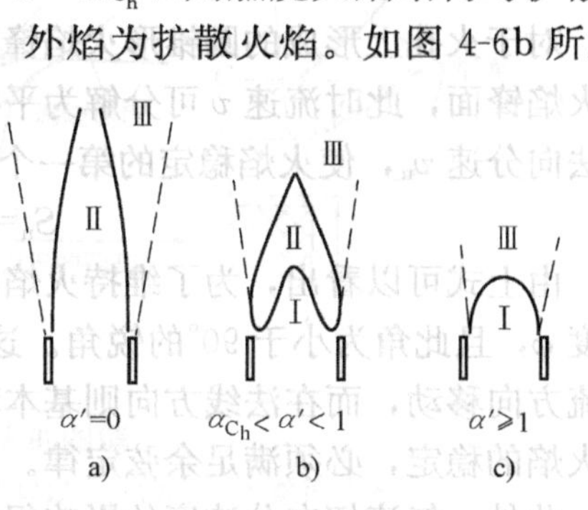

图 4-6 火焰形状随 α' 的变化情况

含有较多 C_mH_n 的燃气进行部分预混层流燃烧时，外焰部分可能出现两种

边速度梯度到直线 3 的状态时，由于直线 3 上每一点的气流速度均大于曲线 A 上每一点的燃烧速度，所以火焰底部被推离到图 4-8c 中的位置 B。在位置 B，火焰底部离开火孔的距离增大，火孔壁面对火焰底部的冷却作用减弱。同时，在气流边界层可燃混合物与空气的相互扩散增强，使边界层附近可燃混合物的一次空气系数增加，燃烧速度相应增大到曲线 B。因为曲线 B 与直线 3 相切，所以焰面底部能够在图 4-8c 的位置 B 重新稳定。同样，当提高周边速度梯度到直线 4 的状态时，焰面继续被推离到图 4-8c 中的位置 C，由于壁面冷却作用进一步减弱和稀释作用的有利影响，燃烧速度继续增大，燃烧速度曲线由图 4-8b 中的 B 移动到 C。当曲线 C 与直线 4 相切时，火焰底部就能够在图 4-8c 的位置 C 重新稳定。当周边速度梯度再继续增大到直线 5 的状态时，火焰又进一步被推离火孔。这时由于可燃混合物物与空气的相互扩散过强，使得气流边界层附近的可燃混合物被空气过分稀释，导致该处的燃烧速度下降，使燃烧速度曲线 C 不是继续向左推移，而是反过来向右回移到曲线 D。这时直线 5 与燃烧速度曲线 D 再也找不到切点，即在火焰上任何一点的气流速度都大于燃烧速度，稳定的点火环消失，于是火焰就被无限制推离火孔，产生脱火。显然，直线 4 与曲线 C 的切点所代表的工况，即为防止脱火的极限工况。

4.2.4 火焰稳定范围

如前所述，对于某一定组成的燃气-空气混合物，在燃烧时必定存在一个火焰稳定的上限，气流速度达到此上限值便产生脱火现象，该上限称为脱火极限；另一方面，燃气-空气混合物还存在一个火焰稳定的下限，气流速度低于下限值便产生回火现象，该下限称为回火极限。只有当燃气-空气混合物的速度在脱火极限和回火极限之间时，火焰才能稳定。

图 4-9 所示是按试验资料绘出的天然气-空气混合物燃烧时的稳定范围。从图中可以看出，混合物的组成对脱火和回火极限影响很大。随着一次空气系数的增加，混合物的脱火极限逐渐减小。这是因为燃气浓度高时，点火环处有较多的燃气向外扩散。与大气中扩散而来的二次空气混合而燃烧，能形成一个较有力的点火环。反之，若混合物中空气较多，从火孔出来的燃气较少，二次空气将进一步稀释混合物，使点火环的能力削弱，所以脱火速度也下降。燃烧器出口直径越大，气流向周围的散热越少，火焰传播速度就越大，脱火极限就越高。

回火极限随混合物组成变化的情况与火焰传播速度曲线相似。在其他条件相同时，火焰传播速度越大，回火极限速度也越大。燃烧器出口直径较小时，管壁散热作用增大，回火可能性减小。为了防止回火，最好采用小直径的燃烧孔。当燃烧孔直径小于极限孔径时，便不会发生回火现象。

图 4-9 中还绘有光焰区。当一次空气系数较小时，由于 C_mH_n 的热分解，形

成碳粒和黑烟，会引起不完全燃烧和污染。所以，部分预混式燃烧的一次空气系数不宜太小。

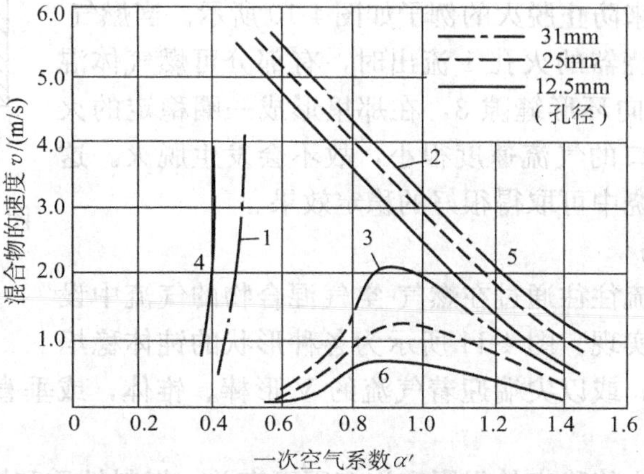

图 4-9 天然气和空气的燃烧稳定范围

1—光焰曲线 2—脱火曲线 3—回火曲线 4—光焰区 5—脱火区 6—回火区

脱火和回火曲线的位置，取决于燃气的性质。燃气的火焰传播速度越大，此两曲线的位置就越高。所以火焰传播速度较大的炼焦煤气容易回火，而火焰传播速度较小的天然气则容易脱火。

火焰稳定性还受到周围空气组成的影响。有时周围大气中氧化剂被惰性气体污染，脱火和回火曲线的位置就会发生变化。这是由于空气中含 O_2 量较正常为少，使燃烧速度降低，从而增加了脱火的可能性。

此外，火焰周围空气的流动也会影响火焰的稳定性，这种影响有时是很大的，它取决于周围气流的速度和气流与火焰之间的角度。

4.2.5 部分预混湍流火焰的稳定

层流中预混式燃烧的火焰稳定性研究表明，混合气流速度在一定范围内波动时燃烧器不会发生回火和脱火，其火焰是相对稳定的。但预混湍流火焰情况就不同了，工作的稳定区可能全部消失，或者变得很窄，要使燃烧器正常工作只有采用人工的稳焰方法。

通常，为了使火焰稳定，应当在局部区域保持气流速度和火焰传播速度之间的平衡，形成稳定的点火源。如果从改变气流速度着手，可用流体动力学方法进行稳焰；如果从改变火焰传播速度着手，可以用热力学和化学方法进行稳焰。

为了防止脱火，最常用的方法是在燃烧器出口处设置一个点火源。点火源可以是连续作用的人工点火装置，如炽热物体或一个稳定的辅助火焰。另外，也可以使炽热的燃烧产物流回火焰根部而形成点火源。

1. 辅助火焰稳焰

用辅助火焰来防止脱火的例子如图 4-10 所示。当燃气-空气混合物由燃烧器的火孔 1 流出时，有部分可燃气体混合物经小孔 2 流向环形缝隙 3，在那里形成一圈稳定的火焰。由于缝隙出口的气流速度很小，故不会发生脱火。这种方法在湍流燃烧中可取得很好的稳定效果。

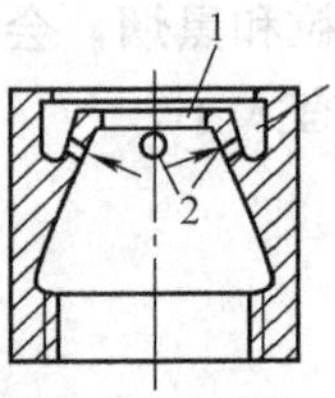

图 4-10 用辅助火焰作点火源

1—火孔 2—小孔 3—环形缝隙

2. 钝体稳焰

热烟气的回流往往通过在燃气-空气混合物的气流中设置火焰稳定器来实现。图 4-11 所示为各种形状的钝体稳焰器。它们是圆棒，或以尖端迎着气流的 V 形棒、锥体，或垂直放在气流中的平盘、鼓形盘等。

使用钝体时火焰稳定的界限和许多因素有关。燃料性质和燃料在空气中的浓度对火焰稳定范围有明显的影响。

钝体形状和尺寸影响火焰稳定范围。如图 4-11 所示，在相同条件下对同样宽度的钝体 3、5、7 进行试验，所得稳定范围是相同的。当钝体的特征尺寸放大时，火焰稳定范围就增加。同样的尺寸下，角钢比圆棒的稳焰效果好。

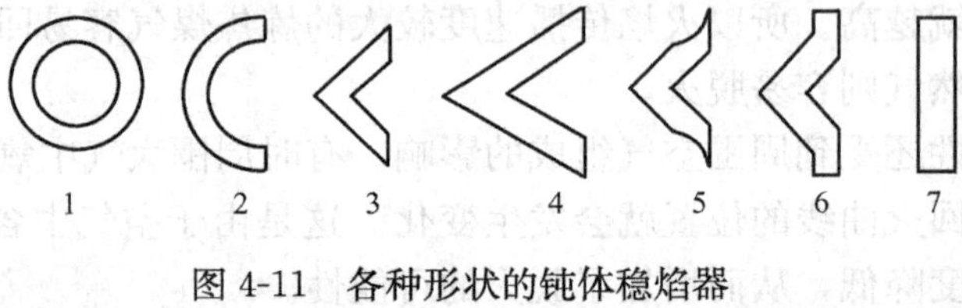

图 4-11 各种形状的钝体稳焰器

关于钝体稳焰的基本理论，从 20 世纪 50 年代以来就做了大量的研究。解决火焰稳定问题和解决着火问题一样，一方面是化学动力学问题；另一方面是流体力学问题，这两方面的问题都是比较复杂的。现在有好几种物理模型，它们之间的区别就在于对上述两方面问题的简化不同。这里仅以简化热理论为例，来分析钝体稳焰的条件。

图 4-12 所示为采用 V 形棒稳焰的一个回流区。主气流的初温为 T_0，而回流区里流出的气体温度为 T。它们在回流区起始的地方开始混合，经混合段后气流温度为 T_1，燃料的浓度为 C。然后气流分两路，一部分气体向下游流去，继续燃烧；另一部分气体进入回流区，以补充刚离开回流区的那部分气体。进入回流区的气体也继续燃烧，使温度升高到 T。

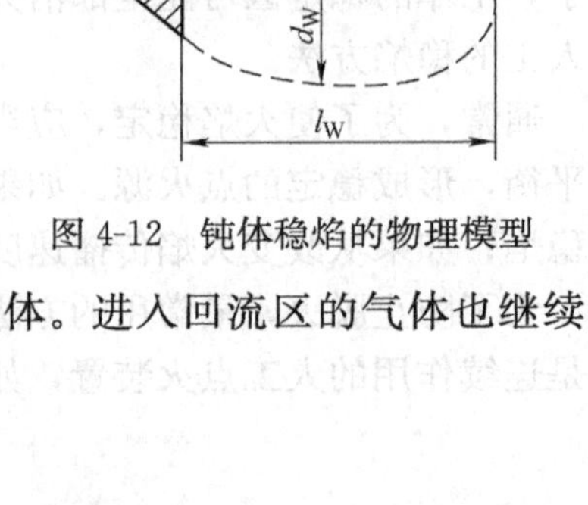

图 4-12 钝体稳焰的物理模型

在回流区内燃气燃烧产生的热量为

$$Q_W = k_0 C^n \frac{\pi}{4} d_W^2 l_W H e^{-\frac{E}{RT}} \tag{4-5}$$

式中 $k_0 e^{-\frac{E}{RT}}$——按阿累尼乌斯定律写出的反应常数；

T——离开回流区的气体温度；

C——回流区内可燃混合物中反应物浓度；

n——化学反应级数；

H——燃气热值；

d_W——回流区直径；

l_W——回流区长度。

这些热量使回流区气体温度从 T_1 升高到 T。即

$$Q_W = v_W \frac{\pi}{4} d_W^2 \rho c_p (T - T_1) \tag{4-6}$$

式中 v_W——回流区内的平均回流速度；

T_1——进入回流区的气体温度；

c_p——回流区气体的体积定压热容。

假定回流气体与主流气体的体积定压热容相当，则由混合区内混合的情况又可写出

$$c_p T_0 + x c_p T = (1 - x) c_p T_1 \tag{4-7}$$

式中 x——回流气体与主流气体的比例。

从式（4-7）得

$$(T_1 - T_0) = x(T - T_1) \tag{4-8}$$

合并式（4-6）～式（4-8），消去 Q_W 与 T 后得到

$$T_1 - T_0 = \frac{x k_0 C^n l_W H e^{-\frac{E}{RT}}}{v_W \rho c_p} \tag{4-9}$$

当主气流速度 v 不断升高时，回流区内的流速 v_W 也随之升高，T_1 不断降低。当 T_1 下降到着火温度以下时，回流区内气体不能继续燃烧，气流就脱火。

根据式（4-9）可以得到脱火条件。考虑到浓度 C 和密度 ρ 与压力 p 成正比，回流区速度 v_W 与主气流速度 v 也成比例，可将式（4-9）简化成

$$\frac{v}{p^{n-1} l_W} = A e^{-\frac{E}{RT}}$$

式中 A——常数。

因为回流区长度 l_W 与稳焰器的尺寸有关，例如与钝体稳焰器直径 d 成比例，故可写成

$$\frac{v}{p^{n-1} d} = A e^{-\frac{E}{RT}} \tag{4-10}$$

还可以用法向火焰传播速度 S 来代替 $e^{-\frac{E}{RT}}$。已知化学反应速度 W 有

$$W \propto p^{n} e^{-\frac{E}{RT}}$$

且

$$S \propto \sqrt{\frac{W}{p^2}}$$

因此

$$S^2 \propto p^{n-2} e^{-\frac{E}{RT}}$$

代入式（4-10）就得脱火的临界条件

$$\frac{v}{pd} = A''S^2 \tag{4-11}$$

式中　A'、A''——常数。

当气体流速 v 比式（4-10）、式（4-11）所对应的数值大时，发生脱火。当气流速度小于上述对应数值时，不会发生脱火，即火焰保持稳定。

在第 2 章中已知法向火焰传播速度与燃料-空气混合物浓度之间有一定的关系，所以也可把式（4-11）的脱火临界条件绘成图 4-13，横坐标是一次空气系数 α'，纵坐标是 $\frac{v}{p^{n-1}d}$ 的数值。工况位于曲线以下的区域是火焰稳定区，位于曲线以上的区域是发生脱火的区域。

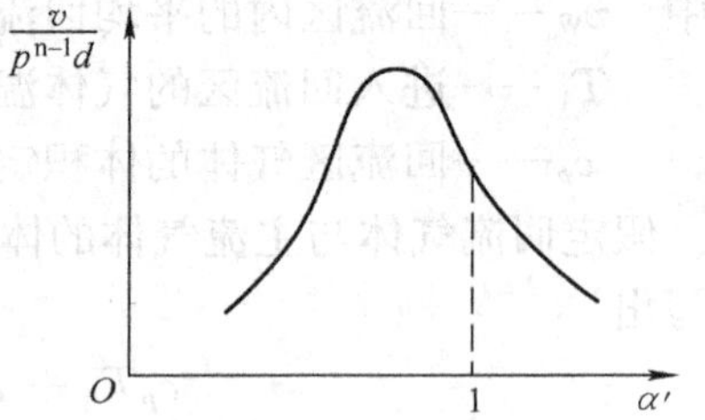

图 4-13　钝体稳焰器的脱火曲线

4.2.6　完全预混燃烧及其稳定

完全预混式燃烧是在部分预混式燃烧的基础上发展起来的。它虽然出现较晚，但因为在技术上比较合理，很快便得到了广泛应用。

进行完全预混式燃烧的条件是：第一，燃气和燃烧所需全部空气在着火前均匀混合，即 $\alpha' \geqslant 1$；第二，设置专门的火道，使燃烧区域稳定并保持高温。

在以上条件下，燃气-空气混合物到达燃烧区后能在瞬间燃烧完毕。火焰很短甚至看不见，所以又称无焰燃烧。

完全预混可燃物的燃烧速度很快，火焰稳定性较差。

工业上的完全预混式燃烧器，常常用一个紧接在其后的火道来稳焰。图4-14所示为火焰在火道中的稳定原理。来自燃烧器的燃气-空气混合物进入火道，在火道中形成火焰 。由于引射作用，在火焰的根部吸入炙热的烟气，形成烟气回流区，是一个稳定的点火源。如果火道有足够的长度，则火焰将充满火道的断面，燃烧就稳定。但火道较短时，火焰仅占火道的一部分，可能会吸入周围介

质，使烟气温度降低而失去点燃混合物的能力。因此，必须对燃烧室采取良好的保温措施。

完全预混式燃烧过程的热强度与火道有很大的关系。正确设计的火道不仅提高了燃烧稳定性，增加了燃烧强度，而且高温火道对迅速燃尽也起了很大的作用。

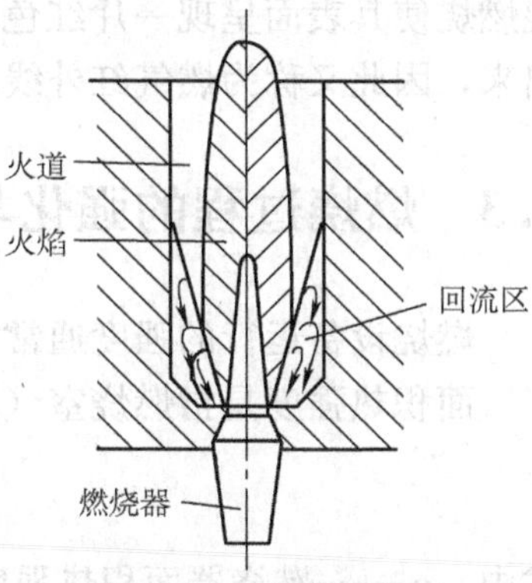

图 4-14 火焰在火道中的稳定原理

按化学计量比组成的燃气-空气混合物是一种爆炸性气体，其火焰传播能力很强，因此在完全预混燃烧时很容易发生回火。为了防止回火，必须尽可能使气流的速度场均匀，以保证在最低负荷下各点的气流速度都大于火焰传播速度。为了降低燃烧器出口处的火焰传播速度，还可以采用水冷却的燃烧器头部，如图4-15所示。

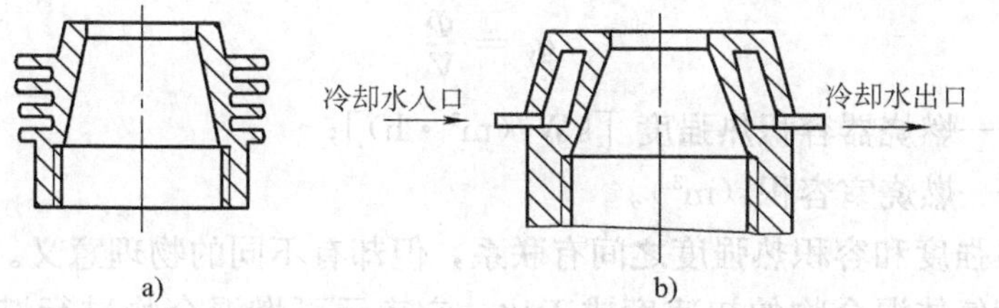

图 4-15 圆锥形冷却头部
a）翅片冷却 b）水冷却

此外还有一种小孔式火道。在一块板面上钻有许多小孔，当孔口直径小于临界孔径时，火焰就不会回入孔眼以内去，燃烧实际上在接近多孔板外表面附近进行。当天然气-空气混合物通过多孔陶瓷板进行无焰燃烧时（图 4-16），在通过孔板前混合物的温度很低。经过陶瓷板的孔眼时混合物得到了预热。在燃烧区，温度约 1150℃，预热至高温的燃气-空气混合物的燃烧反应进行得十分迅速，在离多孔陶瓷板外表面很近的距离 l_1 内可以全部完成，因此具有无焰的特性。图中 l_0 为小孔式火道长度。

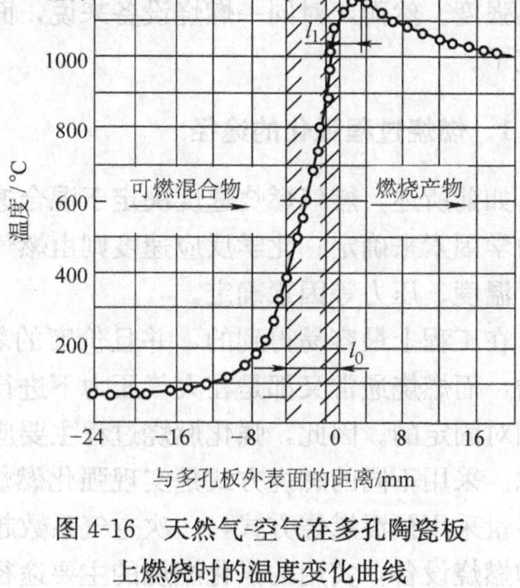

图 4-16 天然气-空气在多孔陶瓷板上燃烧时的温度变化曲线

多孔陶瓷板上进行的完全预

混燃烧使其表面呈现一片红色，燃烧产生的热量有 40%以上以辐射热形式散发出来，因此又称为燃气红外线辐射板。

4.3 燃烧过程的强化与完善

燃烧设备运行的强度通常可用面积热强度和容积热强度来表示。

面积热强度是指燃烧室（或火道）单位截面上单位时间内所发出的热量

$$q_f = \frac{\Phi}{F}$$

式中 q_f——燃烧器面积热强度 [kW/(m²·h)]；

Q——燃烧器热负荷（kW）；

F——燃烧室截面积（m^2）。

容积热强度是指燃烧室（或火道）单位容积内单位时间所发出的热量

$$q_v = \frac{\Phi}{V}$$

式中 q_v——燃烧器容积热强度 [kW/(m³·h)]；

V——燃烧室容积（m^3）。

面积热强度和容积热强度之间有联系，但却有不同的物理意义。面积热强度直接与可燃气体混合物的初速度成正比，它表示可燃混合物进行燃烧反应的速度。容积热强度则与燃烧室的长度有关，它表示燃烧设备的紧凑程度。面积热强度相同的两个燃烧室（或火道），可能有不同的容积热强度。对作用不同的两种燃烧设备来说，低负荷的可能有较大的容积热强度，高负荷的可能只有较小的容积热强度。然而，对同一燃烧设备来说，面积热强度确定以后，容积热强度也就确定了。

4.3.1 燃烧过程强化的途径

如前所述，燃气燃烧速度决定于混合速度和化学反应速度。混合速度由流体动力学因素来确定；化学反应速度则由燃气性质、氧化剂性质和可燃混合物的浓度、温度、压力等因素确定。

在工程上最容易得到的，并且价廉的氧化剂就是空气中的 O_2，其性质是一定的，而燃烧通常又都是在大气压力下进行。所以氧化剂性质和压力这两个因素是相对固定的。因此，强化燃烧过程主要应从提高温度和加强气流混合等方面来考虑。采用不同的燃烧方式是实现强化燃烧的首选，对于需要强化燃烧的场所，应尽量采用预混燃烧方式，一次空气系数越大，燃烧强度越大。对于燃烧方式一定的燃烧设备，实用的强化燃烧的主要途径有以下几方面。

（1）预热燃气和空气 预热燃气和空气可以提高火焰传播速度，增加反应区内的反应速度，提高燃烧温度，从而增加燃烧强度。

在实际工程中，常常是利用烟气余热来预热空气，这样既可使燃烧强化，又可提高燃烧设备的热效率。

但是，由于化学反应的可逆性，当温度升高时，也伴随着燃烧产物的分解。O_2 和 H_2O 分解时要吸收一部分热量，而且燃烧产物中 CO 和 H_2 的含量增加。参见第1章第5节。

当燃烧室温度在1500℃以下时，CO_2 和水蒸气的分解度是不大的。但是，当采用富氧燃烧或燃烧温度较高时，分解的影响就比较显著。温度在1800～2000℃以上时，该百分比增加得更快。在同一燃烧温度下，空气中 O_2 的浓度越大，分解消耗的热量也越多。

为了避免热分解带来的不良后果，燃烧温度应限制在1800～2000℃以下。

（2）强化混合 不论是大气式燃烧，还是扩散式燃烧，强化混合都能增加燃烧强度。

在实际工程上采取的办法通常是在火焰稳定性允许的范围内尽量提高炉子入口或燃烧室中的气流速度，并在入口处采用一些阻力较大的挡板来增加湍动尺度；采用相交气流和旋转气流等方法加强燃气与空气的混合。图4-17所示为天然气燃烧时旋流数对热流强度的影响。从图中看出，当旋流数增大时，热流强度迅速增加，即燃烧得到强化。根据燃烧产物中 CO_2 浓度的分析可知，当旋流数增加时，火焰的长度缩短。

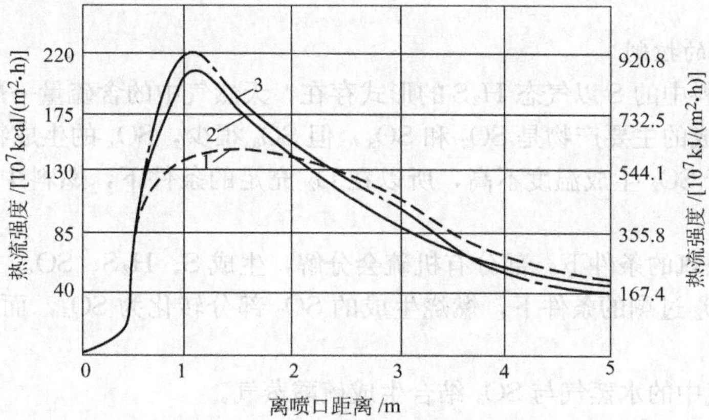

图4-17 旋流数不同时热流强度的变化

1—旋流数为0.2 2—旋流数为0.56 3—旋流数为1.27

（3）烟气再循环 将一部分燃烧所产生的高温烟气引向燃烧器，使之与尚未着火的或正在燃烧的燃气-空气混合物混合，可提高反应区的温度，从而增加燃烧强度。

烟气再循环的方式通常有内部再循环和外部再循环两种，前者是在燃烧室内部实现的；后者则是在燃烧室外部实现的，但是烟气循环量不能太大。当烟气量超过某一最佳数值时，由于惰性物质对可燃混合物的稀释，燃烧速度反而会下降，甚至发生缺氧和不完全燃烧。

4.3.2 燃烧污染控制

人类为了获取能量，每天都在燃烧煤、油、气体燃料以及生物物质。燃烧的不完善使烟气中存在污染环境的有害物CH、CO_2、CO、NO_x、SO_x等。

CO毒性很大，它与人体内血红蛋白的结合力大于O_2与血红蛋白的结合力，使血液中的氧合血红蛋白减少而造成人体缺氧，引起内脏出血、水肿及坏死，最后导致死亡。

CO_2通常在人体血液中的分压高于肺泡中的分压，故血液中的CO_2弥散到肺泡中去，通过呼吸排出体外。空气中的CO_2含量增加而使其在肺泡中的分压超过血液中的分压时，空气中的CO_2可迅速地散入血液中，使人中毒亦可导致死亡。

SO_x主要对呼吸道和眼睛具有强烈的刺激作用，大量吸入会引起肺水肿、喉痉挛直至窒息。

NO_x在日光照射下与光化学反应形成有毒的烟雾污染大气环境。并且NO_x本身具有很大的毒性，当人们长时间处于含量大于$5\times10^{-3}\%$环境中可导致死亡。

1. SO_x的控制

气体燃料中的S以气态H_2S的形式存在，天然气中的含硫量一般小于1%。

燃烧生成的主要产物是SO_2和SO_3，但SO_3很少，SO_x的生成特点如下：

1）由于SO_2生成温度不高，所以在O_2充足的条件下，燃料中的S会全部生成SO_2。

2）在缺氧的条件下，部分有机硫会分解，生成S、H_2S、SO。

3）在O_2过剩的条件下，燃烧生成的SO_2部分转化为SO_3，而SO_3很容易生成H_2SO_4。

4）烟气中的水蒸气与SO_3结合生成硫酸蒸气。

影响SO_3生成量的主要因素：

1）燃料中含硫量越多，SO_2及SO_3的生成量越大。

2）过剩空气系数越大，SO_3的生成量越多。

3）火焰中心温度越高，生成的SO_3越多，因为温度越高，O_2的分解越厉害，离子氧量越大，易与SO_2反应生成的SO_3。

4）烟气停留时间越长，SO_3 生成量越多。

5）对流受热面上的积灰和氧化膜越多，SO_3 生成量越多，因为积灰和氧化膜具有催化作用。

综上所述，希望依靠改善气体燃料的燃烧过程来控制 SO_x 生成是很困难的，而最有效的控制措施是减少燃料中 S 的含量。

2. CO 与 CO_2 的控制

CO 是燃烧产物中发现最早的污染物之一。对于 C_nH_m，简化的燃烧反应模型如下：

1）$C_nH_m + n/2O_2 = nCO + m/2\,H_2$

2）$CO + OH = CO_2 + H$

从上述反应可知，燃烧过程中，所有 C 都首先形成 CO。所以，控制 CO 应集中于如何使 CO 再完全氧化。并且，CO 与 O 直接进行的氧化反应速度很慢，许多情况下可以忽略不计。在烃燃料火焰中，通常 OH 的浓度较高，而 CO 转化为 CO_2 几乎全部依赖于上述第二个反应。

根据上述分析可知，控制 CO 的最有效措施是提供足够的 O_2，并使燃料与 O_2 充分接触燃烧生成 CO_2。

虽然在正常通风条件下燃烧排放的 CO_2 不会造成人体的急性中毒，但 CO_2 是一种温室气体，而伴随人类使用化石能源，就会燃烧排放出大量 CO_2。所以减少 CO_2 排放的最有效途径不在于控制燃烧过程本身，而是应该尽可能减少含碳能源的使用，注重节能及无碳新能源的开发利用。

3. NO_x 的控制

NO_x 的生成机理较为复杂，如何通过改善燃烧过程来减少 NO_x 的发生量，是一个比较突出的问题。

（1）NO_x 的生成机理　氮氧化物主要指 N_2O、NO、NO_2、N_2O_3、N_2O_4 和 N_2O_5 等，除 NO_2 以外，其他氮氧化物均极不稳定，遇光、湿或热变成 NO_2 及 NO，NO 又变为 NO_2。因此，氮氧化物污染主要是 NO 和 NO_2，并以 NO_2 为主，二者统称为 NO_x。

燃烧过程中产生的几乎都是 NO 和 NO_2，在通常的燃烧温度下，NO 占 90%以上，NO_2 仅占 5%～10%，其中 NO_2 是 NO 在低温下氧化生成的，NO 排入大气后氧化成 NO_2。

一般燃烧中，根据生成原因将 NO 分为热力型 NO、快速型 NO 和燃料型 NO。

热力型 NO 是指燃烧用空气中的 N_2 在高温下氧化而生成的 NO。当温度超过 1700K 时，随着温度的升高，NO 的生成量急剧增大。

快速型 NO 是指碳氢系燃料在过剩空气系数小于 1 的情况下，在火焰面内急剧生成的 NO。在一般空气过剩的燃烧中，快速型 NO 与热力型 NO 相比少得多。

燃料型 NO 是燃料中的含氮化合物在燃烧过程中与 O_2 反应生成的 NO。燃料型 NO 主要是含氮燃料（例如煤、油）燃烧的产物，城市燃气中一般不含燃料氮，所以不必考虑燃料型 NO。

NO 的生成反应为

$$O_2 + N_2 = 2NO - 180kJ$$

热力型 NO 的链反应为

$$O + N_2 = NO + N$$
$$N + O_2 = NO + O$$

总反应中，正反应的活化能为 $E_1 = 53.9 \times 10^4 J/mol$，逆反应的活化能为 $-E_2 = 36.0 \times 10^4 J/mol$。由于正反应的活化能很大，因此 NO 的生成在很大程度上依赖于温度。当温度较低时 NO 的生成速度减慢。另一方面，NO 的生成速度与 O_2 的浓度有关，在空气不足的情况下，NO 的生成量也减少。

图 4-18 所示为在火道式燃烧器试验台上测得的 NO 排出量与过剩空气系数及空气预热温度的关系。在试验中燃气和空气是完全预混的。可以看到，过剩空气系数对 NO 的排出量有很大的影响。当 $\alpha = 1.2$ 时，NO 的排出量最大，这是由于 O_2 分子的浓度和燃烧温度这两个因素同时起作用的结果。$\alpha < 1.2$ 时，自由 O_2 的减小使 NO 的生成量减少；$\alpha > 1.2$ 时，由于过剩空气过多，燃烧区温度下降，也使 NO 生成量减少。因此，在燃烧过程中应当严格控制过剩空气系数。

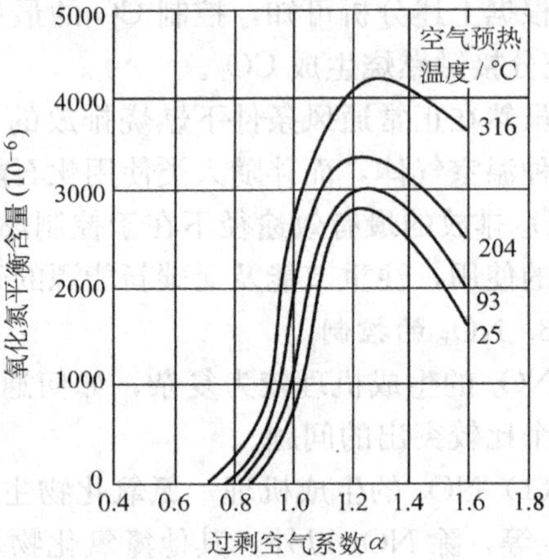

图 4-18 不同预热温度下 NO 排出量与过剩空气系数的关系

(2) 减少 NO_x 生成量的措施 由于实际应用中，燃气燃烧过程中的 NO_x 主要是过剩 O_2 与空气带入的 N_2 在燃烧高温区生成的，所以减少 NO_x 生成的主要途径是降低火焰温度（或减少烟气在高温区停留的时间）和减少过剩空气量。

对于一个工业燃气燃烧器系统，大体上都存在四个燃烧区域，如图 4-19 所示。1 区是点火和稳焰区。2 区是主燃烧区。3 区是混合区，高温烟气和炉内烟气在该区域混合。4 区为炉膛区，该区内烟气的浓度及温度比较均匀。

通过实验知道，大部分 NO_x 是在主燃烧区 2 和其后的混合区 3 内形成的。

因此，降低 NO_x 发生量的燃烧设计原则应当是：

1）减少气体在高温点火区和稳焰区的停留时间。

2）降低主燃烧区的温度。

3）让温度较低的烟气和炽热的燃烧产物尽快混合。

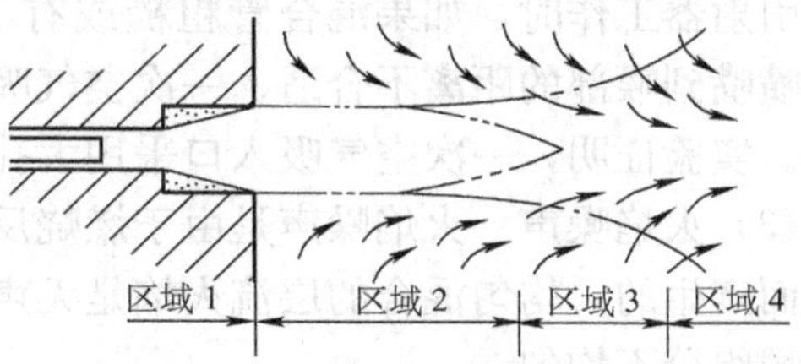

图 4-19 工业燃气燃烧系统的燃烧区域

4）将炉膛温度维持在一个适当的水平。

4.3.3 燃烧装置噪声与控制

1. 噪声的来源

在燃烧系统中，噪声主要来源于风机、气流和火焰。

（1）风机噪声 风机是燃烧系统的基本设备之一。风机噪声包括空气动力性噪声和机械性噪声。

空气动力性噪声是由周期性的排气噪声（即气流旋转噪声）和涡流噪声两部分组成。当鼓风机叶轮在一定压力条件下运转时，周期性地挤压气体并撞击气体分子，导致叶轮周围气体产生速度和压力脉动，并以声波的形式向叶轮辐射，这就产生了周期性的排气噪声。而在叶轮高速旋转的同时，其表面会形成大量的气体涡流，当这些气体涡流在叶轮界面上分离时，就产生了涡流噪声。

鼓风机的机械性噪声，主要是由齿轮或带轮传动以及由于风机装配精度不高、机组运转时不平衡所产生的冲击噪声与摩擦噪声。

此外，还有电动机的冷却风扇噪声、电磁噪声。风机排气管与调节阀在整个机组运行时会产生强烈的噪声。特别在调节阀处，由于气流速度高，产生湍流，也引起很大噪声。

显而易见，鼓风机是一个多种噪声的声源，它在运行时，有高强度噪声从进（排）气口、管道、调节阀、机壳以及传动机械等各部位辐射出来。

（2）气流噪声 当燃烧系统中的气流形成湍流时，出现了速度和压力的脉动，便产生了噪声。由于这种脉动具有随机性，因此气流噪声是宽频带噪声。

喷嘴流出的燃气向相对静止的气体中扩散时，气流方向和流束截面突然变化，会引起很大的噪声。喷嘴有毛刺或孔口粗糙不圆时，气流经喷嘴收缩便产生了偏位噪声。燃气压力越高，偏位噪声越大。燃气流出喷嘴后，在与周围空气进行强烈混合的过程中还产生射流噪声。其强度正比于 $v_1{}^8 F_j$（此处 v_1 是喷嘴出口速度，F_j 是喷口截面积），主要分布在其轴向的 20°～60°范围内，随着离开喷嘴距离的增加而显著减弱。这种噪声属于宽频带噪声，其最高频率约为 v_1/d（d 是喷嘴直径）。

引射器工作时，如果混合管粗糙或有毛刺，气流通过时也要产生噪声。此外，喷嘴到喉部的距离不合适、一次空气吸入口的形状和尺寸不合适，也会产生噪声。实验证明，一次空气吸入口采用大孔比开一些小孔产生的噪声少。

（3）火焰噪声　火焰噪声是由于燃烧反应的波动引起的局部区域流速和压力变化而产生的。均匀混合的层流火焰是无声的。火焰噪声来源于气流的湍动和局部区域组分不均匀。

另外，燃烧室的形状与大小、燃烧器的布置方式对燃烧噪声也有显著影响。

燃气性质对噪声的产生也具有重要影响。对于贫燃料混合气，噪声功率与燃烧速度成线性正比关系；对于富燃料混合气，噪声功率与燃烧速度的平方根成线性变化关系。对于其他的湍流扩散火焰，燃料与空气的混合不均匀、气流速度的增大均将导致火焰噪声的增大。在燃料供应量相同时，处于化学当量比燃烧的火焰噪声最大。

（4）燃烧振荡噪声　燃烧振荡噪声是燃烧装置的声抗特性造成的。当气流流过燃烧器、燃烧室和烟道时，可产生某种单一频率的驻波（发送出去的振动波与由固定壁返回的相同振动波相叠加而形成等距波节，波节两端各点位置始终不变，这样的波看起来并不向前传播，叫驻波），而驻波与火焰相互作用，引起燃烧过程的规则脉动，从而产生一种很强的单频噪声。这种噪声可能与燃烧系统中某个部件的自然振动频率相吻合，进而引发共振，例如一对燃烧器的相邻火管，单用一个时没有什么噪声，而当两个火管同时使用时就发出很大的噪声。

这种共振可能引起装置的损坏等严重后果，应尽力避免。

（5）非正常燃烧噪声　若点火器失灵或点火方法不正确，往往不能及时将逸出的燃气点燃，致使在燃烧器外的空间中预先积聚了相当容积的燃气与空气混合气体，一遇火源则会产生爆鸣噪声。

燃烧过程产生回火时，先出现一个回火噪声，然后在喷嘴附近管路中的燃烧又不断地产生噪声。

突然关闭燃气阀，随着火焰熄灭也会发出噪声。灭火噪声可以看成是燃气流量为零时的回火噪声。焦炉煤气比天然气和液化石油气更容易产生灭火噪声。

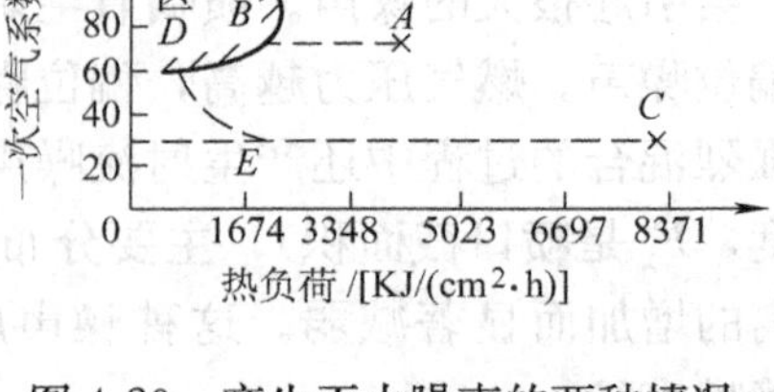

图 4-20　产生灭火噪声的两种情况

图 4-20 所示为产生灭火噪声的两种情况。第一种情况是燃烧器在 A 点工作。突然关闭阀门时，其热强度沿 A-B 线急速下降，工作点便移到回火区的 B 点，这时火孔上还存在残余火焰，便将燃烧器内部余气点燃，从而引起灭火噪声。第二种情况是燃烧器在 C 点工作。如果在关闭燃气阀的同时，也关闭空气吸入

口，则热强度沿 C-E 线减少，不会产生灭火噪声。但实际上在关闭燃气阀门时空气吸入口并不关闭，由于残余混合气的动量还会吸入空气，使一次空气系数突然增大，故热强度沿 C-D 线减少。当到达回火区 D 点时，火孔上尚有余火，便将燃烧器内部余气点燃，因此也可能发生灭火噪声。

B、D 两点的区别是 B 点的灭火噪声在关闭阀门的同时产生，而 D 点的灭火噪声则在关闭阀门以后产生。

2. 噪声的消除和控制

(1) 控制声源

1）提高风机装配的精确度，消除不平衡性。选用低噪声的传动装置，避免电动机直联而又无声学处理。采用合适的叶轮形状和降低叶轮转速可减少旋转噪声。对于已定风机，应当准确安装并注意维修保养以减少机械噪声。

2）改变喷嘴形状减少噪声的产生。图 4-21 所示为几种不同形状喷嘴产生噪声的比较。由图可知，花形喷嘴和多孔喷嘴较单孔喷嘴产生的噪声小。这是由于射流相互干扰使射流起始段的特性发生变化的结果。但是，花形喷嘴加工困难，工程上常采用多孔喷嘴，特别是对中压引射式燃烧器更为合适。此外，降低燃气的压力和喷嘴的出口流速，不仅可以减少射流噪声，而且还可降低燃烧噪声。

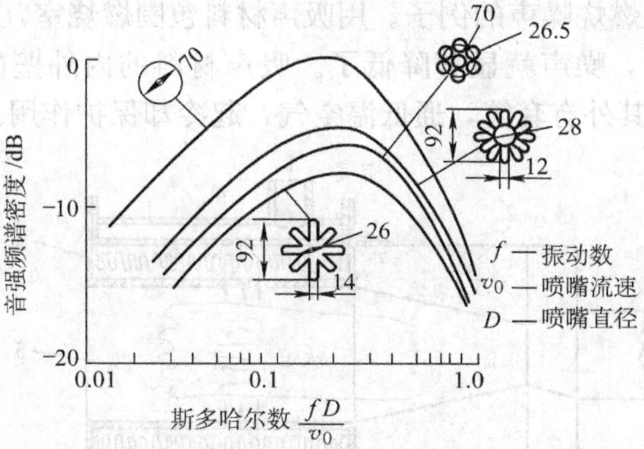

图 4-21　喷嘴形状与噪声的关系

3）减少燃烧器热负荷，可以减少噪声。根据式（4-12），当一个燃烧器的热负荷为 Φ 时，其声功率 W 与 Φ 的平方成正比。若将燃烧器数目增为 n 个，每个燃烧器的热负荷为 $\frac{\Phi}{n}$，则整个声功率为

$$W' = nk\left(\frac{\Phi}{n}\right)^2 = \frac{1}{n}W \tag{4-12}$$

式中 k 为系数。可见，分散燃烧器的热负荷，可以降低噪声功率。

4）消除燃烧器灭火噪声的最有效方法就是选择较小的火孔尺寸，当火孔直径或火孔宽度小于熄火距离尺寸时，由于火焰无法回到火孔内所以不会出现回火

现象，也就不会产生灭火噪声了。此外，合理选择燃烧器设计参数和注意运行工况的调整，使燃烧器稳定工作，也是减少噪声的有力措施。

（2）控制噪声的传播 对已产生的噪声采取吸声、消声、隔声和阻尼等措施来降低和控制噪声的传播，也是十分有效的。常用的减噪装置有：

1）隔声装置。将发出噪声的机器（如风机等）完全封闭在一个隔声罩内，防止噪声向外传播。可在隔声罩的内壁上衬以多孔材料吸收噪声，使其转化为热能耗散。用密度较大的材料制造的壁面，其隔声效果较好。噪声的频率越低，隔声罩的隔声效果越差。为了改善隔声效果，还可采用双层隔声罩。在管道连接中增加柔性连接头，也可防止和减少噪声从隔声罩内传出。

2）吸声材料。多孔性吸声材料的构造特征是具有许多微小的间隙和连续的孔洞，有良好的通气性能。当声波入射到其表面时，将顺着这些孔隙进入材料内部并引起孔隙中的空气和材料细小纤维的振动。因为摩擦和粘滞阻力的作用，使相当一部分声能转化为热能而被消耗掉。吸声材料常用于墙壁及顶棚的衬里和管道的衬里以减小噪声的传播强度。通常使用的吸声材料有玻璃棉、矿渣棉、毛棉绒、毛毡、木丝板和吸声砖等。

近年来，发现燃烧噪声主要是来源于燃烧最强烈的燃烧室。图 4-22 所示为利用吸声材料吸收燃烧噪声的例子。用吸声材料包围燃烧室，吸收燃烧产生的噪声，使其不再放大，噪声就显著降低了。吸声材料的内外壁由耐热不锈钢制成（开口率为 30%）其外有套筒，通低温空气，起冷却保护作用。

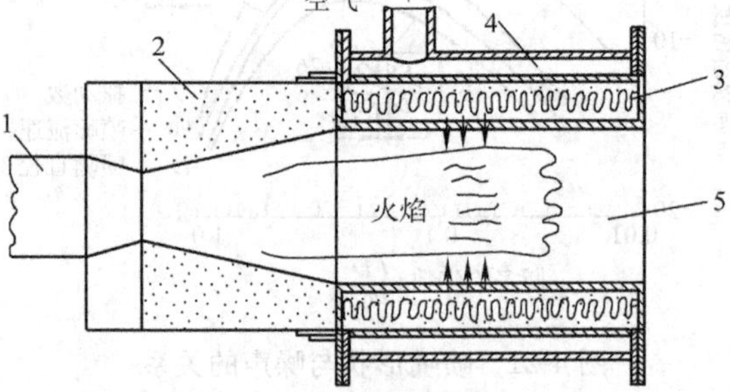

图 4-22 燃烧噪声的吸声装置

1—燃烧器头部 2—火道 3—吸声材料 4—空气通道套筒 5—燃烧室

3）消声器。消声器依靠改变声阻来阻止噪声的自由传播。由于消声器内的特殊几何结构，可将部分声波逆向反射回发声源使它们相互抵消，从而达到减小噪声的目的。

消声器主要用于控制和降低空气和动力设备进、排气口的噪声或沿管道传递的噪声，例如风机噪声、通风管道噪声、排气噪声等。很多燃烧噪声是在燃烧产生的气体产物通过管道时传出的，因此在管道等出口处安装专用消声器是消除这类噪声的有效途径。

思 考 题

1. 层流火焰高度与气流速度之间是什么关系，受哪些因素影响？

2. 分析扩散燃烧产生光焰的原因及光焰的利弊。

3. 分析产生脱火、回火、黄焰的原因。

4. 阐述湍流预混火焰的稳焰方法的基本原理。

5. 试比较扩散火焰、部分预混火焰、完全预混火焰的特点。为何民用燃气具广泛采用部分预混火焰？

6. 总结强化燃烧的基本方法及原理。

7. 简述燃气燃烧产物中有害物的种类及生成原因。

第 5 章 燃气燃烧器

5

5.1 燃气燃烧器的分类与技术要求

5.1.1 燃气燃烧器的分类

燃气燃烧器是将燃气化学能转换成热能加以利用的设备。燃气燃烧器的类型很多，可以按不同分类方法来反映其特点。常规燃烧器的几种分类方法如下：

1. 按一次空气系数分类

（1）扩散式燃烧器　按扩散式燃烧原理设计，燃烧所需空气在燃烧前不与燃气混合，即，一次空气系数 $\alpha'=0$。

（2）部分预混式燃烧器　按部分预混式燃烧原理设计，燃烧所需一部分空气在燃烧前与燃气混合，一次空气系数 $1>\alpha'>0$。但一般部分预混式燃烧器的 α' 通常为 0.45～0.75，层流状态燃烧可形成本生火焰。当 α' 太小时，燃烧近似于扩散式燃烧，反之则接近于完全预混式燃烧。

（3）完全预混式燃烧器　按完全预混式燃烧原理设计，燃烧所需全部空气在燃烧前与燃气混合，即 $\alpha'\geqslant 1$。

2. 按空气的供给方法分类

（1）引射式燃烧器　空气被燃气射流吸入或者燃气被空气射流吸入的燃烧器。

（2）鼓风式燃烧器　助燃空气用鼓风设备送入的燃烧器。

（3）自然引风式燃烧器　靠燃烧室中的负压将助燃空气吸入的燃烧器。

3. 按燃气压力分类

（1）低压燃烧器　燃气压力在 5000Pa 以下的燃烧器。

（2）高（中）压燃烧器　燃气压力在 5000Pa 到 3×10^5Pa 的燃烧器。

4. 按燃气种类分类

(1) 人工燃气燃烧器

(2) 天然气燃烧器

(3) 液化石油气燃烧器

(4) 通用燃烧器 适应于多种燃气的燃烧器。可通过采用可调节的喷嘴，在气种改变后调节燃气量，以保证燃烧器热负荷不变。

5.1.2 对燃烧器的基本技术要求

1. 工艺要求

1) 火焰形状及尺寸、发光程度、燃烧温度等。

2) 在额定压力下，热负荷应达到设计值。即满足额度热负荷。

2. 燃烧质量要求

1) 燃烧稳定性：当燃气压力、性质在正常范围内波动时，不发生回火和脱火现象。

2) 污染排放：对于气体燃料，主要针对 CO 和 NO_x，例如，我国 TSG GB 003—2006《燃气燃烧器安全技术规定》中烟气的 CO 浓度应该不大于 $125mg/m^3$，NO_x 浓度应该不大于 $300mg/m^3$。

3) 结构要求：结构紧凑、调节和维护方便。

4) 材质要求：耐高温、耐腐蚀、具有一定的强度等。

5) 安全要求：至少具有国家标准规定的安全装置，例如熄火保护装置等。

5.2 自然引风扩散式燃烧器

自然引风式扩散燃烧器是依靠自然抽力或扩散供给空气，燃烧前燃气与空气不进行预混。其特点如下：

1) 燃烧稳定，不会回火，运行可靠。

2) 结构简单，制造方便。

3) 操作简单，容易点火。

4) 可利用低压燃气，燃气压力为 200～400Pa 或更低时，仍能正常工作。

5) 不需要鼓风。

6) 燃烧热强度低，火焰长，需要较大的燃烧室。

7) 容易产生不完全燃烧。为使燃烧完全，必须供给较多的过剩空气。

8) 由于过剩空气系数较大，燃烧温度低。

由于上述特点，自然引风式扩散燃烧器多作为民用和燃烧热强度要求不高的加热设备。例如，用于沸水器、热水器、纺织业和食品业中的加热设备及小型采暖锅炉，用作点火器和指示性燃烧器。层流扩散式燃烧器一般不适用于天然气和液化石油气，因为这两种燃气燃烧速度慢、火孔热强度小、容易产生不完全燃烧和烟炱。

5.2.1 自然引风式扩散燃烧器的构造及工作原理

自然引风式扩散燃烧器可根据加热工艺的需要做成多种形式。

1. 管式扩散燃烧器

由燃气入口、燃气分配管、分配管上设置的火孔构成，燃气在一定压力下进入分配管内，经火孔逸出后从周围空气中获得 O_2 而燃烧，形成扩散火焰。

根据分配管形式的不同，管式扩散燃烧器可设计成如图 5-1 所示的各种形式。

排管式扩散燃烧器，它由若干根钻有火孔的燃气分配管排焊在一根集气管上组成。为了使燃烧所需的空气畅通到每个火孔，要求排管间的净距为其外径的 0.6～1.0 倍。

涡卷式扩散燃烧器用内径为 4～8mm 的铜管、黄铜管或铅管作为燃气分配管加工成涡卷状，焊在一根集气管上，这种涡卷状燃烧管通常为六根。

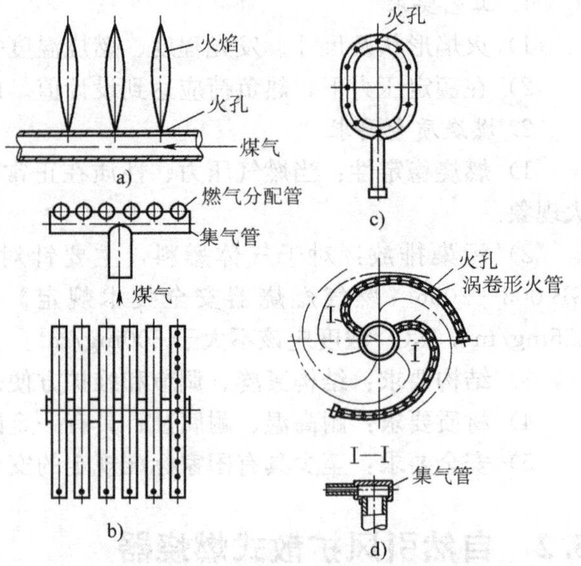

图 5-1 管式扩散燃烧器
a）直管式 b）排管式 c）环管式 d）涡卷管式

圆环式扩散燃烧器，是把一根燃气分配管的两端连接起来形成环状。

扩散燃烧器的火焰也根据工艺需要有如图 5-2～图 5-4 所示的各种形式。

图 5-2 所示为薄焰式扩散燃烧器，火孔呈扇形扁缝孔。燃气燃烧时形成很薄的火焰，增大了与空气的接触面，因此火焰短，燃烧完全。

图 5-3 所示为各种冲焰式扩散燃烧器。它们都是采用两个扩散火焰相撞的方法来加强气流扰动，增进燃气与空气的混合，从而提高燃烧稳定性和强化燃烧过程。火焰的冲击角度 θ 一般为 50°～70°，两根管子的中心距 A 约为管外径的两倍。

图 5-4 所示为立柱型冲焰式扩散燃烧器，在每根立管顶端嵌有一块铜板，板上开有互成 45°的两个火孔，每个火孔孔径 2mm。

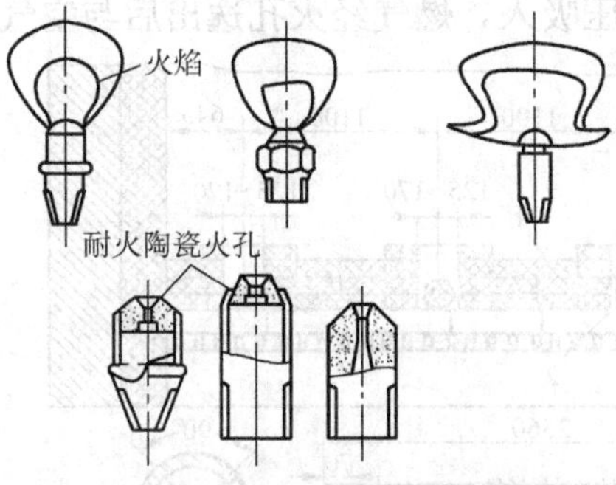

图 5-2 薄焰式扩散燃烧器

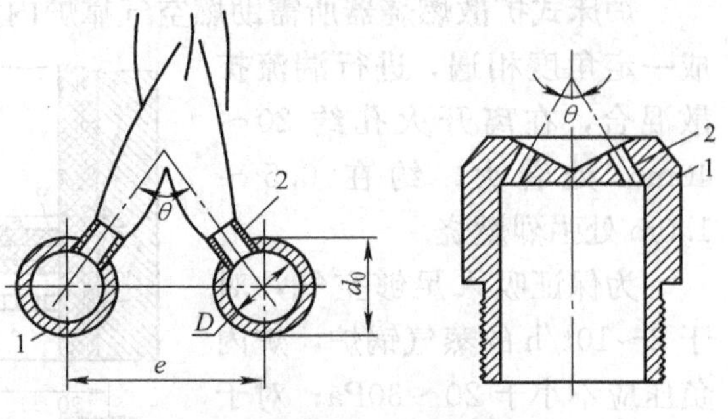

图 5-3 冲焰式扩散燃烧器

1—燃气分配管 2—火孔

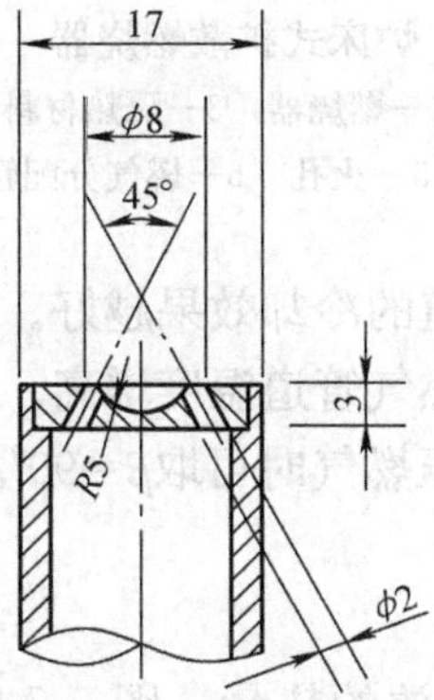

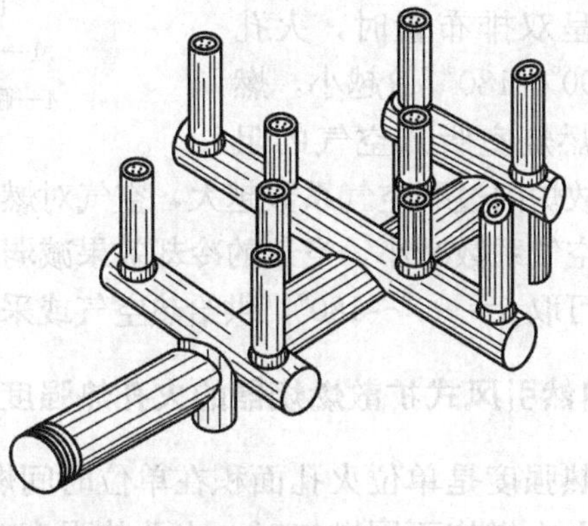

图 5-4 立柱型冲焰式扩散燃烧器

2. 多缝自然通风式扩散燃烧器

图 5-5 所示为多缝式扩散燃烧器。燃气进入套管之间的环形空间，并由内管一端上的若干个切向缝口流出燃烧。助燃空气靠燃烧室负压吸入，一半是通过内管进入的，另一半则通过外套管进入，各自均有空气调节装置。切向燃气缝口的长度一般为 5～10mm，其深度为长度的一半，其宽度为 2mm。这种燃烧器要求燃烧室负压为 20～60Pa，相应的天然气压力为 10000～30000Pa。

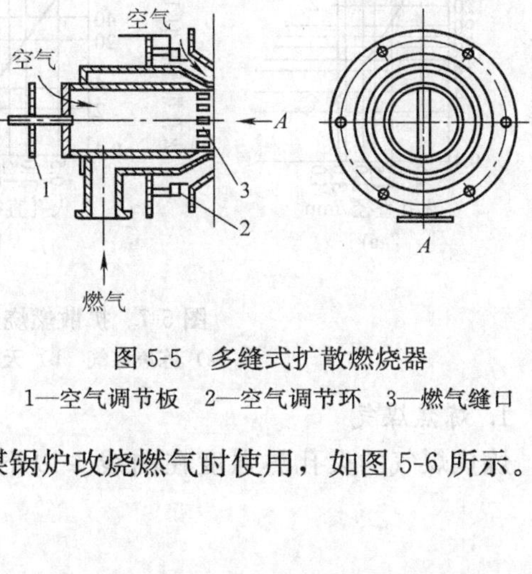

图 5-5 多缝式扩散燃烧器

1—空气调节板 2—空气调节环 3—燃气缝口

3. 炉床式扩散燃烧器

炉床式扩散燃烧器主要在小型燃煤锅炉改烧燃气时使用，如图 5-6 所示。

炉床式扩散燃烧器所需助燃空气靠炉内负压吸入，燃气经火孔逸出后与空气成一定角度相遇，进行湍流扩散混合，在离开火孔约 20～40mm 处着火，约在 0.5～1.0m 处强烈燃烧。

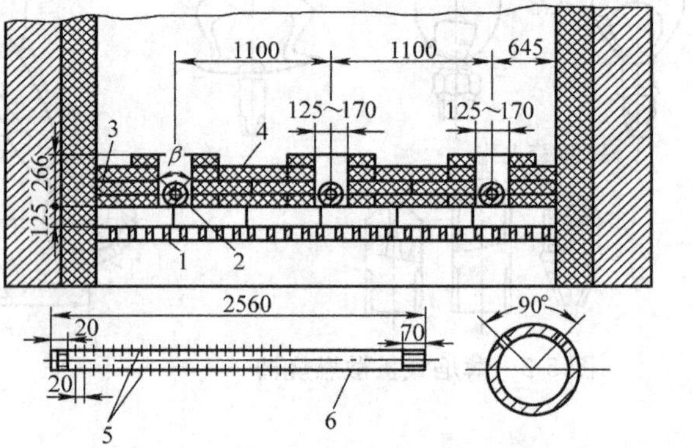

图 5-6 炉床式扩散燃烧器
1—炉篦 2—燃烧器 3—隔热材料
4—耐火砖 5—火孔 6—燃气分配管

为保证吸入足够空气，对于 2～10t/h 的蒸气锅炉，炉内负压应不小于 20～30Pa；对于小型采暖锅炉，应不小于 8Pa。炉床式扩散燃烧器常用的过剩空气系数为 1.1～1.3。

火孔呈双排布置时，火孔夹角 β 取 90°～180°。β 越小，燃气射流对燃烧室吸入空气的阻力越小，故炉内过剩空气系数越大，空气对燃气管道的冷却效果越好。随着 β 的增大，过剩空气系数减小，空气的冷却效果减弱而使燃气管道温度增高。因此，供给冷空气时可取 β= 90°～180°，供给热空气或采用低压燃气时可取 β=90°。

5.2.2 自然引风式扩散燃烧器的火孔热强度

火孔热强度是单位火孔面积在单位时间燃烧释放的热量。图 5-7 所示为不同直径的火孔在燃烧不同燃气时，火孔热强度对火焰状况的影响。

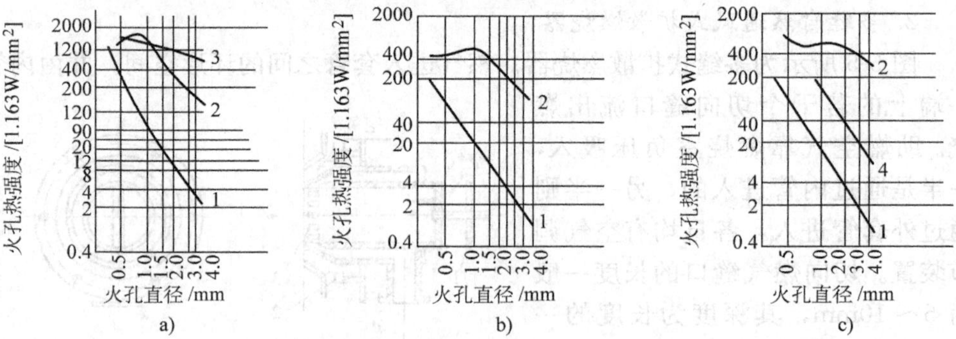

图 5-7 扩散燃烧的火孔热强度
a）炼焦煤气 b）天然气 c）C_4H_{10}

1. 炼焦煤气

炼焦煤气的火孔热强度在曲线 1 以下时无黄焰，由于热强度低，故火焰较软。曲线1与2之间为黄焰区，火焰为层流火焰，燃烧稳定。曲线2与3之间为过渡区，火焰仍为黄色，但部分产生了湍流。曲线3以上气流完全处于湍流状态，由于扩散作用增强，黄焰消失，火焰变为蓝色，同时存在噪声。

2. 天然气

天然气与炼焦煤气不同之处在于没有曲线3。当火孔热强度越过层流极限曲线2时，火焰便产生离焰现象。

3. C_4H_{10}

C_4H_{10}火焰特性大体与天然气相同，但在曲线1与2之间存在曲线4，当火孔热强度超过曲线4时，火焰将产生烟炱。

图5-7所示的曲线位置，根据火孔方向等不同会略有变化。

自然引风式扩散燃烧器的火孔热强度的确定原则，是在火焰稳定及燃烧完全的前提下，尽可能选取大的值，以减小设备尺寸。

5.2.3 自然引风式扩散燃烧器的设计原理

自然引风式扩散燃烧器的形式虽然很多，但其设计原理大同小异。本节以管式扩散燃烧器和炉床式扩散燃烧器为例，介绍自然引风式扩散燃烧器的设计计算方法。

1. 管式扩散燃烧器的计算

管式扩散燃烧器的计算以动量定理、连续性方程及火焰的稳定性为基础。计算目的是确定火孔直径、数目、间距及燃烧器前燃气所需要的压力。其计算步骤如下：

(1) 选择火孔直径d_p　一般取$d_p=1\sim4\text{mm}$，火孔太大不容易燃烧完全，火孔太小容易堵塞。

(2) 选择火孔中心距离s及火孔深度h　一般取火孔间距$s=(8\sim13)d_p$，火孔间距以保证顺利传火和防止火焰合并为原则；取火孔深度$h=(1.5\sim2.0)d_p$，太浅太深都会增大火孔阻力，且太深会浪费金属材料。

(3) 选取火孔热强度q_p　根据表5-1选取火孔热强度，然后按式(5-2)计算火孔出口速度v_p：

$$v_p=\frac{q_p}{H_l}10^6 \tag{5-1}$$

式中　v_p——火孔出口速度(m/s)；

q_p——火孔热强度(kW/mm²)；

H_l——燃气低热值(kJ/m³)。

表 5-1 一般扩散燃烧器火孔设计参数

燃气种类	人工燃气				天然气				液化石油气			
火孔直径 d_p/mm	1	2	3	4	1	2	3	4	1	2	3	4
火孔热强度 q_p /(kW/mm²)	0.93～1.05	0.46～0.58	0.23～0.28	0.17～0.23	0.46	0.35	0.23	0.12	0.12	0.03	0.017	0.009
火孔中心距离 s/mm	(8～13) d_p											
火孔深度 h/mm	(1.5～2.0) d_p											

(4) 计算火孔总面积 F_p

$$F_p = \frac{\Phi}{q_p} \tag{5-2}$$

式中 F_p——火孔总面积（mm²）；

Φ——燃烧器热负荷（kW）。

(5) 计算燃气分配管流动截面积 F_g　为了保证每个火孔的火焰高度整齐，要求燃气分配管内压力分布均匀，使每个火孔气流速度大致相同，从而根据气体流动规律，当头部流动截面积 F_g 大于其后火孔总面积 F_p 的两倍时，可以满足工程设计的火孔气流速度均匀的需要，即

$$F_g \geqslant 2F_p \tag{5-3}$$

(6) 计算燃烧器头部所需燃气压力　如果忽略头部的能量损失，这时头部所需要的燃气压力为

$$p_g = \frac{1}{\mu_p^2} \cdot \frac{v_p^2}{2} \cdot \rho_g \frac{T_p}{288} + \Delta p \tag{5-4}$$

式中 p_g——头部所需燃气压力（Pa）；

ρ_g——燃气密度（kg/m³）；

Δp——燃烧室压力（Pa），当燃烧室为负压时，Δp 取负值；

μ_p——火孔流量系数，与火孔的结构特性有关。在管子上直接钻孔，且火孔深度为（1～3）d_p时，取 $\mu_p = 0.70$；缩口孔 $\mu_p = 0.80 \sim 0.92$（随着火孔相对深度 h/d_p 的增大，收缩角的减小，取值越大）。

如果燃气供气压力小于 p_g，则需降低火孔热强度；如果燃气供气压力大于 p_g，可用阀门或节流圈减压。节流圈与最近一个火孔之间的距离不应小于燃气分配管内径的 12 倍。截流孔面积为

$$F = 0.707 \frac{\Phi}{\mu H_1} \sqrt{\frac{\rho_g}{p - p_g}} \tag{5-5}$$

式中 F——截流孔面积（m²）；

p——燃气供气压力（Pa）；

μ——截流孔流量系数，一般取 0.62。

【例 5-1】 设计一直管式扩散燃烧器。已知：人工燃气参数：热值 $H_1=17618\text{kJ/m}^3$、燃气密度 $\rho_g=0.47\text{kg/m}^3$；燃气压力 $p=800\text{Pa}$，火孔前燃气温度 $T_g=313\text{K}$，燃烧器热负荷 $\Phi=23.3\text{kW}$，燃烧室负压 $\Delta p=0$。

【解】（1）选择火孔直径 $d_p=2\text{mm}$、火孔间距 $s=8d_p=16\text{mm}$、火孔深度 $h=(1.5\sim2.0)d_p=3\sim4\text{mm}$。

（2）由表 5-1 选取火孔热强度 $q_p=0.49\text{kW/mm}^2$，按式（5-1）计算火孔出口速度

$$v_p=10^6\frac{q_p}{H_1}=\frac{10^6\times0.49}{17618}\text{m/s}=27.8\text{m/s}$$

（3）按式（5-2）计算火孔总面积

$$F_p=\frac{\Phi}{q_p}=\frac{23.3}{0.49}\text{mm}^2=47.6\text{mm}^2$$

（4）火孔数目

$$n=\frac{F_p}{\frac{\pi}{4}d_p^2}=\frac{47.6}{0.785\times2^2}\text{个}\approx15\text{个}$$

（5）按式（5-3）计算头部燃气分配管截面积

$$F_g=2F_p=2\times47.6\text{mm}^2=95.2\text{ mm}^2$$

圆管时，头部燃气分配管内径

$$D_g=\sqrt{\frac{F_g}{\frac{\pi}{4}}}=\sqrt{\frac{95.2}{0.785}}\text{mm}\approx11\text{mm}$$

选 $DN15$ 加厚钢管，外径 21.3mm，壁厚 3.25mm，内径 14.8mm，壁厚可满足火孔深度要求。

（6）按式（5-4）计算燃烧器头部所需燃气压力 p_g，取火孔流量系数 $\mu_p=0.7$，则头部所需燃气压力为

$$p_g=\frac{1}{\mu_p^2}\cdot\frac{v_p^2}{2}\rho_g\frac{T_g}{288}+\Delta p=\left(\frac{1}{0.7^2}\times\frac{27.8^2}{2}\times0.47\times\frac{313}{288}+0\right)\text{Pa}=403\text{Pa}$$

由于 $p>p_g$，故应安装调节装置。如果安装截流圈调压，则根据式（5-5）计算截流孔面积

$$F=0.707\frac{\Phi}{\mu H_1}\sqrt{\frac{\rho_g}{p-p_g}}=0.707\times\frac{23.3}{0.62\times17618}\times\sqrt{\frac{0.47}{800-403}}\text{m}^2$$
$$=5.2\times10^{-5}\text{m}^2$$

$$d=\sqrt{\frac{4F}{\pi}}=1000\times\sqrt{\frac{4\times5.2\times10^{-5}}{3.14}}\text{mm}=8.1\text{mm}$$

（7）布置火孔和绘制燃烧器简图（图 5-8）火孔布置一排，则火管长 $l_p=(n-1)s=(15-1)\times16\text{mm}=224\text{mm}$，调节阀与其最近的火孔距离应不小于 $12D_g=12\times14.8\text{mm}=177.6\text{mm}$，取为 180mm。

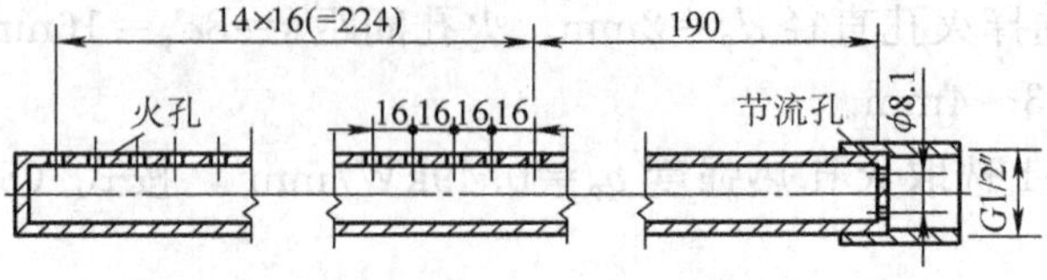

图 5-8　例题 5-1 计算结果

2. 炉床式扩散燃烧器的计算

下面举例说明炉床式扩散燃烧器的设计原理。

【例 5-2】 设计一炉床式扩散燃烧器。已知：天然气低热值 $H_l=36000\text{kJ/m}^3$、密度 $\rho_g=0.72\text{kg/m}^3$、理论空气需要量 $V_0=9.5\text{m}^3/\text{m}^3$；锅炉热负荷 $\Phi=140\text{kW}$，锅炉热效率 $\eta=85\%$，燃气压力 $p=2000\text{Pa}$，燃烧室长度为 660mm，燃烧室真空度 $\Delta p=-8\text{Pa}$，过剩空气系数 $\alpha=1.2$；火孔前燃气温度 $T_g=288\text{K}$。

炉床式扩散燃烧器的计算目的是确定火孔直径、数目、间距及火道尺寸，确定燃烧器前燃气所需要的压力。燃烧器设计为火孔双排布置，火孔夹角 β 取 90°。

根据炉床式扩散燃烧器的工作原理可知，为使燃烧稳定，燃气应以一定的流速并与空气有一定交角进入火道，在火道内燃气穿过一定厚度的空气层后，燃气射流轴线方向开始与空气流方向相同，此时燃气射流的边界应正好与火道壁面相接触。燃气射流在空气流中的分布应均匀。该炉床式扩散燃烧器上燃气射流的分布如图 5-9 所示。

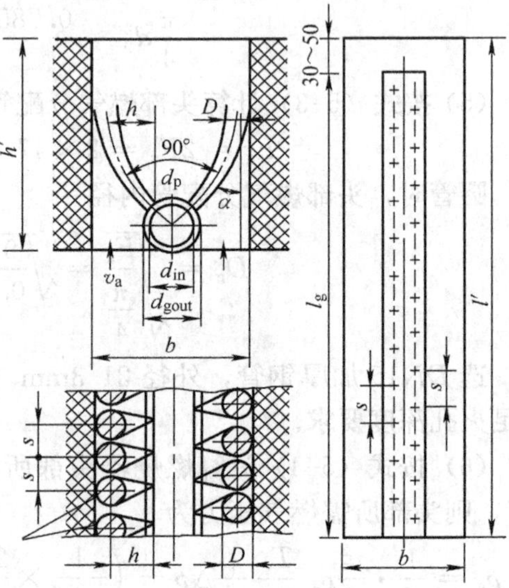

图 5-9　燃气射流分布

根据动量定理、连续性方程及第 3 章中阐述的射流穿透理论可建立炉床式扩散燃烧器的计算公式，其计算步骤如下。

(1) 计算燃气耗量 $q_{V,g}$

$$q_{V,g}=\frac{3600\Phi}{\eta H_1}=\frac{3600\times 140}{0.9\times 36000}\mathrm{m^3/h}=16.6\mathrm{m^3/h}$$

(2) 确定燃气火孔速度 v_p' 和火道内空气流速 v_a　火道内空气流速决定于燃烧室负压，按下式计算

$$v_a'=\mu_a\sqrt{\frac{2\Delta p}{\rho_a'}}$$

式中 v_a'——空气流经火道最小截面的实际速度（m/s）；

Δp——燃烧室负压（Pa）；

ρ_a'——空气在火道最小截面处的密度，此时空气温度 $T_a=323\mathrm{K}$，则 ρ_a 为 $1.093\mathrm{kg/m^3}$；

μ_a——流量系数，一般取 $\mu_a=0.7$。

则
$$v_a'=0.7\times\sqrt{\frac{2\times 8}{1.093}}\mathrm{m/s}=2.68\mathrm{m/s}$$

炉床式扩散燃烧器一般设计燃气与空气的速度比 $\frac{v_p'}{v_a'}=10\sim15$，自然通风时取较大值，且一般取燃气火孔流速 $v_p'=25\sim80\mathrm{m/s}$（热值越大取值越小）。在此取 $v_p'=27\mathrm{m/s}$。

(3) 确定燃气分配管截面尺寸　首先计算燃气分配管截面积 F_g

$$F_g=\frac{1}{0.0036}\cdot\frac{q_{V,g}}{v_g'}\cdot\frac{T_g}{288}$$

式中　v_g'——分配管内燃气的实际流速（m/s）。根据式（5-3），取 $v_g'=v_p'/2=13.5\mathrm{m/s}$。

则
$$F_g=\frac{1}{0.0036}\times\frac{16.6}{13.5}\times\frac{288}{288}\mathrm{mm^2}=342\mathrm{mm^2}$$

$$d_g=\sqrt{\frac{F_g}{\frac{\pi}{4}}}=\sqrt{\frac{4}{\pi}\times 342}\mathrm{mm}=20.8\mathrm{mm}$$

燃气分配管可选外径32mm、内径25mm、壁厚3.5mm的钢管。

(4) 计算火道尺寸　火道宽度按下式计算

$$b=\frac{1}{3600}\cdot\frac{\alpha V_0 q_{V,g}}{l_g v_a'}\cdot\frac{T_a}{288}+d_{gout}$$

式中　b——火道宽度（m）；

α——过剩空气系数；

l_g——燃气分配管长度（m）；

d_{gout}—— 燃气分配管外径（m）。

燃气分配管长度可根据长度热强度和每根管的燃气流量确定。之前根据炉门个数确定燃烧器的个数，一般取 1～3 个，在此取燃烧器个数为 1，则燃气分配管长度为

$$l_g = \frac{1}{3600} \cdot \frac{q_{V,g} H_1}{q_1}$$

式中　q_1——长度热强度（kW/m）；小型采暖锅炉 q_1＝230～460kW/m，燃烧室高度小于 3.0m 的小型工业锅炉 q_1＝1150～1750kW/m，燃烧室高度大于 3.0m 的中型工业锅炉 q_1＝2300～3500kW/m。

在此取 q_1＝350kW/m，则

$$l_g = \frac{1}{3600} \times \frac{16.6 \times 36000}{350} \mathrm{m} = 0.474\mathrm{m}$$

则火道宽度　$b = \left(\frac{1}{3600} \times \frac{1.2 \times 9.5 \times 16.6}{0.474 \times 2.68} \times \frac{323}{288} + 0.032\right)\mathrm{m} = 0.078\mathrm{m}$

（5）计算火孔直径　根据图 5-9，为了使燃气射流的边界正好与火道壁面相接触，须满足下列关系

$$h + 0.5D = \frac{b - d_{gout}}{2}$$

式中　h——燃气射流穿透深度（mm）；

D——射流截面直径（mm），按式（3-5），D＝0.75h，所以

$$h = \frac{b - d_{gout}}{2 \times 1.375} = 0.364 \times (78 - 32)\mathrm{mm} = 16.7\mathrm{mm}$$

按式（3-6），火孔直径 d_p 可按下式计算

$$d_p = \frac{1}{K_s} \cdot \frac{v_a'}{v_p'} \cdot \sqrt{\frac{\rho_a'}{\rho_g'}} \cdot \frac{1}{\sin\alpha} h \tag{5-6}$$

式中　d_p——火孔直径（mm）；

K_s——系数，按图 3-13 查得；

α——燃气射流与空气流的交角；

ρ_g'——燃气在火孔处的密度，此时燃气温度取 323K，则 $\rho_g' = \rho_g \frac{288}{T_p} = 0.72 \times \frac{288}{323} \mathrm{kg/m^3} = 0.609 \mathrm{kg/m^3}$。

先取 K_s＝1.7，则

$$d_p = \frac{1}{1.7} \times \frac{2.68}{27} \times \sqrt{\frac{1.093}{0.609}} \times \frac{1}{\sin 45^\circ} \times 16.7\mathrm{mm} = 1.85\mathrm{mm}$$

取 $d_p=1.9\text{mm}$

(6) 计算火孔间距　为了防止射流合并，恶化燃气与空气的混合，火孔之间应保持一定的距离。火孔间距 s 按下式计算

$$s=0.75h+(2\sim5)\text{mm}$$

本例的火孔间距　$s=(0.75\times16.74+2)\text{mm}\approx15\text{mm}$

根据火孔相对间距及图 3-13 校核 K_s 的取值合适。

(7) 计算火孔数目 n　每个火孔的燃气流量 $q_{V,\text{ng}}$ 为

$$q_{V,\text{ng}}=0.0036\frac{\pi}{4}d_p^2v_p'\frac{288}{T_p}=0.0036\times\frac{3.14}{4}\times1.9^2\times27\times\frac{288}{323}\text{m}^3/\text{h}$$

$$=0.243\text{m}^3/\text{h}$$

式中　T_p—— 燃气在火孔处的温度，取 323K；

则　$$n=\frac{q_{V,\text{g}}}{q_{V,\text{ng}}}=\frac{16.6}{0.243}\text{个}=68\text{个}$$

(8) 计算燃气分配管长度　双排火孔时，燃气分配管长度为

$$l_g=\left(\frac{n+1}{2}\right)s=\frac{68+1}{2}\times15\text{mm}=517\text{mm}$$

校核 l_g 计算值与选取值的误差：$\frac{517-474}{517}=8.3\%<10\%$，计算结果成立，取 $l_g=517\text{mm}$。

火道长度应比燃气分配管长 30～50mm，所以取火道长度 $l'=(517+40)\text{mm}=557\text{mm}$

燃气分配管长度一般比炉篦长度短 100～600mm，在此燃烧室长度与火道长度之差为（660－557)mm＝103mm，在允许范围内。

(9) 计算燃气所需压力

$$p_g=\left[\frac{1}{\mu_p^2}+\Sigma\zeta\left(\frac{F_p}{F_g}\right)^2\right]\frac{v_p'^2\rho_g}{2}\cdot\frac{288}{T_p}+\Delta p$$

式中　p_g——燃气所需压力（Pa）；

μ_p——火孔流量系数，按式（5-4）选取。

v_p'——火孔出口实际速度（m/s）；

ρ_g——燃气密度（kg/m^3）；

$\Sigma\zeta$——从燃气阀门到火孔的总阻力系数，通常取 $\Sigma\zeta=2.5$；

F_p—— 总的火孔面积（mm^2）；

F_g——燃气分配管截面积（mm^2）。

则所需燃气压力 $p_g = \left\{\left[\frac{1}{0.7^2}+2.5\times\left(\frac{1}{2}\right)^2\right]\times\frac{27^2\times0.72}{2}\times\frac{288}{323}+8\right\}\text{Pa}$

$= 712\text{Pa}$

供气压力有剩余，可用调节装置调压。

5.3 鼓风式扩散燃烧器

鼓风式扩散燃烧器的燃烧所需全部空气均由鼓风机供给，燃气与空气在火孔处接触混合，燃烧过程属于扩散燃烧。鼓风式扩散燃烧器的燃烧强度和火焰长度均由燃气与空气的混合强度决定。根据对火焰形状以及燃烧强度的要求，鼓风式扩散燃烧器可做成套管式、旋流式、平流式等各种形式。鼓风式燃烧器的特点如下：

1）结构紧凑，占地面积小。特别是当热负荷较大时，该优点更为突出。

2）燃烧稳定，不会回火。

3）可根据需要组织燃气与空气的混合，满足各种工艺需要。

4）可以预热空气，有利于提高燃烧温度和节省耗气量。

5）需要鼓风，耗费电能。

6）本身不具备燃气与空气比例的自动调节特性，需配置自动比例调节装置。

由于鼓风式扩散燃烧器结构紧凑、燃烧稳定、可随意组织燃烧的特点，被广泛应用于各种工业炉及锅炉。

5.3.1 鼓风式扩散燃烧器的构造及工作原理

1. 套管式燃烧器

套管式燃烧器由大管和小管相套而成（图 5-10、图 5-11），属低压燃气燃烧器。通常是燃气从中间小管流出，空气从管夹套中流出，两者在火道或燃烧室内边混合边燃烧。这种燃烧器结构简单，但由于燃气和空气属于同心平行气流，故单管式套管燃烧器混合较差，火焰较长，要求燃烧空间大。群管式套管燃烧器虽然也是直流式，但是燃气分为多股流出后，与较高流速的空气混合，强化了混合，在燃用热值较高的天然气时效果较好。

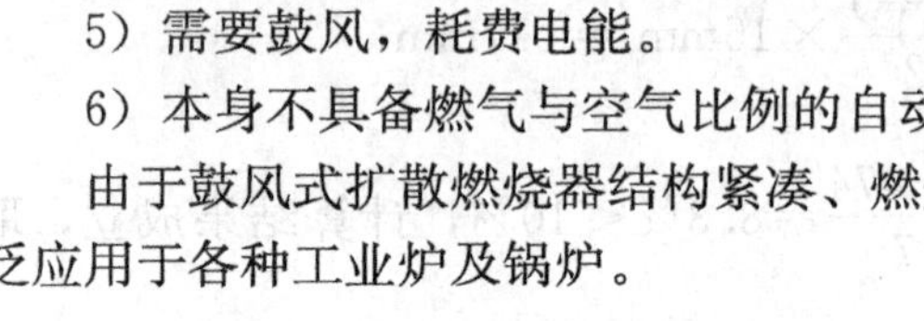

图 5-10 单管式套管燃烧器

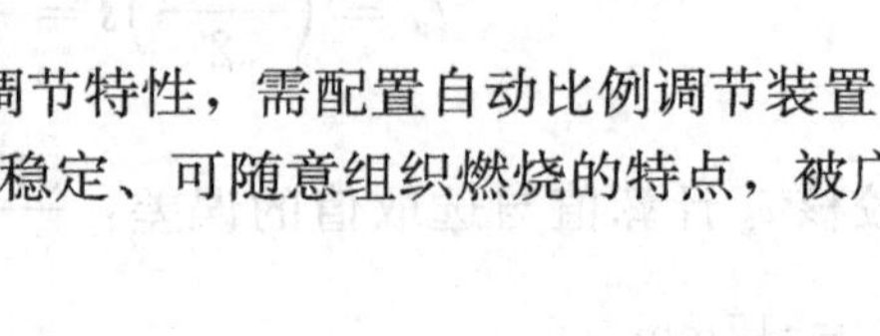

图 5-11 群管式套管燃烧器

2. 旋流式燃烧器

旋流式燃烧器具有空气旋流器，旋流器一般有蜗壳和导流叶片两类，而导流叶片也可分为轴向叶片和切向叶片。燃气喷入空气的方式一般有轴向和径向两种，径向喷射的混合效果更强。

图 5-12 所示为导流叶片式旋流燃烧器，属低压燃气燃烧器。空气以 2000Pa 左右的压力供入燃烧器中，经过导流叶片 2 形成旋流，与燃气喷孔 3 喷出的燃气一起经火孔 4 进入火道或燃烧室边混合边燃烧。使用天然气时，中心孔口需安装燃气旋流器，使燃气也形成旋流，以加强气流混合。

图 5-13 所示为周边供气轴向叶片旋流式燃烧器，加伞锥形轴向叶片产生空气旋流，燃气从环形燃气管 1 上钻的两排喷孔从周边喷出。两排燃气喷孔一排呈径向布置，另一排喷孔的轴线与前排夹角为 15°。有少部分空气通过小孔 6 进入外夹套作为二次空气，以冷却燃烧器头部。该种燃烧器空气通道的阻力很小，仅 800Pa 左右。

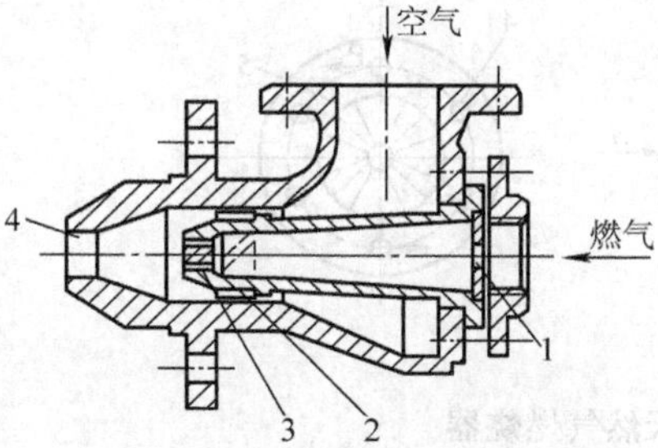

图 5-12 导流叶片式旋流燃烧器

1—节流圈 2—导流叶片

3—燃气喷孔 4—火孔

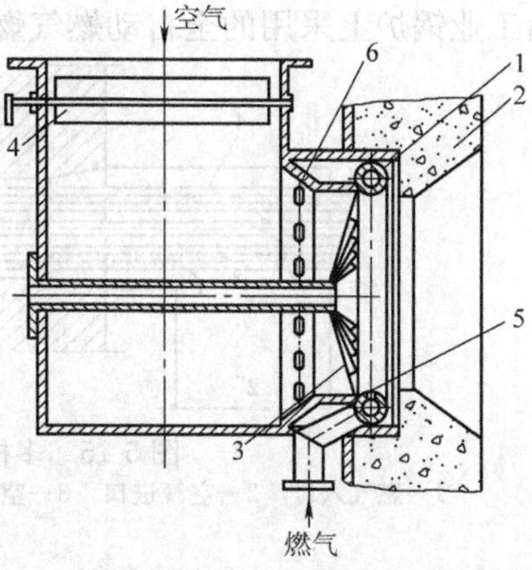

图 5-13 周边供气轴向叶片旋流式燃烧器

1—环形燃气管 2—火道 3—轴向叶片

4—调风板 5—燃气喷孔 6—空气小孔

图 5-14 所示为中心供气蜗壳式旋流燃烧器。其旋流器是蜗壳，空气流经蜗壳后形成旋流，燃气从中心燃气管上的许多小孔呈细流垂直喷入空气旋流中，两者强烈混合后进入火道燃烧。

3. 平流式燃烧器

平流式燃烧器的突出特点是将助燃空气分为两部分：一部分经中心轴向叶片稳焰器（或称旋流器），以形成局部稳定火焰；大部分空气仍保持平行流动。改变稳焰器尺寸（或前后位置），可以有效控制空气分配比例。另外，大部分空气无须旋转，因此能量损失小，可节约风机电能。

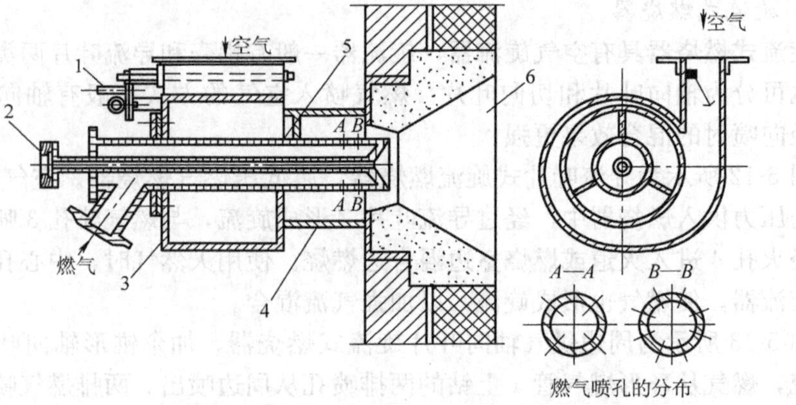

图 5-14　中心供气蜗壳式旋流燃烧器图

1—调风板手柄　2—观火孔　3—蜗壳　4—圆柱形空气通道　5—燃气分配管　6—火道

图 5-15 所示多枪平流式天然气燃烧器是当前较为广泛采用的结构形式，在国内工业锅炉上采用的全自动燃气燃烧器中也有应用。

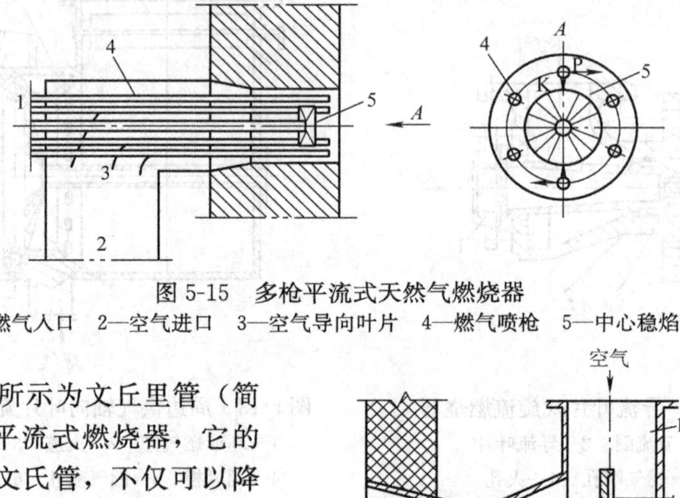

图 5-15　多枪平流式天然气燃烧器

1—燃气入口　2—空气进口　3—空气导向叶片　4—燃气喷枪　5—中心稳焰叶片

图 5-16 所示为文丘里管（简称文氏管）平流式燃烧器，它的配风器采用文氏管，不仅可以降低空气阻力，还可利用其喉口与总风箱间静压差信号测定风速、风量，便于空气与燃气的比例调节，实现低氧燃烧。

文氏管的主要控制尺寸为：进口收缩角为 45°；出口扩张角为 15°；进口直径等于出口直径；喉口直径为出口直径的 0.7～0.75。

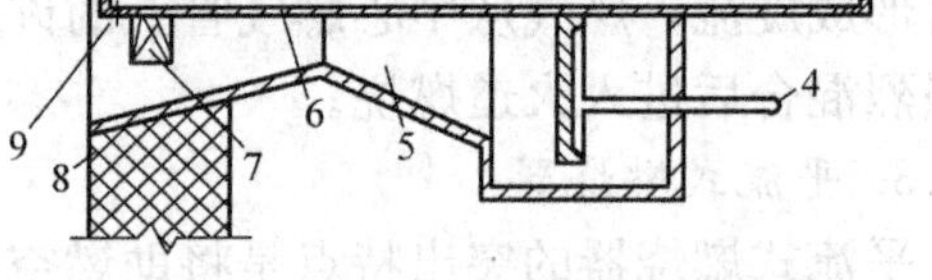

图 5-16　文丘里管平流式燃烧器

1—空气管　2—燃气管　3—观察孔　4—调风手柄　5—文丘里管配风器　6—燃气分配管　7—稳焰器　8—炉墙　9—燃气喷孔

5.3.2 鼓风式扩散燃烧器的设计计算

鼓风式燃烧器形式多样，设计计算方法也略有差异。但是，设计任何一种鼓风式燃烧器都必须充分考虑燃气与空气在有限空间内的混合原则，即：

1）将燃气分成细小流束射入空气流中，从而增加两股气流的接触面，加速其混合过程。

2）两股气流成一定交角相遇，以增加其湍流程度。

3）将燃气均匀地分布到空气流中。

4）燃气和空气的流速保持一定比例。

5）使一股或两股气流产生旋转流动。

鼓风式扩散燃烧器的计算目的：决定燃烧器各组成部分的尺寸；计算空气所需要的压力；计算燃气所需要的压力。下面以周边供气蜗壳式燃烧器（图 5-17）为例介绍鼓风式扩散燃烧器的设计原理，步骤如下。

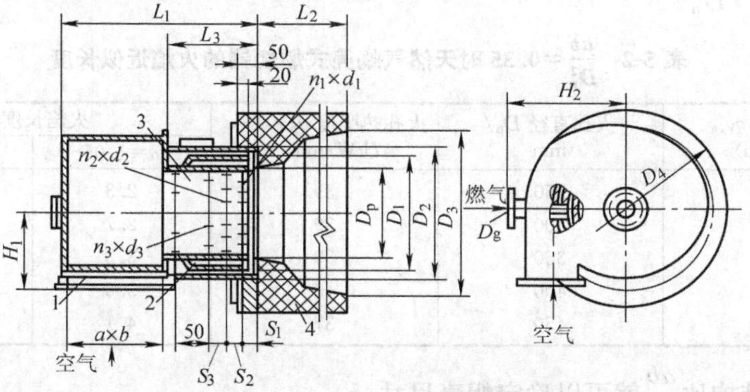

图 5-17 周边供气蜗壳式燃烧器

1—蜗壳配风器 2—燃气分配室 3—空气通道 4—火道砖

1. 空气系统计算

蜗壳式燃烧器供给空气的形式分等速蜗壳供气及切向供气两种，如图 5-18 所示。

(1) 空气通道直径 设空气轴向通道直径与燃烧器火孔一致，即

$$D_p=\sqrt{\frac{4\Phi}{\pi q_p}}\times10^3 \tag{5-7}$$

式中 D_p——空气通道直径，与火孔尺寸一致（mm）；

Φ——燃烧器热负荷（kW）；

q_p——火孔热强度（kW/m²），与燃气种类、燃烧设备形式等有关，通常 $q_p=(35\sim40)\times10^3\text{kW/m}^2$。

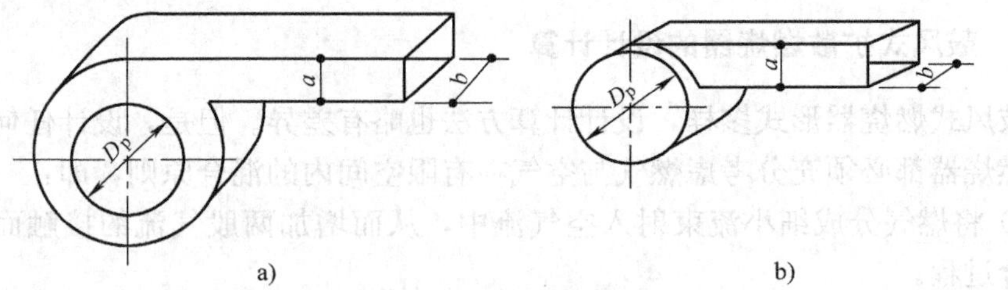

a)　　　　b)

图 5-18　蜗壳的结构形式

a）等速蜗壳供气　b）切向供气

（2）确定蜗壳结构比　蜗壳的结构比$\frac{ab}{D_p^2}$决定空气的旋转程度。$\frac{ab}{D_p^2}$越小，旋转程度越大，混合越快，火焰也越短，但阻力损失将增大，因此通常取$\frac{ab}{D_p^2}$=0.35～0.4。$\frac{ab}{D_p^2}$=0.35 时天然气蜗壳式燃烧器的火焰长度列于表 5-2。

表 5-2　$\frac{ab}{D_p^2}$=0.35 时天然气蜗壳式燃烧器的火焰近似长度

燃气流量 $q_{V,g}$/(m^3/h)	火孔直径 D_p/mm	火孔热强度 $q_p\times10^3$/(kW/mm^2)	火焰长度/m	
			α=1.05	α=1.1
200	250	39	2.3	2.1
300	300	39	2.7	2.5
400	360	39	3.3	3.0
500	400	40	3.6	3.3
600	450	37	4.1	3.8

根据结构比$\frac{ab}{D_p^2}$就可以确定蜗壳尺寸。

（3）确定空气实际通道的宽度　由于空气流的旋转，空气在通道内是按螺旋形向前流动的。因此，在圆柱形通道中心形成了一个回流区。图 5-19 所示为空气通道与燃气分配示意图。

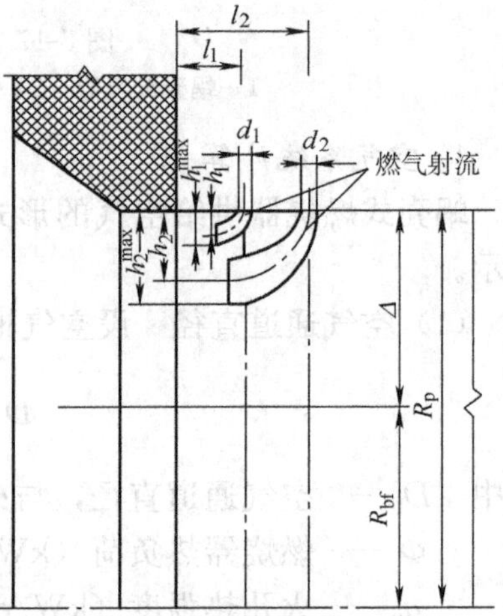

图 5-19　空气通道与燃气分配示意图

由于存在回流区，所以空气并非沿整个圆柱形通道向前流动，而只是沿边缘环形通道向前流动。环形通道的宽度按下式计算

$$\Delta=\frac{D_p-D_{bf}}{2} \tag{5-8}$$

式中　Δ——环形通道（空气实际通道）宽

度（mm）；

D_{bf}——回流区直径（mm）。

回流区的尺寸与蜗壳结构有关，可按表 5-3 确定。

表 5-3 蜗壳供空气时的回流区尺寸

蜗壳结构比 $\frac{ab}{D_p^2}$		0.6	0.45	0.35	0.20
回流区直径与火孔直径比 $\frac{D_{bf}}{D_p}$	周边供燃气（无缩口）	0.41	0.41	0.47	0.69
	中心供燃气（有缩口）	0.38	0.39	0.40	0.43

（4）计算空气的流速

$$v_a = \frac{1}{0.0036} \cdot \frac{\alpha V_0 q_{V,g}}{\frac{\pi}{4}(D_p^2 - D_{bf}^2)} \cdot \frac{1}{\sin\beta} \tag{5-9}$$

式中 v_a——空气的螺旋运动的速度（m/s），其气流轴线与燃烧器轴线的交角为 $90° - \beta$；

α——过剩空气系数；

V_0——理论空气需要量（m^3/m^3）；

$q_{V,g}$——燃气耗量（m^3/h）；

β——空气螺旋运动的平均上升角，其值与蜗壳结构有关，按表 5-4 确定。

表 5-4 空气螺旋运动的平均上升角 β

切向供气	$\frac{ab}{D_p^2}$	0.35	0.25	0.20
	β	35°	25°	22°
等速蜗壳供气	$\frac{ab}{D_p^2}$	0.6	0.45	0.35
	β	33°	31°	29°

（5）计算燃烧器前空气所需的压力

$$p_a = \left[\frac{v_a^2}{2}\rho_a + (\zeta - 1)\frac{v_{in}^2}{2}\rho_a\right]\frac{T_a}{288} \tag{5-10}$$

式中 p_a——燃烧器前空气所需的压力（Pa）；

ζ——空气入口动压下的阻力系数，$\frac{ab}{D_p^2} = 0.35$ 时：对等速蜗壳供气，$\zeta = 2.8 \sim 2.9$；对切向供气，$\zeta = 1.8 \sim 2.0$；

ρ_a——空气密度，为 1.226kg/m^3；

v_{in}——燃烧器进口的空气流速（m/s）。

$$v_{in}=\frac{1}{0.0036}\cdot\frac{\alpha V_0 q_{V,g}}{ab} \tag{5-11}$$

式中 a、b——空气进口尺寸（mm）。

2. 燃气系统计算

合理的燃烧器结构应使燃气射流均匀地分布在空气流中，应该严格防止燃气射流在空气流中相互重叠。根据第 3 章所阐述的射流穿透理论可知，如果燃气流速及喷孔直径相同，即使喷孔分成几圈甚至交叉排列，流束仍然会发生重叠，混合过程仍然恶化。

为了使燃气在空气流通截面上分布均匀，计算时把环形空气通道分成若干假想环，然后选取不同的燃气喷孔直径及数目，使各圈燃气按需要量进入每个假想环中，与该假象环内的空气进行混合，如图 5-19 所示。

(1) 计算燃气分配室截面积

$$F_{1g}=\frac{1}{0.0036}\cdot\frac{q_{V,g}}{v_{1g}} \tag{5-12}$$

式中 F_{1g}——燃气分配室截面积（mm^2）；

v_{1g}——燃气分配室内燃气的流速（m/s）。在此，为了减小阻力损失，一般取 v_{1g}=15～20m/s。

(2) 计算射流穿透深度　由式（3-6）可知，改变喷孔直径，可以改变射流穿透深度。如果燃气喷孔布置在同一燃气总管上，则燃气喷孔的出口速度相等。这时，对不同直径的喷孔存在下列关系（角码表示喷孔排列顺序）

$$\frac{d_1}{d_2}\approx\frac{h_1}{h_2} \tag{5-13}$$

为了使燃气均匀地分布在空气流中，燃气喷孔的排列应该考虑以下主要原则：

1) 在空气流中各燃气射流应有一定的间隙，彼此既不相交，也不合并。

2) 燃气射流的流量和与其接触的空气流量之间应保持一定的比例。

对于单向流动的空气流，容易实现燃气流在空气流中的均匀分配。当空气流旋转时，空气的主要质量集中在空气通道的周边上。因此燃气的主要质量也应分配在周边上。这样，可保证燃气在最小的过剩空气条件下完全燃烧。

为使火焰达到所要求的特性（如较短的不发光火焰或较长的发光火焰），需要选择相应的混合条件。为了得到较短的不发光火焰，可采用直径较小的燃气喷孔，并布置在离火孔较远的位置。为了得到较长的发光火焰，可采用直径较大的燃气喷孔，并布置在离火孔较近的位置。

因此，燃气射流与空气混合的完善程度取决于燃气喷孔到火孔的距离。距离越远，混合越均匀。燃气与不预热的空气混合时，混合基本完善的距离 l 是：$\frac{v_g}{v_a}=5$ 时，$l=30d_g$；$\frac{v_g}{v_a}=10$ 时，$l=50d_g$（d_g 为燃气喷孔直径）。

空气流旋转时，空气通道中间存在回流区，空气只能沿边缘环形通道向前流动。在环形通道内，由于空气旋转，空气的主要质量集中在环形通道的边缘上，其宽度约为 0.5Δ。因此，燃气的主要质量也应分布在这一区域内。

根据射流穿透深度及射流直径可得射流边界的最大穿透深度：

$$h^{max}=h+0.5D=1.375h \tag{5-14}$$

式中 h^{max}——射流边界最大穿透深度；

h——射流穿透深度（mm）；

D——射流直径（mm）。

燃气喷孔一般排成两排，于是可得

$$h_2^{max}=0.5\Delta$$

$$h_2=\frac{0.5}{1.375}\Delta=0.36\Delta \tag{5-15}$$

$$h_1^{max}=0.8(h_2^{max}-D_2)=0.8(1.375-0.75)h_2=0.18\Delta$$

$$h_1=0.13\Delta \tag{5-16}$$

（3）确定燃气喷孔的数目 每排燃气喷孔的最大数目以在射流达到穿透深度时，不使流束重叠为条件。在上升角为 β 的旋转空气流中，燃气射流达到穿透深度时，其直径为

$$D=\frac{0.75h}{\sin\beta} \tag{5-17}$$

因此，防止射流重叠，射流最小间距 s_{min} 应为

$$s_{min}\geqslant\frac{0.75h}{\sin\beta} \tag{5-18}$$

每排燃气喷孔的最大数目 z_{max} 为

$$z_{max}\leqslant\frac{\pi(D_p-2h)}{s_{min}} \tag{5-19}$$

式中 $\pi(D_p-2h)$——燃气射流穿透深度为 h 时，每排燃气射流轴心所在圆的周长。

（4）确定每排燃气喷孔直径 燃气喷孔一般为两排，大直径喷孔的燃气流量约占燃气总量的 70%。小直径喷孔的燃气流量约占燃气总量的 30%。由于各排燃气喷孔均分布在同一个燃气分配室上，所以各排喷孔的燃气出口速度都相等，

因此大直径喷孔的面积应占喷孔总面积 F 的 70%，而小直径喷孔应占 30%。首先计算大直径喷孔，其喷孔面积为

$$0.7F = z_2 \frac{\pi d_2^2}{4} \tag{5-20}$$

考虑燃气的压缩性，则燃气喷孔的总面积

$$F = \frac{\varepsilon_F q_{V,g}}{v_g} \tag{5-21}$$

式中 ε_F——压缩系数。

$$\varepsilon_F = \nu^{\frac{k-1}{k}}$$

其中
$$\nu = \frac{p_2}{p_1}$$

式中 k——等熵指数，与气体性质有关；空气 $k=1.4$，天然气 $k=1.3$，炼焦煤气 $k=1.37$，CH_4 $k=1.3$，液化石油气 $k=1.15$。

p_1、p_2——分别为燃气分配室内、喷孔出口的压力。

将式（5-21）代入式（5-20）得

$$v_g = 0.9\frac{\varepsilon_F q_{V,g}}{z_2 d_2^2} \tag{5-22}$$

由式（5-6）及式（5-22）得

$$d_2 = 0.9K_s \frac{\varepsilon_F q_{V,g}}{z_2 h_2 v_a}\sqrt{\frac{\rho_g}{\rho_a}} \tag{5-23}$$

式中 z_2——大直径喷孔的个数；

d_2——大直径喷孔的直径（mm）。

然后计算小直径喷孔，按式（5-13）计算 d_1，再根据 $F_1=0.3F$ 计算小直径喷孔数目，最后计算喷孔间距，校核流股是否合并。

（5）计算燃烧器前燃气所需压力

$$p_g = \frac{1}{\varepsilon_H}\frac{1}{\mu_g^2}\frac{v_g^2}{2}\rho_g\frac{T_g}{288} \tag{5-24}$$

式中 p_g——燃气所需压力（Pa）；

μ_g——燃气喷孔流量系数，按式（5-4）选用；

ε_H——考虑燃气的可压缩性而引入的修正系数。

$$\varepsilon_H = \frac{k}{k-1}\frac{1-\nu^{\frac{k-1}{k}}}{1-\nu}\nu$$

其他尺寸可参照表 5-5 的相近尺寸设计。

表 5-5 周边供气蜗壳式旋流燃烧器系列结构尺寸 (单位：mm)

型号	D_p	D_1	D_2	D_3	D_4	L_1	L_2	L_3	H_1	H_2	S_1	S_2	S_3
Ⅰ	ϕ240	ϕ292	ϕ338	ϕ420	ϕ500	532	420	280	240	300	140	170	—
Ⅱ	ϕ330	ϕ382	ϕ428	ϕ520	ϕ600	622	520	280	240	370	140	170	—
Ⅲ	ϕ410	ϕ462	ϕ508	ϕ660	ϕ750	852	660	430	300	450	140	80	240
Ⅳ	ϕ530	ϕ582	ϕ628	ϕ850	ϕ950	1102	850	560	400	550	140	180	270
Ⅴ	ϕ750	ϕ832	ϕ848	ϕ1200	ϕ1350	1412	1200	650	500	750	180	200	300

【例 5-3】 设计一边缘供燃气的蜗壳式燃烧器，如图 5-17 所示。已知：燃气耗量 $q_{V,g}=200\text{m}^3/\text{h}$；燃气热值 $H_l=35800\text{kJ/m}^3$；燃气密度 $\rho_g=0.72\text{kg/m}^3$；理论空气需要量 $V_0=9.5\text{m}^3/\text{m}^3$；燃气温度 $T_g=288\text{K}$；空气温度 $T_a=288\text{K}$；过剩空气系数 $\alpha=1.1$。

【解】 1. 空气系统计算

(1) 采用蜗壳供气，按式 (5-7) 计算空气通道直径（火孔直径）D_p 及蜗壳尺寸，取 $q_p=35\times10^3\text{kW/m}^2$，则

$$F_p=\frac{\Phi}{q_p}=\frac{200\times35800}{3600\times35\times10^3}\text{m}^2=0.057\text{m}^2$$

$$D_p=\sqrt{\frac{4}{\pi}F_p}=\sqrt{\frac{4}{\pi}}\times0.057\text{m}=0.269\text{m}$$

取 $D_p=250\text{mm}$

取蜗壳结构比 $\frac{ab}{D_p^2}=0.35$，并取 $b=D_p=250\text{mm}$，则

$$a=0.35\times250\text{mm}=87.5\text{mm}$$

查表 5-2，当 $\frac{ab}{D_p^2}=0.35$，$\alpha=1.1$ 时，火焰长度为 2.1m

(2) 确定环形通道宽度及空气流速 当 $\frac{ab}{D_p^2}=0.35$ 时，由表 5-3 查得回流区直径为

$$D_{bf}=0.47D_p=0.47\times250\text{mm}=118\text{mm}$$

按式 (5-8) 计算环形通道宽度

$$\Delta=\frac{D_p-D_{bf}}{2}=\frac{250-118}{2}\text{mm}=66\text{mm}$$

按式 (5-9) 计算空气流速，由表 5-4 查得，当 $\frac{ab}{D_p^2}=0.35$ 时，$\beta=29°$，则空气流速为

$$v_a = \frac{1}{0.0036} \frac{\alpha V_0 q_{V,g}}{\frac{\pi}{4}(D_p^2 - D_{bf}^2)} \frac{1}{\sin\beta}$$

$$= \frac{1}{0.0036} \frac{1.1 \times 9.5 \times 200}{\frac{\pi}{4}(250^2 - 118^2)} \frac{1}{\sin 29^\circ} \mathrm{m/s} = 31.4\mathrm{m/s}$$

(3) 按式（5-11）确定空气入口速度

$$v_{in} = \frac{1}{0.0036} \frac{\alpha V_0 q_{V,g}}{ab} = \frac{1}{0.0036} \times \frac{1.1 \times 9.5 \times 200}{87.5 \times 250} \mathrm{m/s} = 26.5\mathrm{m/s}$$

(4) 按式（5-10）确定燃烧器前所需的空气压力　取阻力系数 $\zeta = 2.9$，则

$$p_a = \left[\frac{v_a^2}{2}\rho_a + (\zeta - 1)\frac{v_{in}^2}{2}\rho_a\right]\frac{288}{T_a}$$

$$= [31.4^2 + (2.9 - 1) \times 26.5^2] \times \frac{1.226}{2} \times \frac{288}{288} \mathrm{Pa} = 1425\mathrm{Pa}$$

2. 燃气系数计算

(1) 按式（5-12）计算燃气分配室截面积　取 $v_{1g} = 15\mathrm{m/s}$，则

$$F_{1g} = \frac{1}{0.0036} \frac{q_{V,g}}{v_{1g}} = \frac{1}{0.0036} \times \frac{200}{15} \mathrm{mm^2} = 3700\mathrm{mm^2}$$

(2) 按式（5-15）、式（5-16）计算旋转空气流中燃气射流的穿透深度

$$h_2 = 0.36\Delta = 0.36 \times 66\mathrm{mm} = 23.8\mathrm{mm}$$

$$h_1 = 0.13\Delta = 0.13 \times 66\mathrm{mm} = 8.6\mathrm{mm}$$

(3) 按式（5-18）计算大直径喷孔在射流穿透深度时的射流间距

$$s_2^{min} = \frac{0.75h_2}{\sin\beta} = \frac{0.75 \times 23.8}{\sin 29^\circ} \mathrm{mm} = 36.8\mathrm{mm}$$

取 $s_2 = 60\mathrm{mm}$。

按式（5-19）计算大直径喷孔的数目

$$z_2 = \frac{3.14(D_p - 2h_2)}{s_2} = \frac{3.14(250 - 2 \times 23.8)}{60} = 10.6$$

取 $z_2 = 10$。

(4) 按式（5-23）计算大直径喷孔的直径

$$d_2 = 0.9K_s \frac{\varepsilon_F q_{V,g}}{z_2 h_2 v_a} \sqrt{\frac{\rho_g}{\rho_a}}$$

$$= 0.9 \times 1.6 \times \frac{0.98 \times 200}{3600 \times 10 \times 23.8 \times 3.14} \sqrt{\frac{0.72}{1.226}} \mathrm{mm} = 8.5\mathrm{mm}$$

取 $\varepsilon_F = 0.98$，$K_s = 1.6$

喷孔相对间距：$\frac{s_2}{d_2}=\frac{60}{8.5}=7.1$，

这一相对间距相当 $K_s=1.6$，因而计算合理。

(5) 按式（5-22）计算燃气喷孔出口速度

$$v_g = 0.9\frac{\varepsilon_F q_{V,g}}{z_2 d_2^2} = 0.9\times\frac{0.98\times 200}{3600\times 10\times 0.0085^2}\text{m/s} = 67.8\text{m/s}$$

(6) 按式（5-21）计算燃气喷孔的总面积

$$F=\frac{\varepsilon_F q_{V,g}}{v_g}=\frac{0.98\times 200}{3600\times 67.8}\text{m}^2=0.0008\text{m}^2$$

(7) 计算小孔直径、数目及间距

按式（5-13）计算小孔直径，$\alpha=90°$

$$d_1=d_2\frac{h_1}{h_2}=8.0\times\frac{8.6}{23.8}\text{mm}=2.9\text{mm}$$

小直径喷孔的总面积为

$$F_1=F-F_2=\left(0.0008-10\times\frac{3.14\times 0.0085^2}{4}\right)\text{m}^2=0.000233\text{m}^2$$

小直径喷孔的数目为

$$z_1=\frac{F_1}{\frac{\pi d_1^2}{4}}=\frac{233}{\frac{3.14\times 3.1^2}{4}}\text{mm}=30.9\text{mm}$$

取 $z_1=35$。

计算小孔燃气射流间距

$$s_1=\frac{\pi(D_p-2h_1)}{z_1}=\frac{3.14(250-2\times 8.6)}{35}\text{mm}=20.9\text{mm}$$

按式（5-17）计算燃气射流直径

$$D_1=\frac{0.75h_1}{\sin\beta}=\frac{0.75\times 8.6}{\sin 29°}\text{mm}=13.2\text{mm}$$

由于 $s_1>D_1$，所以燃气射流不会合并。

(8) 按式（5-24）计算燃气所需压力　取 $\varepsilon_H=0.94$，$\mu_g=0.7$，则

$$p_g=\frac{1}{\varepsilon_H}\frac{1}{\mu_g^2}\frac{v_g^2}{2}\rho_g\frac{T_g}{288}=\frac{1}{0.94}\times\frac{1}{0.7^2}\times\frac{67.8^2}{2}\times 0.72\times\frac{288}{288}\text{Pa}=3593\text{Pa}$$

5.4　大气式燃烧器

大气式燃烧器又叫引射式部分预混燃烧器，是根据部分预混燃烧方法设计的

燃烧器，其重要的特征是一次空气系数 $1 \geqslant \alpha' \geqslant 0$。但一般大气式燃烧器的 α' 为 0.45～0.75，燃烧形成本生火焰。当 α' 太小时，燃烧近似于扩散式燃烧，反之则接近于完全预混式燃烧。

其应用特点如下：

1）在火焰形状、火孔热强度、燃烧温度方面适应性较强，可以满足较多加热工艺的需要。

2）燃烧比较完全、燃烧效率较高、烟气中 CO 含量较低。

3）不需要送风设备，因此设备结构简单。

4）大气式燃烧器的燃烧强度只有鼓风式扩散燃烧器的 1/3 左右，所以大负荷时结构比较笨重。

根据大气式燃烧器的特点，其广泛应用于家庭及公用事业中的燃气用具，如家用灶、热水器、沸水器及食堂灶，在小型锅炉及工业炉上也有应用。

5.4.1 大气式燃烧器的构造及工作原理

大气式燃烧器由引射器及设置火孔的头部组成，如图 5-20 所示。

大气式燃烧器的工作原理：燃气在一定压力下以一定流速从喷嘴喷出，进入吸气收缩管，预混的一次空气依靠燃气的喷射能量被吸入吸气收缩管；在引射器内燃气与一次空气混合，然后经头部火孔流出进行燃烧，形成本生火焰。

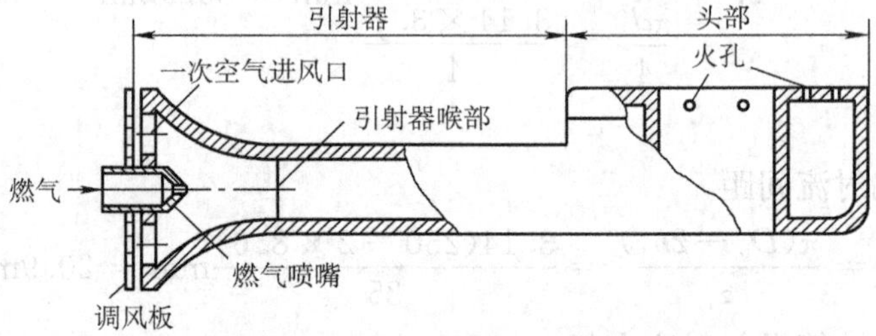

图 5-20 大气式燃烧器示意图

大气式燃烧器根据燃气压力的不同，又可分为低压引射式和高（中）压引射式两种。前者多用于民用，后者多用于工业装置。当燃气压力不足时，也可利用加压空气来引射燃气。

本节主要讨论低压引射大气式燃烧器。

（1）引射器 引射器由喷嘴和引射管组成，引射器的作用有以下三方面：

第一，以高动能的气体引射低动能的气体，并使两者混合均匀。在大气式燃烧器中通常是以燃气从大气中引射空气。

第二，在引射器末端形成所需的剩余压力，用来克服气流在燃烧器头部的阻力损失，使燃气-空气混合物在火孔出口获得必要的速度，以保证燃烧器稳定工作。

第三，输送一定量的燃气，以保证燃烧器所需的热负荷。

1）喷嘴　喷嘴的作用是输送所要求的燃气量，并将燃气的势能转变成动能。喷嘴流量可按下式计算

$$q_{V,g}=0.004\mu d_j^2\sqrt{\frac{p_g}{\rho_g}} \tag{5-25}$$

式中　$q_{V,g}$——圆形喷嘴的流量（m^3/h）；

μ——喷嘴流量系数，与喷嘴的结构形式、尺寸和燃气压力有关，用实验方法求得；

d_j——圆形喷嘴直径（mm）；

p_g——燃气压力（Pa）；

ρ_g——燃气的密度（kg/m^3）。

喷嘴分固定喷嘴及可调喷嘴两种。

固定喷嘴的出口截面固定不变，图5-21所示为固定喷嘴的结构示意图。该种喷嘴结构简单，阻力较小，引射空气性能较好，但出口截面积不能调节。如果燃气性质改变而要求热负荷不变时，就需要更换喷嘴。固定喷嘴的流量系数μ与喷孔相对深度$\frac{l}{d}$、喷嘴收缩角β、喷嘴直径d以及喷嘴前气体压力等因素有关。通常取$\frac{l}{d}=1\sim2$，而为了便于加工取$\beta=60°$。一般$d=1\sim2.5$mm时，这种喷嘴的$\mu=0.7\sim0.78$；当$d\geqslant2.5$mm时，这种喷嘴的$\mu=0.78\sim0.80$。

可调喷嘴结构复杂，阻力较大，引射空气的性能较差，但能适应燃气性质的变化。图5-22所示为可调喷嘴，由固定部件1和活动部件2组成。当活动部件前后移动时，借助针型阀就可改变喷嘴的流通截面，可适应额定流量变化的需要。实验证明，当针型阀收缩角$\beta'=15°$，喷嘴收缩角$\beta=60°$时，其流量系数$\mu=0.6\sim0.7$。计算可调喷嘴出口面积时，所用的计算流量应比额定流量大30%～50%。

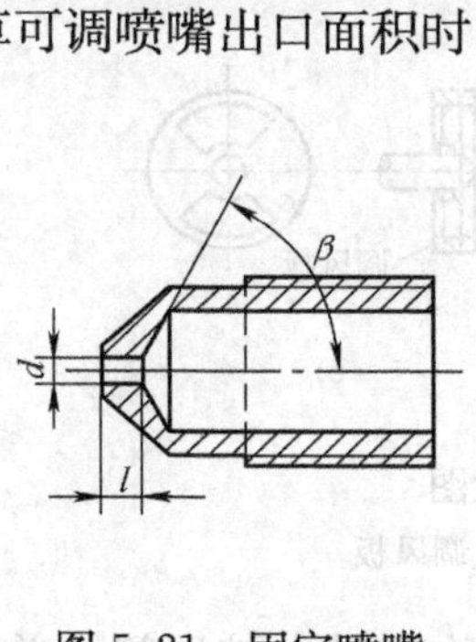

图5-21　固定喷嘴

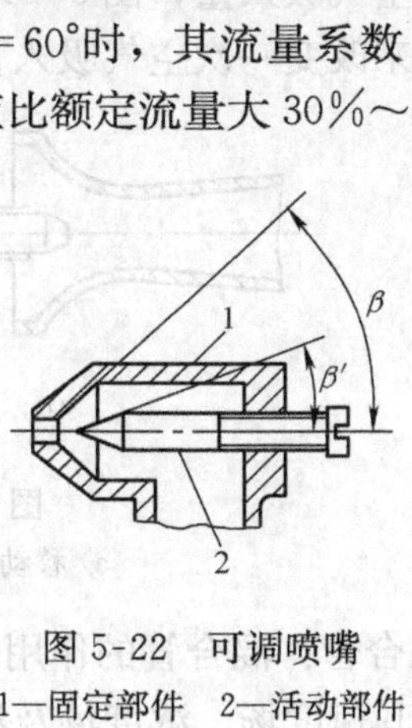

图5-22　可调喷嘴

1—固定部件　2—活动部件

2）引射管　引射管是用于与喷嘴配合引射一次空气并使燃气与空气混合的部件。为了提高引射效率，引射管的形状一般为文丘里管，整体可分为吸气收缩部、混合部和扩压部，如图 5-21 所示。

a. 吸气收缩部：吸气收缩部的作用是减少空气进入时的阻力损失。吸气收缩管的进口截面积一般比出口截面积（引射管最窄处——喉部的面积）大 4～6 倍，即进口直径约等于 $2.2d_t$，（d_t 为喉部直径）。

b. 一次空气吸入口：一次空气吸入口设在吸气收缩部，其开口面积一般为燃烧器火孔总面积的 1.25～2.25 倍，吸入口处的空气流速不超过 1.5m/s。

喷嘴在一次空气吸入口的位置，如图 5-23 所示，会对一次空气的吸入产生影响。喷嘴出口截面应该与喉部有一定距离，对于图示形状的一次空气吸入口，当喉部直径 d_t>喷嘴外径 d_{out}时，一般取 $l=(1.0\sim1.5)d_t$。另外，喷嘴中心线应与引射管中心线一致，否则也会影响一次空气的吸入。

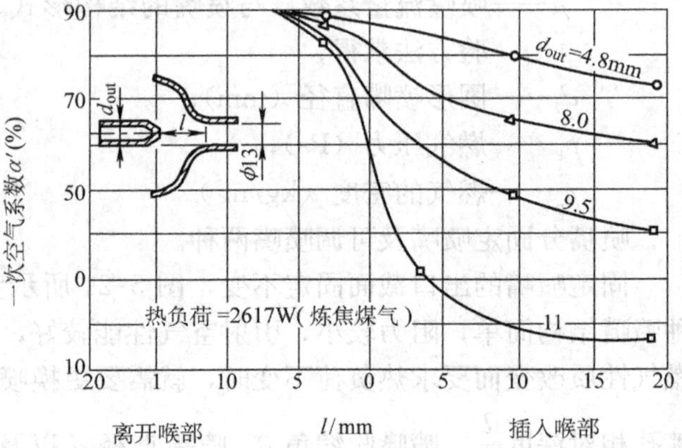

图 5-23　喷嘴出口截面应该与喉部的距离对一次空气的影响

为了保证燃烧器正常工作，获得预定的火焰特性，需要调节一次空气量。通常是在一次空气吸入口外面安装调风板，如图 5-24a 所示的调风板靠前后移动来改变一次空气吸入量；图 5-24b 所示的调风板靠改变其开口与一次空气吸入口的重合程度来改变一次空气吸入量。

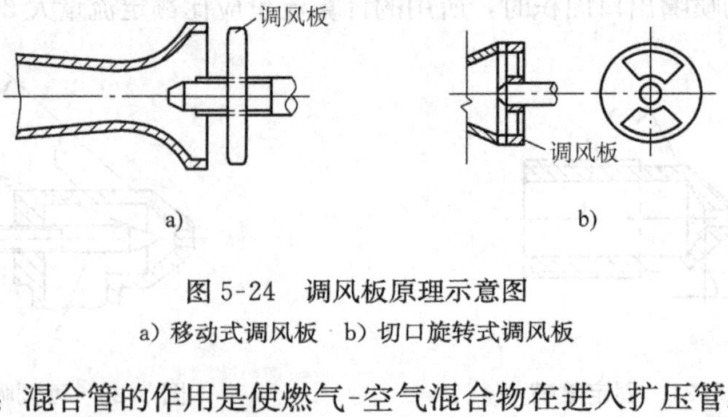

图 5-24　调风板原理示意图

a）移动式调风板　b）切口旋转式调风板

c. 混合管：混合管的作用是使燃气-空气混合物在进入扩压管之前进行充分混合，使其速度场、浓度场及温度场呈均匀分布。实验证明，采用渐缩管有利于截面上速度场的均匀分布，而不利于浓度场及温度场的均匀分布。采用渐扩管则有利于浓度场及温度场的均匀分布，而不利于速度场的均匀分布。为此常采用圆柱形混合管，使速度场、浓度场及温度场均达到一定程度的均匀分布。由于两股气流在有限空间内的混合十分复杂，因此，混合管的长度在很大程度上要根据实验资料确定。

d. 扩压管：其主要作用是使部分动压变为静压，以提高气体的压力。其次是使燃气与空气进一步混合均匀。扩压管张角为6°～8°时，阻力损失最小，通常取7°。

引射管的形状不限于文丘里管，可根据需要设计成各种形状，例如也可采用直管形状，空气入口也可设在侧面等。但文丘里管的引射效果是最理想的。

(2) 燃烧器头部　燃烧器头部的作用是将预混后的燃气-空气混合物均匀分布到各火孔，并进行稳定、完全的燃烧。因此，要求燃烧器头部各处混合气体的压力相等，要求二次空气能均匀地通畅到每一个火孔。

1) 多火孔头部：多火孔头部具有燃烧稳定、加热面大、温度适中的特点，所以民用燃气用具多采用多火孔头部。多火孔头部的火孔布置形式多种多样，一般都是根据加热对象的需要设计。图5-25所示为家用灶的燃烧器头部，火盖与底座配合形成外圈的梯形孔，内圈圆形孔直接在火盖上形成。图5-26所示为壁挂式热水器常用的燃烧器。图5-27所示为食堂等使用的大锅灶用燃烧器。

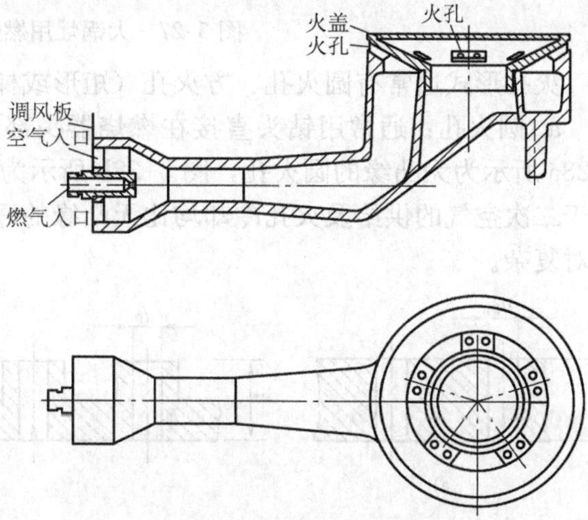

图5-25　家用灶用燃烧器

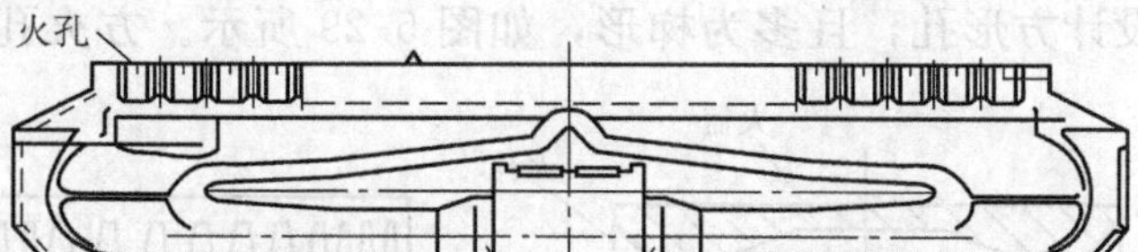

图5-26　壁挂式热水器用燃烧器

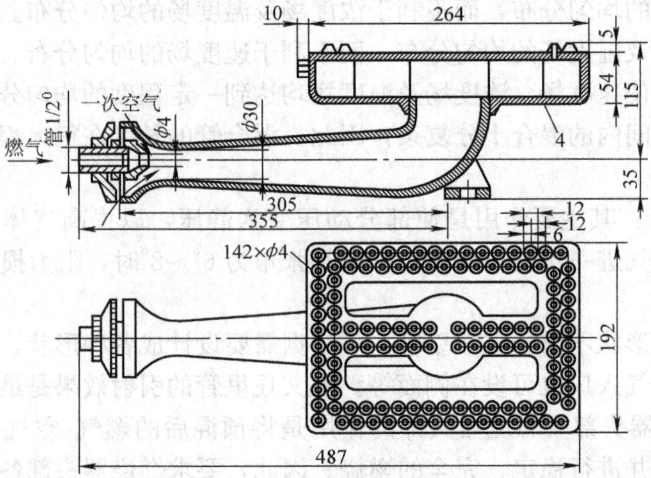

图 5-27　大锅灶用燃烧器

火孔形式通常有圆火孔、方火孔（矩形或梯形火孔）、条形火孔等。

a. 圆火孔：通常用钻头直接在燃烧器头部钻出，加工简便，应用广泛。图 5-28a 所示为无凸缘的圆火孔，图 5-28b 所示为有凸缘的圆火孔。有凸缘的火孔对于二次空气的供给及火孔冷却均比无凸缘的好，且可减少金属使用量，但制造相对复杂。

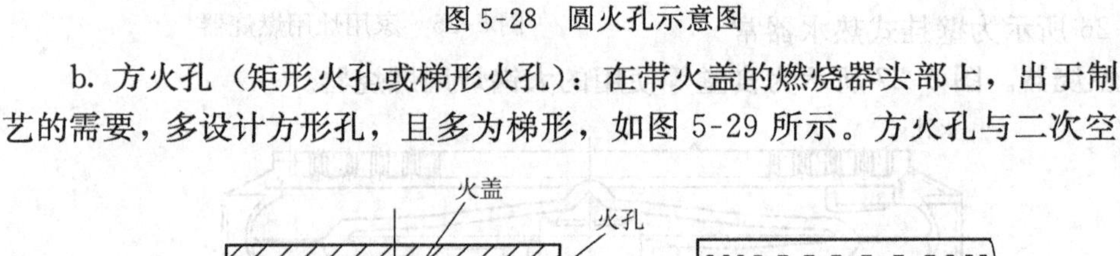

图 5-28　圆火孔示意图

b. 方火孔（矩形火孔或梯形火孔）：在带火盖的燃烧器头部上，出于制造工艺的需要，多设计方形孔，且多为梯形，如图 5-29 所示。方火孔与二次空气的

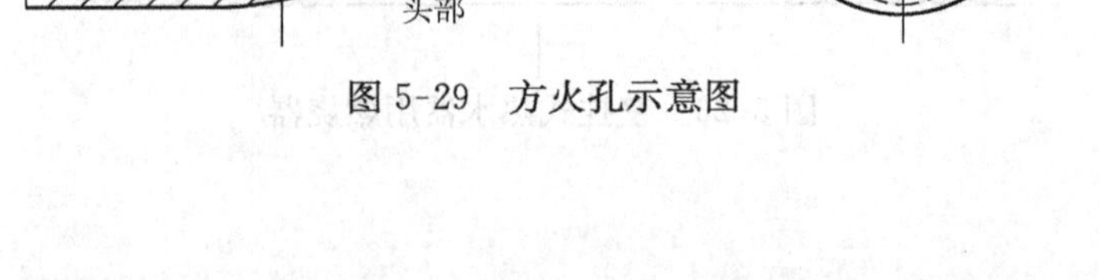

图 5-29　方火孔示意图

接触面较圆火孔大，故更适用于理论空气需要量较大的燃气，如液化石油气。

c. 条形火孔：图 5-30 所示为条形火孔，在热负荷相同的情况下，布置条形火孔所占的面积比布置圆火孔小，因此它适用于燃气量大、加热面小的地方，例如壁挂式热水器及采暖炉的燃烧器多采用条形火孔。条形火孔相当于数个方火孔相连，因此与二次空气的接触较差，易出现黄焰。

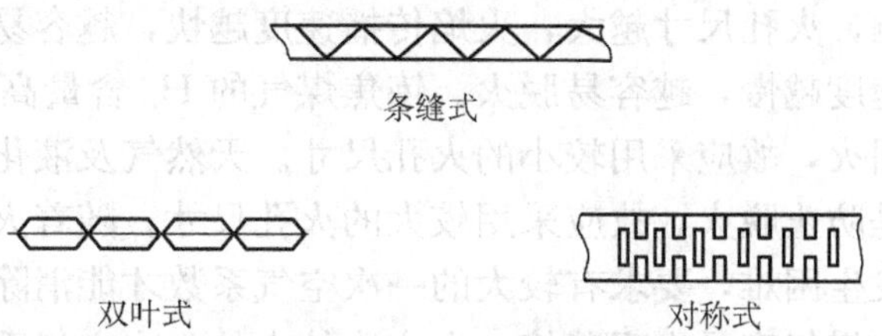

图 5-30 条形火孔示意图

2）单火孔头部：对某些要求火力集中和火孔热强度高的大气式燃烧器，常采用孔径较大的单火孔头部。单火孔大气式燃烧器的头部，由火孔、二次空气口及火道三部分组成。燃烧所需要的二次空气由炉内负压吸入，二次空气口外面安装调风板，调节二次空气的吸入量。由于燃烧器火孔为一个大火孔，其火焰与二次空气的接触面积比多火孔小，因此这种燃烧器的火焰较长，只适用于有燃烧室的工业加热设备。为了防止回火，火孔出口速度应比多火孔大，所以需要用中（高）压燃气。图 5-31a 所示单火孔大气式燃烧器的头部利用火道防止脱火，但也可不采用火道而利用带稳焰孔的火孔来防止脱火，图 5-31b所示。

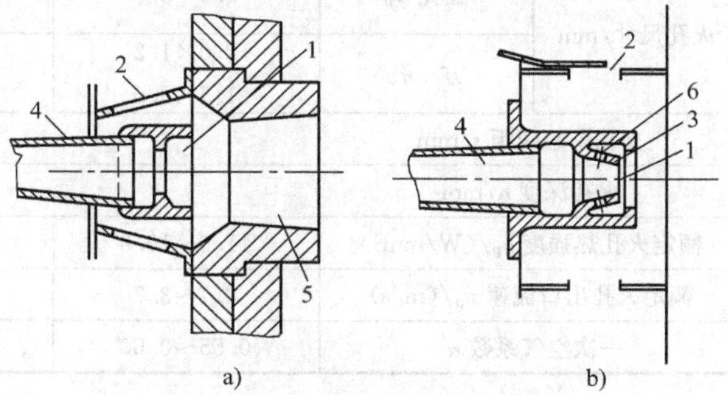

图 5-31 单火孔大气式燃烧器

a）火道式 b）稳焰孔式

1—火孔 2—二次空气口 3—稳焰孔

4—引射器 5—火道 6—小孔

5.4.2 大气式燃烧器的头部计算

合理设计的大气式燃烧器必须以保证稳定燃烧为原则，不离焰、不回火、不出现黄焰，并使火焰特性满足加热工艺的需要。本节介绍多火孔大气式燃烧器的头部设计。

火孔大气式燃烧器的头部设计包括以下内容：喷嘴流量计算、选择头部形式及火孔形状，确定火孔尺寸、间距、孔深、火孔排数及头部容积，计算头部静压力等。

(1) 火孔尺寸　根据火焰传播及燃烧稳定理论可知，受火孔壁面散热的影响，火孔尺寸越大，火焰传播速度越快，越容易回火；火孔尺寸越小，火焰传播速度越慢，越容易脱火。炼焦煤气的 H_2 含量高，火焰传播速度快，主要是防止回火，故应采用较小的火孔尺寸。天然气及液化石油气的火焰传播速度慢，主要是防止脱火，故应采用较大的火孔尺寸。随着火孔尺寸的增加，二次空气的供给发生困难，要求有较大的一次空气系数才能消除黄焰。天然气及液化石油气比炼焦煤气容易出现黄焰，也应取较大的一次空气系数。

为了防止污染及堵塞，火孔直径不宜太小，常用的火孔尺寸如表 5-6 所示。

条形火孔的缝隙宽度最大限度不超过圆火孔直径的 2/3。

表 5-6　大气式燃烧器常用设计参数（基态）

燃气种类		炼焦煤气	天然气	液化石油气
火孔尺寸/mm	圆孔 d_p	2.5～3.0	2.9～3.2	2.9～3.2
	方孔	2.0×1.2	2.0×3.0	2.0×3.0
		1.5×5.0	2.4×1.6	2.4×1.6
火孔中心间距 s/mm		(2～3) d_p	(2～3) d_p	(2～3) d_p
火孔深度 h/mm		(2～3) d_p	(2～3) d_p	(2～3) d_p
额定火孔热强度 q_p/(W/mm^2)		11.6～19.8	5.8～8.7	7.0～9.3
额定火孔出口流速 v_p/(m/s)		2.1～3.7	1.1～1.4	1.3～1.6
一次空气系数 α'		0.55～0.60	0.60～0.65	0.60～0.65

(2) 火孔深度　实验证明，在一定范围增加火孔的孔深可提高脱火极限，从而增大燃烧器的稳定工作范围。但孔深增加，气流阻力增大，不利于一次空气的吸入。一般取火孔深度为火孔直径的 2～3 倍。在实际的应用中，通常采用有凸缘的火孔来增加孔深，以节约金属。

(3) 火孔间距　实验证明，当火孔间距太小时，火焰相互靠近或合并，火焰与空气的接触面减少，影响二次空气的供给，因而消除黄焰所需的一次空气系数要增加，需提高引射器的能力。另一方面，孔距太大时，将影响点火时火焰的传递而不利于点火。因此，一般取火孔中心间距为直径的 2～3 倍。

(4) 火孔排数　为了使火孔周围有足够的二次空气供给，在一实面上火孔排数最好不超过两排。特殊情况需要布置两排以上的火孔时，为了保证完全燃烧，每增加一排火孔，一次空气系数应增加 5%～7%。且两排或两排以上的火孔应叉排。

(5) 火孔倾角　对于灶具用燃烧器，要求间距离加热，但又必须保证火焰充分燃烧。所以，有时须设计火孔朝水平方向倾斜。火孔倾角（火孔中心线与水平面的夹角）越小，火焰越趋向水平，火焰与二次空气的接触越充分，燃烧性能越好，CO排放减少，但与被加热面的传热受到影响，热效率下降。相反随着火孔倾角增大，火焰的燃烧受到影响，烟气中CO含量增大，但与被加热面的传热充分，热效率提高。综合两种因素，设计时一般取30°倾角。

在燃烧空间充分的情况，比如热水器等用燃烧器，火孔一般垂直向上布置。

(6) 锅支架高度 灶具用燃烧器，锅支架高度对燃烧特性及热效率的影响不同，锅支架越高，燃烧越充分，烟气中CO含量越低，但换热效率下降。相反随着锅支架高度降低，火焰易与锅底冷表面接触而影响燃烧，烟气中CO含量升高，但换热效率增大。设计时，应考虑最有效传热及完全燃烧的要求，配合火焰内锥高度及火孔倾角选取锅支架高度，家用灶一般取20～30mm。

(7) 火孔燃烧能力及火孔总面积 火孔能稳定和完全燃烧的燃气量称为火孔的燃烧能力。通常用火孔热强度q_p或燃气空气混合物离开火孔的速度v_p来表示火孔的燃烧能力。

为了防止回火和离焰，火孔出口气流速度必须大于回火极限速度，小于离焰极限速度。通常是根据稳定范围曲线，在选定的一次空气系数下，在离焰极限速度和回火极限速度之间选一速度作为火孔出口速度。如果燃烧器运行时，主要危险是回火，则v_p应选得离回火极限远些；如燃烧器运行时主要危险是离焰，则v_p就应选得距离焰极限远些。

当火孔的燃烧能力用火孔出口气流速度v_p表示时，可按下式计算火孔总面积

$$F_p = \frac{\Phi(1+\alpha' V_0)}{H_1 v_p}10^6 \tag{5-26}$$

式中 F_p——火孔总面积（mm^2）；

Φ——燃烧器热负荷（kW）；

H_1——燃气低热值（kJ/m^3）；

α'——一次空气系数；

V_0——理论空气需要量（m^3/m^3）；

v_p——火孔出口气流速度（m/s），按表5-6或有关设计手册查得。

当火孔的燃烧能力用火孔热强度q_p表示时，可按下式计算火孔总面积

$$F_p = \frac{\Phi}{q_p} \tag{5-27}$$

式中 q_p——火孔热强度（kW/mm^2），按表5-6或有关设计手册查得。

火孔热强度q_p与火孔出口速度v_p，选定一个即可，另一个通过它们的关系计算

$$q_p = \frac{H_1 v_p}{1+\alpha' V_0}10^{-6} \tag{5-28}$$

在设计新燃烧器时，正确选择火孔燃烧能力最可靠的方法是根据所用燃气进

行火焰稳定性试验，得出燃烧稳定曲线。

(8) 燃烧器头部的静压力　为了保证达到选定的火孔出口气流速度或火孔热强度，燃气-空气混合物在头部必须具有一定的静压力。该静压力是由引射器提供的，它用来克服混合物从头部逸出时的能量损失。混合物从头部逸出时的能量损失由火孔流动阻力损失、气流通过火孔被加热而产生气流加速的能量损失以及火孔出口所需动压头三部分组成。

火孔流动阻力损失可用下式计算

$$\Delta p_1 = \xi_p \frac{v_p^2}{2}\rho_{mix}\frac{\overline{T}_p}{288}$$

式中　Δp_1——流动阻力损失（Pa）；

ρ_{mix}——燃气-空气混合物基态的密度（kg/m^3）；

$\overline{T}_p$——火孔内平均温度，一般取 303～353K；

ξ_p——火孔阻力系数。

$$\xi_p = \frac{1-\mu_p^2}{\mu_p^2} \tag{5-29}$$

式中　μ_p——火孔流量系数，与火孔的结构特性有关，按式（5-4）确定。

由于气流通过火孔被加热，使气体膨胀而产生气流加速的能量损失。这时近似假定火孔进口的混合气体温度为 15℃，则膨胀而产生的能量损失按下式计算

$$\Delta p_2 = \left(\frac{T_p}{288}-1\right)\frac{v_p^2}{2}\rho_{mix}$$

式中　Δp_2——因气体膨胀而产生气流加速的能量损失（Pa）；

T_p——火孔出口温度，即混合气体通过火孔被加热后的温度。混合气体通过火孔被加热的温度决定于燃烧器的结构、工作参数及燃烧室的构造，在大多数情况下 T_p＝323～423K。

火孔出口所需动压头可用下式表示

$$\Delta p_3 = \frac{v_p^2}{2}\rho_{mix}\frac{T_p}{288}$$

所以，头部必须的静压力为

$$p_J = \Delta p_1 + \Delta p_2 + \Delta p_3 = \xi_p \frac{v_p^2}{2}\rho_{mix}\frac{\overline{T}_p}{288} + \left(\frac{T_p}{288}-1\right)\frac{v_p^2}{2}\rho_{mix} + \frac{T_p}{288}\frac{v_p^2}{2}\rho_{mix}$$

$$= K_1 \frac{v_p^2}{2}\rho_{mix} \tag{5-30}$$

式中　p_J——头部必须具有的静压力（Pa）；

K_1——燃烧器头部的能量损失系数。

$$K_1 = \xi_p \frac{\overline{T}_p}{288} + 2\times\left(\frac{T_p}{288}\right) - 1 \tag{5-31}$$

燃气-空气混合物的密度按照下式计算

$$\rho_{\mathrm{mix}}=\frac{q_{m,\mathrm{mix}}}{q_{V,\mathrm{mix}}}=\rho_{\mathrm{g}}\frac{1+u}{1+us} \tag{5-32}$$

式中 $q_{m,\mathrm{mix}}$——混合气体的质量流量（kg/s）；

$q_{V,\mathrm{mix}}$——混合气体的体积流量（m^3/s）；

s——燃气的相对密度，$s=\frac{\rho_{\mathrm{g}}}{\rho_{\mathrm{a}}}$；

u——引射器的质量引射系数。

$$u=\frac{q_{m,\mathrm{a}}}{q_{m,\mathrm{g}}}=\frac{\alpha' V_0}{s} \tag{5-33}$$

式中 $q_{m,\mathrm{g}}$——燃气的质量流量（kg/s）；

$q_{m,\mathrm{a}}$——空气的质量流量（kg/s）。

（9）头部截面积及头部容积 为了使气流均匀分布到每个火孔上，保证各火孔的火焰高度一致，希望头部流通截面积和容积大些。但是，如果头部容积过大，开始点火时头部会积存大量空气，灭火时头部会积存大量燃气-空气混合物，从而容易产生点火和灭火时的回火噪声。头部容积过大还会增加金属耗量，因此，又希望头部容积小些。

通常燃烧器头部流通截面积根据式（5-3）确定。当头部较长时，为了减少头部容积，头部流通截面沿气流方向可做成渐缩形。

（10）二次空气口 设计燃烧器头部时，必须保证有足够的二次空气供应到火焰根部。二次空气不足将出现不完全燃烧，过多会降低热效率，气流过大会吹熄或吹斜火焰。大气式燃烧器的二次空气口截面积可按下式计算

$$F''=\frac{(\alpha-\alpha')V_0}{v_{\mathrm{a}}''}\frac{\Phi'}{H_{\mathrm{l}}}\frac{T_{\mathrm{a}}}{288}\times10^6 \tag{5-34}$$

式中 F''——二次空气口的流通截面积（mm^2）；

Φ'——需要二次空气口提供空气的热负荷（kW）；

α——总过剩空气系数；

T_{a}——空气温度（K）；

v_{a}''——二次空气实际流速（m/s）。为了不吹熄火焰，二次空气流速一般不超过 0.5m/s。

（11）火焰高度 一般民用大气式燃烧器的火焰为本生火焰，有 60%左右的燃气在火焰内锥上燃烧，其余在外焰燃烧。如果火焰与冷表面接触，由于焰面温度突然下降，燃烧反应中断，便形成化学不完全燃烧，烟气中将出现烟炱和 CO。所以要根据火焰高度来设计加热对象的设置。

1）火焰内锥高度。实验表明，火焰内锥高度主要决定于燃气性质、一次空

气系数、火孔尺寸和火孔热强度。内锥高度可按下列经验公式计算

$$h_{in} = 0.86Kf_{p}q_{p} \times 10^{3} \tag{5-35}$$

式中 h_{ic}——火焰的内锥高度（mm）；

f_p——一个火孔的面积（mm^2）；

q_p——火孔热强度（kW/mm^2）；

K——与燃气性质及一次空气系数有关的系数，查表 5-7。

表 5-7 各种燃气的 K 值

燃气种类	一次空气系数 α'									
	0.1	0.2	0.3	0.4	0.5	0.6	0.7	0.8	0.9	0.95
C_4H_{10}	—	—	—	0.28	0.23	0.19	0.16	0.13	0.11	—
天然气	—	0.26	0.22	0.18	0.16	0.15	0.13	0.1	0.08	—
炼焦煤气	0.23	0.19	0.16	0.12	0.09	0.07	0.06	0.06	0.07	0.08

2）火焰外锥高度。火焰外锥不像内锥那样稳定和明显，它受周围空气流动状态的影响很大，常出现闪烁现象，因此难以测量准确。实验表明，火焰的外锥高度主要与燃气性质、火孔热强度、火孔直径、火孔排数及火孔间距有关。

火焰外锥高度可按下列经验公式计算

$$h_{out} = 0.86mn_1 \frac{sf_{p}q_{p}}{\sqrt{d_p}} \times 10^{3} \tag{5-36}$$

式中 h_{out}——火焰外锥高度（mm）；

n——火孔排数；

n_1——表示燃气性质对外锥高度影响的系数，对于不同种类的燃气取值不同；天然气：$n_1 = 1.0$；C_4H_{10}：$n_1 = 1.0$；焦炉煤气：$d_p = 2mm$，$n_1 = 0.5$；$d_p = 3mm$，$n_1 = 0.6$；$d_p = 4mm$，$n_1 = 0.77 \sim 0.78$（热强度较大时取较大值）；

s——表示火孔净距对外锥高度影响的系数，见表 5-8。

表 5-8 系数 s

火孔净距 /mm	2	4	6	8	10	12	14	16	18	20	22	24
s	1.47	1.22	1.04	0.91	0.86	0.83	0.79	0.77	0.75	0.74	0.74	0.74

最后，可根据所计算的火焰高度校核锅支架高度以及火孔倾角的设置是否合适。

5.4.3 低压引射器的计算

引射器按工质压力可分为低压及高（中）压两种；按被引射气体的吸入速度可分为常压吸气及负压吸气两种。工质压力低于 20000Pa，称为低压，低压引射器的计算不必考虑气体的可压缩性。

如果引射器的吸气收缩管做得足够大，并渐渐过渡到圆柱形混合管，这时被引入的空气在收缩管内的流速很小，可以略去不计。这样的引射器称为常压吸气引射器。这种引射器由于吸气收缩管做得比较大，不会破坏喷嘴的自由射流结构，因此可以利用自由射流的规律进行计算。该自由射流的张角通常为 25°～29°，在比喉部直径大 30%处射流与管壁接触。在射流与管壁接触之前为吸入段。在吸入段内静压力可认为是常数，并等于大气压力。

低压大气式燃烧器的引射器多数为常压吸气引射器。

1. 低压引射器的工作原理

低压引射器的工作原理如图 5-32 所示。下面分段说明：

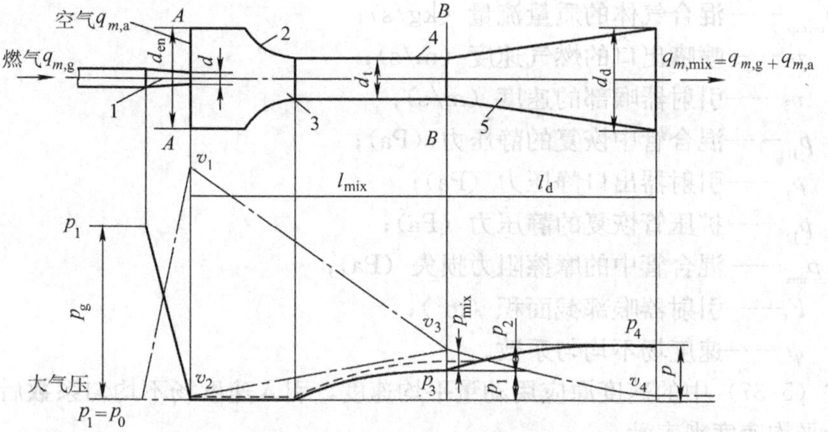

图 5-32　常压吸气低压引射器的工作原理

1—喷嘴　2—吸气管　3—喉部　4—混合管　5—扩压管

(1) 喷嘴段　质量流量为 $q_{m,g}$ 的燃气以压力 p_1（p_g）进入喷嘴，通过喷嘴燃气压力由 p_1 降至 p_2，而流速则升高到 v_1。

(2) 吸入管段　高速燃气具有很大的动能，由于气流的动量交换，便将质量流量为 $q_{m,a}$ 的一次空气以 v_2 的速度吸进引射器。动量交换的结果是燃气流速降低，空气流速增高。由于是常压吸气引射器，故吸入段的静压可认为是常数，并等于大气压力，即 $p_2=p_0=$常数。

(3) 混合管段　气流进入混合管时，速度分布十分不匀，在流动过程中燃气动压头进一步减少，其中一部分传给空气使空气动压增大，一部分用来克服流动中的阻力损失，另一部分转化为静压力。在混合管出口速度场呈均匀分布，燃气-空气混合物的速度为 v_3，压力从 p_2 升高到 p_3。

(4) 扩压管段　在扩压管内混合气体的动压进一步转化为静压，速度从 v_3 降至 v_4，压力从 p_3 升至 p_4。混合气体在扩压管出口总的静压力为 p_J，该静压力即为头部所需的静压力。

2. 常压吸气低压引射器的基本方程式

引射器的计算以动量定理、连续性方程及能量守恒定律为基础。在混合管内燃气和空气的混合过程十分复杂，混合时产生撞击和摩擦损失，其中撞击损失属于完全非弹性体的阻力性质，因此混合管的计算采用动量定理进行。计算时取吸气收缩管的入口和混合管的出口截面为计算截面，这样可以不考虑极为复杂的气流混合过程。

取 A—A、B—B 两截面建立动量方程式

$$q_{m,g}v_1-q_{m,mix}\psi v_3=F_t(p_{J1}+p_{mix})=F_t(p_J-p_{J2}+p_{mix}) \tag{5-37}$$

式中 $q_{m,g}$——燃气的质量流量（kg/s）；

$q_{m,mix}$——混合气体的质量流量（kg/s）；

v_1——喷嘴出口的燃气速度（m/s）；

v_3——引射器喉部的速度（m/s）；

p_{J1}——混合管中恢复的静压力（Pa）；

p_J——引射器出口静压力（Pa）；

p_{J2}——扩压管恢复的静压力（Pa）；

p_{mix}——混合管中的摩擦阻力损失（Pa）；

F_t——引射器喉部截面积（m^2）；

ψ——速度场不均匀系数。

式（5-37）中的速度原应用动量平均速度，引入速度场不均匀系数后，就可用流量平均速度来表示

$$v'=\psi v$$

式中 v'——动量平均速度；

v——流量平均速度。

速度场不均匀系数 ψ 决定于速度场的分布状况，对于抛物线速度场，$\psi=1.33$；对于稳定的湍流速度场（$Re=10000$），$\psi=1.02$；对于矩形速度场，$\psi=1$。燃气流出喷嘴的速度场接近矩形，故取 $\psi=1$，因此 $v_1{}'=v_1$；引射器喉部速度场具有不均匀性，故 $v_3{}'=\psi v_3$。

对于常压吸气低压引射装置，由于一次空气在吸入口的流速很小，故动量方程式（5-37）中略去了空气的动量。对于低压燃气，忽略其可压缩性，可得

$$q_{m,g}=q_{V,g}\rho_g=v_1F_j\rho_a \tag{5-38}$$

$$q_{m,mix}=q_{V,mix}\rho_{mix}=v_3F_t\rho_{mix} \tag{5-39}$$

又

$$q_{m,mix}=q_{m,g}+q_{m,a}=q_{m,g}(1+u) \tag{5-40}$$

$$q_{V,mix}=q_{V,g}+q_{V,a}=q_{V,g}(1+us) \tag{5-41}$$

即

$$\rho_{mix}=\rho_g\frac{1+u}{1+us} \tag{5-42}$$

式中　$q_{V,g}$、$q_{V,a}$、$q_{V,mix}$——燃气、空气及混合气体的体积流量（m^3/s）；

$q_{m,a}$——空气的质量流量（kg/s）；

F_j——喷嘴出口截面积（m^2）；

ρ_g、ρ_a、ρ_{mix}——燃气、空气及混合气体的密度（kg/m^3）；

s——燃气的相对密度；

u——质量引射系数；

$us=\frac{q_{V,a}}{q_{V,g}}$——容积引射系数。

将式（5-38）～式（5-42）代入式（5-37）中，整理后得

$$\frac{2}{F}\frac{v_1^2}{2}\rho_g\left[1-\psi\frac{(1+u)(1+us)}{F}\right]=p_J+p_{mix}-p_{J2} \tag{5-43}$$

式中　F——无量纲面积。

$$F=\frac{F_t}{F_j} \tag{5-44}$$

无量纲面积 F 是引射器计算的基本参数。

引射器混合管的摩擦阻力损失按下式计算

$$p_{mix}=\xi_{mix}\frac{v_3^2}{2}\rho_{mix} \tag{5-45}$$

式中　ξ_{mix}——摩擦阻力系数；

$$\xi_{mix}=\lambda\frac{l_{mix}}{d_t}$$

式中　λ——摩擦系数；

l_{mix}——混合管长度；

d_t——混合管喉部直径。

根据能量守恒定律建立下列方程式

对喷嘴：

$$p_g\mu^2=\frac{v_1^2}{2}\rho_g \tag{5-46}$$

对扩压管：

$$p_2=\frac{v_3^2}{2}\rho_{mix}\left(\frac{n^2-1}{n^2}-\xi_d\right) \tag{5-47}$$

式中　p_g——喷嘴前燃气压力；

μ——喷嘴流量系数；

$n=\frac{F_d}{F_t}$——扩压管的扩张程度；

F_d——扩压管出口截面积；

ξ_d——扩压管阻力损失系数，ξ_d 值相应于扩压管的进口速度。

将式（5-38）、式（5-39）、式（5-41）、式（5-42）代入式（5-45）和式（5-47），并将式（5-45）减式（5-47），整理后得

$$p_{mix}-p_{J2}=\frac{v_1^2}{2}\rho_g\frac{(1+u)(1+us)}{F^2}\left(\xi_{mix}+\xi_d-\frac{n^2-1}{n^2}\right) \tag{5-48}$$

将式（5-46）、式（5-48）代入式（5-43），整理后得

$$\frac{p_J}{p_g}=\frac{2\mu^2}{F}-\frac{K\mu^2(1+u)(1+us)}{F^2} \tag{5-49}$$

式中 K——能量损失系数。

$$K=2\psi+\xi_{mix}+\xi_d-\frac{n^2-1}{n^2} \tag{5-50}$$

式（5-49）是常压吸气低压引射器的基本计算公式。它表示了相对压头$\frac{p_J}{p_g}$、引射器的几何尺寸 F 及引射器工作参数 u 之间的关系。该式也是引射器的特性方程式。

推导引射器特性方程式（5-49）时假设吸入段的压力保持不变，且等于大气压力。这就是应用该特性方程式的限制条件。

根据节能要求，引射器应按最佳工况设计，即对应于给定的引射系数 u，应获得最大的$\frac{p_J}{p_g}$值。为此取$\frac{p_J}{p_g}$对 F 的一次导数，并使之等于零

$$\frac{d\frac{p_J}{p_g}}{dF}=-\frac{2\mu^2}{F^2}+\frac{\mu^2K(1+u)(1+us)2F}{F^4}=0$$

由此得 F 的最佳值

$$F_{op}=K(1+u)(1+us) \tag{5-51}$$

将式（5-51）代入式（5-49）得最大无量纲压力

$$\left(\frac{p_J}{p_g}\right)_{max}=\frac{\mu^2}{F_{op}} \tag{5-52}$$

如果按最佳工况设计，则在满足同样引射效果的情况下，可以使用最小的燃气压力，达到节能的效果。但通常城市供气管网的压力是一定的，所以，实际设计时大多以给定压力进行计算，此时 F 多为非最佳值。

3. 引射器的形状及能量损失系数

混合管的摩擦阻力系数 ξ_{mix} 与混合管的气体流动状态、加工质量和长度有关，通常取 $\xi_{mix}=0.06\sim0.12$。混合管末端的速度场不均匀系数与气流的稳定程

度和流动状态有关，当混合管长度为 5～6 倍喉部直径时，ψ=1.02～1.04。混合管较短，ψ 较大。

扩压管的能量损失主要与扩张度 n、扩张角有关。最有利的扩张角为 6°～8°。对于大气式燃烧器，一般取 n=2～3，当 n>3 时，随着 n 的增加，$\frac{p}{p_g}$值几乎不变，但引射器尺寸却加大很快，因此不采用 n>3 的扩压管。

由上述分析可知，引射器的形状、尺寸及阻力特性不同时，能量损失系数 K 值也不相同。图 5-33 所示，给出了三种 K 值不同的引射器的形状及尺寸比例供参考。其中引射管的长度还应根据燃烧器的整体尺寸来确定。

以上推导侧重于阐述引射器的工作原理，引射器的形状及尺寸往往还要根据实验来确定。

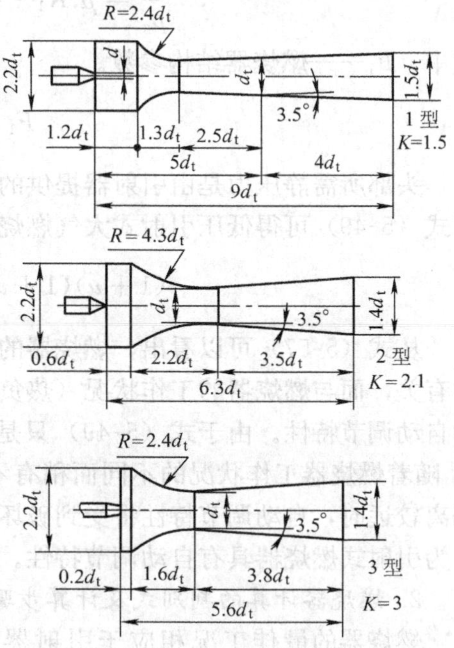

图 5-33 三种引射器

5.4.4 低压引射大气式燃烧器的计算

1. 低压引射大气式燃烧器的自动调节特性

结合低压引射器特性方程式（5-49）和头部特性方程式（5-30）可得出低压引射大气式燃烧器的基本计算公式。

根据头部特性方程式可知头部静压力按式（5-30）计算

$$p_J = K_1 \frac{v_p^2}{2}\rho_{mix}$$

火孔出口速度可写成如下形式

$$v_p = \frac{q_{V,g}(1+us)}{F_p} \tag{5-53}$$

假设燃气、空气为基准状态，在此情况下将式（5-53）及式（5-42）代入式（5-30）得

$$p_J = K_1 \frac{q_{V,g}^2(1+u)(1+us)F_1^2}{F_p^2}\frac{\rho_g}{2} \tag{5-54}$$

式中 ρ_g——燃气密度（kg/m³）。

结合式（5-54）及式（5-46），并将式（5-38）代入，整理后得式

$$\frac{p_J}{p_g}=\mu^2K_1\frac{(1+u)(1+us)F_1^2}{F^2} \tag{5-55}$$

式中　F_1——燃烧器结构参数。

$$F_1=\frac{F_t}{F_p} \tag{5-56}$$

头部所需静压力是由引射器提供的，即结合式（5-30）与低压引射器特性方程式（5-49）可得低压引射式大气燃烧器的基本计算公式

$$(1+u)(1+us)=\frac{2F}{K+K_1F_1^2} \tag{5-57}$$

从式（5-57）可以看出，燃烧器的引射能力（引射系数 u）只与燃烧器的结构有关，而与燃烧器的工作状况（热负荷等）无关。这一特性称为引射式燃烧器的自动调节特性。由于式（5-49）只是一个近似公式，并且能量损失系数 K 及 K_1 随着燃烧器工作状况的不同而稍有不同，因此当燃烧器实际工况与设计工况偏离较远时，自动调节特性将受到破坏。但在实际常见的工况变化范围内，可以认为引射式燃烧器具有自动调节特性。

2. 燃烧器计算的判别式及计算步骤

燃烧器的最佳工况相应于引射器的最佳工况，因此将式（5-51）代入式（5-57），即可得最佳燃烧器结构参数 F_{lop} 值

$$F_{lop}=\sqrt{\frac{K}{K_1}} \tag{5-58}$$

将式（5-58）及（5-51）代入式（5-57），并令

$$X=\frac{F_1}{F_{lop}} \tag{5-59}$$

$$A=\frac{K_1(1+u)(1+us)F_jF_{lop}}{F_p}$$

或

$$A=\frac{K(1+u)(1+us)F_j}{F_pF_{lop}} \tag{5-60}$$

则得

$$AX^2-2X+A=0$$

$$X=\frac{1-\sqrt{1-A^2}}{A} \tag{5-61}$$

式（5-61）是燃烧器计算的一个判别式。

如果 $A=1$，则 $X=1$，即 $F_1=F_{lop}$，表明燃烧器计算工况与最佳工况一致。

如果 $A>1$，则 X 无实数解，表明燃烧器不能保证所要求的引射能力。

如果 $A<1$，则表明燃烧器有多余的燃气压力。为了缩小燃烧器尺寸，可以非最佳工况作为计算工况或采用长度较短的引射器。

设计引射式大气燃烧器时，会遇到两种情况：

一种是确定燃烧器的几何尺寸并计算所需的燃气压力，其计算步骤是：

1）进行头部计算，确定α'、u、d_p、F_p、K_1等值。

2）根据最佳工况计算F_{lop}，确定引射器尺寸。

3）通过F_{op}计算喷嘴尺寸，然后计算所需燃气压力。

另一种是在给定燃气压力下，确定燃烧器的几何尺寸，其计算步骤如下：

1）根据燃气压力及流量计算喷嘴尺寸。

2）进行头部计算。

3）通过计算A、X确定引射器尺寸。

3. 燃烧器常数C

对低压燃气，可忽略其可压缩性，这时喷嘴截面积的计算公式为

$$F_j = 2.17\frac{q_{V,g}\sqrt{s}}{\mu\sqrt{p_g}} \tag{5-62}$$

式中 F_j——喷嘴面积（mm^2）；

$q_{V,g}$——燃气流量（m^3/h）；

s——燃气相对密度；

p_g——燃气压力（Pa）；

μ——喷嘴流量系数。

将式（5-62）代入（5-57）整理后得

$$\frac{q_{V,g}(1+u)(1+us)\sqrt{s}}{\sqrt{p_g}} = \frac{0.92F_t\mu}{K+K_1F_1^2} = C \tag{5-63}$$

式中 C——燃烧器常数，与燃烧器的几何尺寸（F_t、F_p）及阻力特性（K、K_1、μ）有关，而与喷嘴出口面积无关的系数。

上式表明，当燃烧器的除喷嘴外的结构不变时，$\dfrac{q_{V,g}(1+u)(1+us)}{\sqrt{P_g}}$将保持不变。由此可知，实际工作中当燃气成分、压力或喷嘴直径变化时，燃烧器的新工作参数可用式（5-63）重新计算。

【例5-4】 已知：燃烧器热负荷$\Phi=4kW$，气源为天然气，$H_l=34544kJ/m^3$，$\rho_g=0.70kg/m^3$。理论空气需要量$V_0=9.64m^3/m^3$，一次空气系数$\alpha'=0.6$，燃烧器前燃气压力$p_g=1740Pa$。

【解】：以下相应参数查表5-6确定。

1. 头部计算

（1）计算火孔总面积F_p 取火孔热强度$q_p=8W/mm^2$

则火孔总面积 $F_p=\dfrac{\Phi}{q_p}=\dfrac{4}{8\times10^{-3}}mm^2=500mm^2$

(2) 确定火孔尺寸及数目 n　选定圆火孔直径 $d_p=3.2\text{mm}$，则一个火孔的面积 $f_p=8.04\text{mm}^2$；火孔数目 $n=\frac{F_p}{f_p}=\frac{500}{8.04}=62$ 个

采用铸铁头部，孔深取 2 倍火孔直径为 6.4mm。

(3) 火孔排列　火孔布置两排，内圈占 30%，外圈占 70%。

(4) 燃烧器头部截面积　进入头部的气流分为两路，每一路流通截面所涉及的火孔面积为总火孔面积的 $\frac{1}{2}$。根据式 (5-3)，燃烧器头部流通截面积至少为其后火孔总面积的 2 倍，所以头部截面积为

$$F_h = 2\frac{F_p}{2} = 2\times\frac{500}{2}\text{mm}^2 = 500\text{mm}^2$$

(5) 二次空气口面积　按式 (5-32) 计算内排孔所需二次空气口面积。

内排孔的热负荷约为总热负荷的 30%，为 1.2kW，过剩空气系数 α 取 1.8，二次空气流速取 0.5m/s，则内排孔所需二次空气口面积

$$F'' = \frac{(\alpha-\alpha')V_0}{v''_a}\frac{\Phi'}{H_1} = \frac{(1.8-0.6)\times 9.64}{0.5}\times\frac{1.2}{34544}\times 10^6\text{mm}^2 = 804\text{mm}^2$$

(6) 计算头部能量损失系数 K_1　选取火孔流量系数 $\mu_p=0.8$，火孔阻力系数 $\xi_p=\frac{1-\mu_p^2}{\mu_p^2}=\frac{1-0.8^2}{0.8^2}=0.56$，混合气体在火孔出口的温度 $T_p=373\text{K}$。

按式 (5-31) 计算 K_1

$$K_1 = \xi_p\frac{\overline{T}_p}{288}+2\times\frac{T_p}{288}-1 = 0.56\times\frac{330}{288}+2\times\frac{373}{288}-1 = 2.23$$

2. 引射器计算

(1) 一次空气系数 $\alpha'=0.6$，按式 (5-33) 计算引射系数

$$u = \frac{\alpha' V_0}{s}$$

而
$$s = \frac{\rho_g}{\rho_a} = \frac{0.7}{1.226} = 0.57$$

所以
$$u = \frac{0.6\times 9.64}{0.57} = 10.15$$

(2) 选取引射器形式　选取图 5-33 中的Ⅲ型引射器，可使引射器的尺寸最小，其能量损失系数 $K=3$。

(3) 按式 (5-25) 计算喷嘴直径

燃气流量为　$q_{V,g}=\frac{3600\Phi}{H_1}=\frac{3600\times 4}{34544}\text{m}^3/\text{h}=0.417\text{m}^3/\text{h}$

$$d_j = \sqrt{\frac{q_{V,g}}{0.004\mu}}\sqrt[4]{\frac{\rho_g}{p_g}} = \sqrt{\frac{0.417}{0.004\times 0.8}}\times\sqrt[4]{\frac{0.7}{1740}}\text{mm} = 1.65\text{mm}$$

相应喷嘴截面积：$F_j=\frac{\pi}{4}d_j^2=\frac{\pi}{4}\times 1.65^2\text{mm}^2=2.14\text{mm}^2$

(4) 按照式（5-58）计算最佳燃烧器参数

$$F_{1op} = \sqrt{\frac{K}{K_1}} = \sqrt{\frac{3}{2.23}} = 1.16$$

(5) 按式（5-60）计算A值

$$A = \frac{K(1+u)(1+us)F_j}{F_p F_{1op}} = \frac{3\times(1+10.15)(1+10.15\times 0.57)\times 2.14}{500\times 1.16} = 0.837$$

$A<1$，说明燃气压力有富余，计算工况为非最佳工况。

(6) 按式（5-61）计算X值

$$X = \frac{1-\sqrt{1-A^2}}{A} = \frac{1-\sqrt{1-0.837^2}}{0.837} = 0.54$$

(7) 按式（5-59）计算引射器喉部面积

$$F_1 = XF_{1op} = 0.54\times 1.16 = 0.628$$

$$F_t = F_1 F_p = 0.628\times 500\text{mm}^2 = 313\text{mm}^2$$

$$d_t = \sqrt{\frac{4}{\pi}F_t} = \sqrt{\frac{4}{\pi}\times 313}\text{mm} = 20\text{mm}$$

取喉部直径d_t=20mm。引射器其他尺寸见图5-34

(8) 引射器其他尺寸见图5-34。

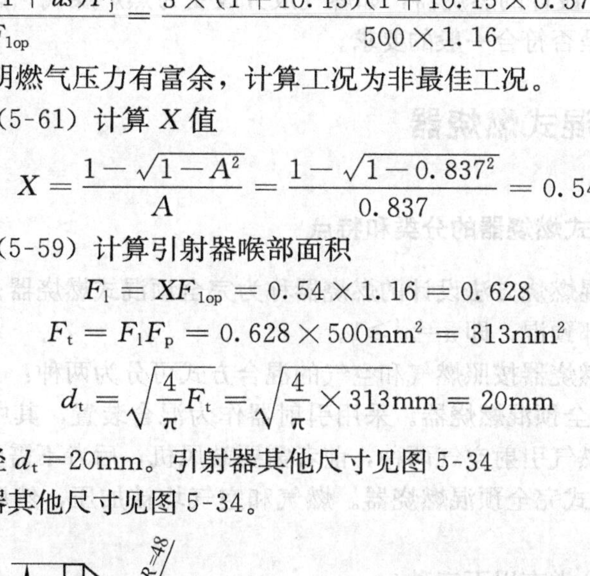

图5-34 引射器设计计算结果

3. 火焰高度计算及加热对象的设置高度

(1) 火焰内锥高度 $\alpha'=0.6$，从表5-7查得天然气的$K=0.15$，按式（5-35）计算

$$h_{in} = 0.86Kf_p q_p\times 10^3 = 0.86\times 0.15\times 8.04\times 8\times 10^3\text{mm} = 8.29\text{mm}$$

(2) 火焰外锥高度 取火孔净距为4mm，由表5-8查得s=1.22，火孔排数n=2，按式（5-36）计算

$$h_{out}=0.86nn_1\frac{f_pq_p}{\sqrt{d_p}}\times10^3=0.86\times2\times1\times1.22\times\frac{8.04\times8\times10^{-3}}{\sqrt{3.2}}\times10^3\text{mm}$$
$$=75.4\text{mm}$$

(3) 加热对象的设置高度 设内圈火孔和外圈火孔轴线与燃烧器平面夹角为60°，为了不影响火焰燃烧，火孔出口与加热对象的垂直高度 h 应为

$$h=75.4\text{mm}\times\sin60^\circ=66\text{mm}$$

如果允许有一定的不完全燃烧，则为了增强传热，提高热效率，加热对象的设置高度可以适度降低，但不能接触内焰，且须通过实验确定 CO 排放不超标。

练习：例 5-4 设计的燃烧器，如燃气成分改变为焦炉煤气，试计算其新的工作参数，并判断是否符合一般的要求。

5.5 完全预混式燃烧器

5.5.1 完全预混式燃烧器的分类和特点

按照完全预混燃烧方法设计的燃烧器称为完全预混式燃烧器；在燃烧之前燃气与空气实现全部预混，即 $\alpha=\alpha'\geqslant1$。

完全预混式燃烧器按照燃气和空气的混合方式可分为两种：

1）引射式完全预混燃烧器。采用引射器作为混合装置，其中又可分为以空气引射燃气和以燃气引射空气两种，前者需要鼓风机，后者不需要鼓风机。

2）加压混合式完全预混燃烧器。燃气和空气均被加压，然后在混合装置内混合。

按头部结构分类有以下三种：

1）用金属或陶瓷稳焰器做成的头部结构。

2）有火道头部结构。燃烧在耐火材料制成的单火道或多火道内进行。

3）无火道头部结构。火焰脱离燃烧器，在燃烧室内的耐火材料表面上燃烧，耐火材料表面可以是燃烧器附近的炉墙、拱、专门的耐火材料堆积物或花格耐火砖墙等。

其应用特点如下：

1）污染物排放少。由于燃烧良好，CO 生成少；过剩空气小（$\alpha=1.05\sim1.10$），从而可控制 NO_x 生成。

2）烟气中过剩 O_2 少，当用于工业炉直接加热金属时，不会引起金属过分氧化。

3）燃烧温度高，容易满足高温工艺的要求。

4）火道式无焰燃烧器燃烧热强度大，容积热强度可达（29～58）$\times10^3$kW/m^{3}或更高，因而可缩小燃烧室容积。

5）易回火，调节范围比较小。

6）引射式完全预混燃烧器结构庞大。

7）噪声大，特别是高压和高负荷时更是如此。

根据以上特点，完全预混式燃烧器目前主要应用在工业加热装置上。

5.5.2 完全预混式燃烧器的构造及工作原理

下面介绍两种常用的完全预混式燃烧器。

1. 引射式单火道完全预混燃烧器

图 5-35 所示为引射式单火道完全预混燃烧器的构造简图。这种燃烧器使用高（中）压燃气。

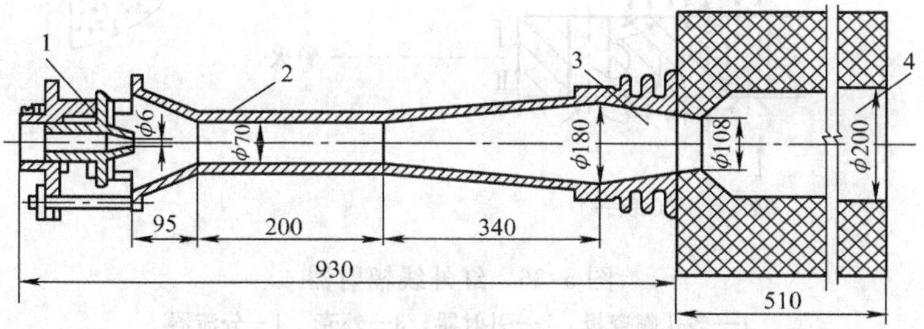

图 5-35 引射式单火道完全预混燃烧器

1—燃气喷口 2—引射器 3—头部 4—火道

该燃烧器由引射器、头部及火道组成，高（中）压燃气从喷嘴流出，依靠本身的能量吸入燃烧所需的全部空气，并在引射器内进行混合。混和均匀的燃气空气混合物经过头部进入火道，在赤热的火道内燃烧。

头部是防止回火的重要部件。头部常做成渐缩形，收缩角为 25°左右，且内壁加工光滑，从而使火孔混合气体的速度场达到均匀分布。并且为了减少火孔处可燃混合物的火焰传播速度，以防止回火，热负荷大的头部常采用空气或水冷却，其原理参见图 4-14。

火道是防止脱火的重要部件，其原理参见图 4-15。

2. 红外线辐射燃烧器

红外线辐射器是一种低压引射式完全预混燃烧器，如图 5-36 所示。红外线辐射燃烧器燃烧所需要的空气全部依靠低压燃气的能量吸入，并进行全部预混，过剩空气系数 α＝1.03～1.06。该燃烧器的头部主要有两种形式：

（1）陶瓷板红外线辐射燃烧器　头部由若干块多孔陶瓷板组成（图 5-36）。陶瓷板上有许多小的火孔。小火孔直径为：炼焦煤气 d_p＝0.85～0.9mm，天然气 d_p＝1.2～1.5mm，液化石油气 d_p＝1.1～1.2mm。为了预防回火，陶瓷板的导热系数应小于 0.58W/(m·K)。燃烧器工作时，燃气-空气混合物以很小的速度（常为 0.1～0.14m/s）从火孔逸出进行燃烧。点火后约 40～50s，板面温度便可达到 800～900℃，于是向外辐射红外线。根据工艺要求，可由若干块陶瓷板组成单排、双排等不同形状的辐射器，辐射效率随形状不同，变化在 45%～60%之间。

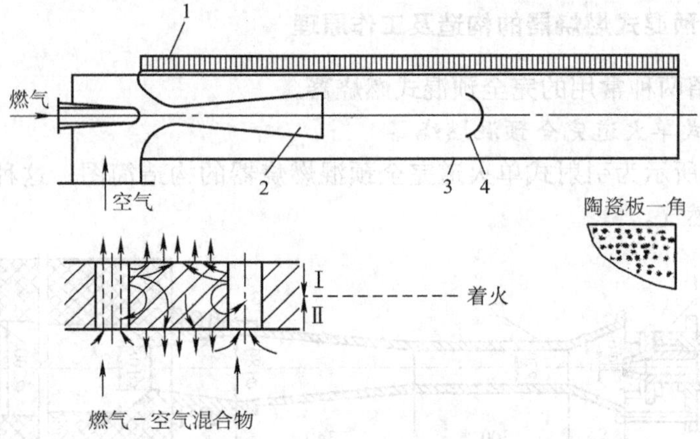

图 5-36　红外线辐射器

1—多孔陶瓷板　2—引射器　3—外壳　4—分流器

Ⅰ为火焰向陶瓷板传热区　Ⅱ为混和气体加热至着火温度区

（2）金属网红外线辐射燃烧器　以数层（通常用两层）耐高温的金属网代替陶瓷板。内网通常用直径为 ϕ0.213～ϕ0.315mm 的铁铬铝丝编织而成，网目为 35～40 目/in。外网用直径为 ϕ0.8～ϕ1.0mm 的铁铬铝丝编成，网目为 8～10 目/in。两层网之间的距离为 8～12mm，火焰传播速度快的人工燃气取较小值，火焰传播速度慢的天然气和液化石油气取较大值。为防止网面变形，内网可压些防胀波纹，内网内面加装托网，托网由直径为 ϕ2～ϕ3mm 的普通铁丝编成，网目为 4 目/in。

燃烧器工作时可燃混合物在内网与外网之间进行燃烧。当辐射表面温度达到 850～900℃的高温时，便向外辐射红外线。辐射面热强度可达（140～190）× 10^{-6}kW/mm²，辐射效率为 45%左右。

此外，头部也可做成组合式，即在多孔陶瓷板上面加一层耐高温的金属网。组合式红外线辐射器辐射面温度比多孔陶瓷板红外线辐射器提高约 100～130℃，辐射效率提高 10%左右。

3. 鼓风式全预混燃烧器

图 5-37 所示为鼓风式全预混燃烧器的结构示意图，其混合管为简单渐扩型圆管。燃气在正常压力下喷入混合管，而空气则由风机鼓压后经调压器调节，然后送入混合管。燃气与空气一起边流动边混合，到混合管出口已混合成均匀的预

混可燃气。这种方式调节方便，混合快，可用于较大功率的燃烧设备。

另外，冷凝壁挂锅炉上使用的全预混燃烧器均为鼓风式全预混燃烧器。全预混燃烧器的组成主要包括：燃烧器头部、鼓风机、混合器以及燃气电磁阀。而燃烧器头部的表面材料主要有两种：不锈钢和金属纤维编织物，其中前者应用较多。对于不锈钢圆柱形头部，是在一个不锈钢圆筒的筒壁上，按照设计的要求形成许多小孔。燃气和空气的混合物从小孔中喷出后被点燃；对于金属纤维编织物表面的燃烧器头部，燃气与空气的混合物透过金属纤维表面均匀渗出后被点燃。由于是全预混燃烧，因此只在筒壁上形成非常薄的一层蓝色火焰。同时，圆筒壁被加热到很高的温度，形成一个高温辐射源。因此，这种燃烧器与普通壁挂锅炉中使用的大气式燃烧器的另一点不同之处在于，前者对于换热器既有对流换热（通过烟气冲刷）又有辐射换热；而后者主要为对流换热，辐射换热所占比例很小。

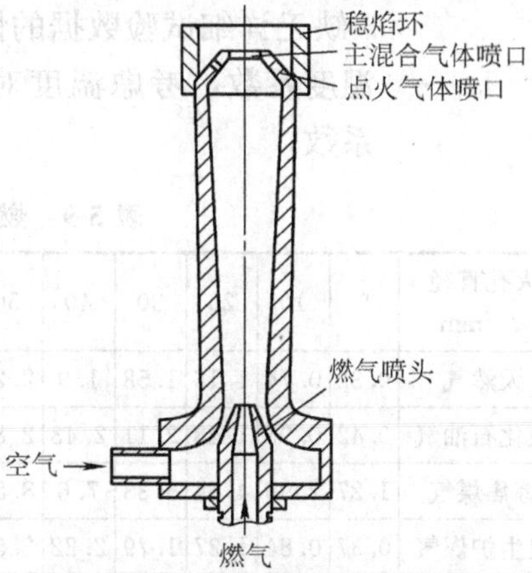

图 5-37 鼓风式全预混燃烧器

考虑到燃烧的稳定性，燃烧器头部火孔热强度应适当。以一个 24kW 天然气全预混燃烧器为例，使用不锈钢圆筒形头部，其火孔总面积为 1175.8mm^2，则其火孔热强度为 $20.4\times10^{-3}\text{kW/mm}^2$。一个金属纤维表面的全预混燃烧器，输入功率为 33.5kW，金属纤维表面积为 37680mm^2，则燃烧器表面热强度为 $0.89\times10^{-3}\text{kW/mm}^2$。

5.5.3 头部计算

本节主要阐述火道式完全预混燃烧器的头部设计，包括头部及火道两部分。

1. 头部

头部的主要作用是防止回火。如果燃气-空气混合物在头部上火孔出口速度大于回火极限速度就不会发生回火。由此可见，防止回火的措施是增加气流出口速度或减少回火极限速度。增加气流出口速度主要靠提高头部静压力来达到。减少回火极限速度的主要措施是用空气或水来冷却燃烧器头部，以减少火孔出口处可燃混合物的温度，从而减少回火的可能性。此外，头部做成渐缩形，使出口速度场分布均匀，以增加火孔边缘的速度梯度，也有利于防止回火。在正常情况下火孔出口速度可按下式计算

$$v_p = m_1 m_2 v_{\text{fl}}^{\max} \tag{5-64}$$

式中 v_p——火孔气流出口速度（m/s）；

v_{fl}^{max}——换算为基态的燃气的回火极限速度（m/s），按试验数据选用，在缺乏详细试验数据的情况下，也可按表 5-9 取用；

m_1——温度系数，考虑温度对可燃气体质量火焰传播速度的影响而乘的系数；

表 5-9　燃气的回火极限速度 v_{fl}^{max}　（单位：m/s）（基态）

火孔直径 d_p/mm	5	10	20	30	40	50	60	70	80	90	100	110	120	130	140	150
天然气	0.32	0.74	1.16	1.58	1.9	2.22	2.53	2.74	2.95	3.17	3.27	3.48	3.59	3.69	3.90	4.0
液化石油气	0.42	0.95	1.48	2.11	2.43	2.85	3.27	3.59	3.8	4.11	4.22	4.54	4.64	4.85	5.06	5.28
炼焦煤气	1.27	2.95	4.64	6.33	7.6	8.86	10.13	10.97	11.82	12.66	13.08	13.93	14.35	14.77	15.6	16.0
发生炉煤气	0.37	0.84	1.37	1.79	2.22	2.53	2.95	3.17	3.38	3.59	3.8	4.0	4.11	4.22	4.54	4.64

$$m_1 = \frac{\rho_{mix}}{\rho_{T_{mix}}} = \frac{T_{mix}}{288}$$

式中　T_{mix}——混合气体在火孔处的温度（K）；

ρ_{mix}、$\rho_{T_{mix}}$——混合气体分别在基态、T_{mix}下的密度（kg/m³）；

m_2——负荷调节比；

$$m_2 = \frac{q_{V,g}^{max}}{q_{V,g}^{min}}$$

$q_{V,g}^{max}$、$q_{V,g}^{min}$——燃烧器最大及最小燃气流量（m³/h）。

系数 m_1 与燃烧器头部冷却程度和热负荷有关，对不冷却头部 $m_1=1.2\sim1.5$。

系数 m_2 由燃烧设备的调节工况决定，对于工业炉和小型锅炉 $m_2=2\sim4$。

按式（5-64）算出的火孔出口速度应小于脱火极限速度。实际上，多数完全预混式燃烧器都有防止脱火的火道或其他稳焰器，所以火孔出口速度一般不受脱火极限限制，允许比脱火极限高。

火孔直径按下式计算

$$d_p = \sqrt{\frac{q_{V,g}(1+\alpha' V_0)}{0.36\frac{\pi}{4}v_p}} \tag{5-65}$$

式中　d_p——火孔直径（cm）；

$q_{V,g}$——燃气流量（m³/h）；

α'——一次空气系数；

V_0——理论空气需要量（m³/m³）。

2. 燃烧火道

燃烧火道是燃气燃烧的地方，其作用是稳定和强化燃烧过程，防止脱火。大型燃烧器常用多孔火道，它由专门的火道砖或耐火砖砌成。小型燃烧器常用单孔整体式火道。制造火道用的耐火材料除耐高温外，还应耐急冷急热。

(1) 多孔火道　燃烧低热值燃气的大型燃烧器的火道通常用耐火砖砌成（图 5-38）。该火道由很多分火道组成，火道总的截面积按下式计算

$$F_c = \frac{q_{V,f}}{3600 v_f} \tag{5-66}$$

式中　F_c——火道总的截面积（m^2）；

$q_{V,f}$——火道内烟气总流量（m^3/h）；

v_f——火道内烟气流速（m/s）。

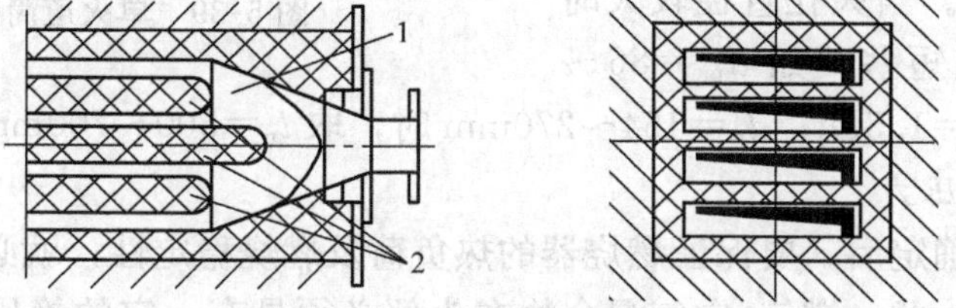

图 5-38　多火道简图

1—火道入口　2—隔墙

火道内烟气流速通常取 $v_f = 30 \sim 40$m/s。流速太小会增加火道尺寸，流速太大不仅会增加火道阻力损失，而且还有产生脱火的危险。

选取分火道宽度时，要考虑标准耐火砖的尺寸。分火道之间的隔墙厚度一般取 100～125mm，用平砖砌筑，隔墙太薄容易被烧坏，太厚会增加火道尺寸。根据隔墙的强度要求，分火道的高度不应超过隔墙厚度的 7 倍。根据上述要求选取分火道宽度后，就可按下式确定火道高度及数目

$$h_c = \frac{F_c}{ib} \tag{5-67}$$

式中　h_c——分火道的高度（m）；

b——分火道的宽度（m）；

i——分火道的数目。

为了使燃气在火道内充分、完全地燃烧，火道必须具有一定的长度

$$l_c = \left(\frac{b}{2S} + \tau\right) v_f \tag{5-68}$$

式中　l_c——火道长度（m）；

S——火焰传播速度（m/s）；

τ——完成燃烧反应所需要的时间（s）。

（2）单孔火道　燃烧高热值燃气的完全预混式燃烧器一般都比较小，热负荷不超过 2.3×10^3kW，因此常用单孔火道。其结构比较简单，通常做成圆柱形（图 5-39）。为了制作方便，火道可向燃烧室方向微带锥形扩大，头部与火道连接处做成 45°角。这种火道的尺寸基本已经标准化。可直接按火孔直径的倍数来确定，即 $d'=(1.25\sim1.35)d_p$；$D_c=(2.4\sim3.0)d_p$；$l_c=(2.4\sim2.7)D_c$；$l'=10\sim25$mm。当火孔直径较大时火道长度可减短些，如 $d_p=86\sim134$mm 时，$l_c=1.5D_c$；$d_p=154\sim270$mm 时，取 $l_c=500\sim700$mm。

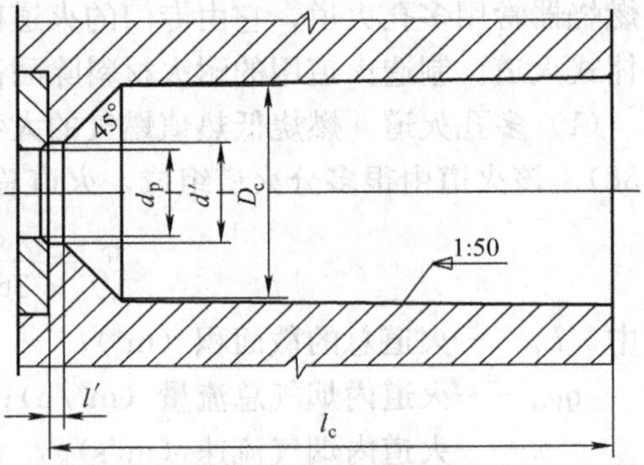

图 5-39　单火道简图

3. *头部静压力*

火孔尺寸确定后，要保证燃烧器的热负荷及燃烧稳定性，就必须保证火孔速度为选定值。为此，燃气-空气混合物在头部必须具有一定的静压力。头部静压力按式（5-30）计算

$$p_J = K_1\frac{v_p^2}{2}\rho_{mix}$$

其中能量损失系数 K_1 是由头部及火道的阻力损失决定，其计算如下。

取扩压管出口截面和火道出口截面为计算截面，建立伯努利方程式

$$p_1+\frac{v_d^2}{2}\rho_{dmix}=p_2+\frac{{v_{cout}}^2}{2}\rho_{cout}+\Delta p_h \tag{5-69}$$

其中

$$\Delta p_h=\zeta_h\frac{v_p^2}{2}\rho_{mix} \tag{5-70}$$

式中　p_1、p_2——扩压管出口、火道出口的压力（Pa）；

Δp_h——头部阻力损失，即气流在头部及火道内的阻力损失（Pa）；

ζ_h——燃烧器头部折算阻力系数；

v_d——扩压管出口即头部入口的实际流速（m/s）；

v_{cout}——火道出口烟气实际流速（m/s）；

ρ_{dmix}——扩压管出口燃气-空气混合物的实际密度（kg/m³）；

ρ_{mix}——燃气-空气混合物的密度（kg/m³）；

ρ_{cout}——火道出口烟气的实际密度（kg/m³）。

将式（5-70）代入式（5-69），整理后得

$$p_1 - p_2 = p = \left[\left(\frac{v_{cout}}{v_p}\right)^2 \frac{\rho_{cout}}{\rho_{mix}} - \left(\frac{v_d}{v_p}\right)^2 \frac{\rho_{dmin}}{\rho_{mix}} + \zeta_h\right]\frac{v_p^2}{2} \tag{5-71}$$

建立连续性方程式

$$v_d F_d \rho_{dmin} = v_{cout} F_{cout} \rho_{cout} = v_p F_p \rho_{mix} \tag{5-72}$$

式中　F_{cout}——火道出口截面积。

由式（5-72）得

$$\left(\frac{v'_{cout}}{v_p}\right)^2 \frac{\rho'_{cout}}{\rho_{mix}} = m_3 m_4 \left(\frac{F_p}{F'_{cout}}\right)^2 \tag{5-73}$$

其中

$$m_3 = \frac{\rho_f}{\rho_{cout}} = \frac{T_{cout}}{288} \tag{5-74}$$

$$m_4 = \frac{\rho_{mix}}{\rho_f} \tag{5-75}$$

式中　T_{cout}——火道出口的烟气温度，通常取

$$T_{cout} = 0.9 T_{th} \tag{5-76}$$

T_{th}——燃气的理论燃烧温度（K）；

ρ_f——烟气的密度（kg/m^3）。

系数 m_3 和 m_4 与燃气性质有关，可按密度计算公式计算，也可近似地查表5-10。

表 5-10　各种燃气的 m_3 及 m_4 值

系　数	天然气	液化石油气	炼焦煤气	水煤气	发生炉煤气	高炉煤气
m^3	7.2	7.44	7.49	7.83	6.16	5.5
m_4（$\alpha'=1$）	1.0	1.04	0.94	0.84	0.9	0.89

由式（5-72）得

$$\left(\frac{v_d}{v_p}\right)^2 = \left(\frac{F_p}{F_d}\right)^2 \left(\frac{\rho_{mix}}{\rho_{dmix}}\right)^2 \tag{5-77}$$

比较式（5-71）与式（5-30），并将式（5-73）、式（5-77）代入，整理后得

$$K_1 = \zeta_h + m_3 m_4 \left(\frac{F_p}{F_{cout}}\right)^2 - \left(\frac{F_p}{F_d}\right)^2 \frac{\rho_{mix}}{\rho_{dmix}} \tag{5-78}$$

对于没有火道或耐火头部的完全预混式燃烧器，式（5-78）变为如下形式

$$K_1 = \zeta_h + m_1 - \left(\frac{F_p}{F_d}\right)^2 \frac{\rho_{mix}}{\rho_{dmix}} \tag{5-79}$$

为计算方便，上述折算阻力系数已换算成基态 F_p 截面动压下的阻力系数。其换算方法如下：头部总阻力损失可写成如下形式

$$\Delta p_h = \Sigma \Delta p_i = \Sigma \zeta_i \frac{v_i^2}{2} \rho_i$$

式中 Δp_i——头部某处 i 的阻力损失（Pa）；

ζ_i——截面 F_i 和密度 ρ_i 下的阻力系数。

由于

$$v_i' F_i \rho_i = v_p F_p \rho_{mix}$$

所以

$$\Delta p_h = \Sigma \zeta_i \left(\frac{F_p}{F_i}\right)^2 \frac{\rho_{mix}}{\rho_i} \frac{v_p^2}{2} \rho_{mix} \tag{5-80}$$

比较式（5-82）与式（5-71）可得

$$\zeta_h = \Sigma \zeta_i \left(\frac{F_p}{F_i}\right)^2 \frac{\rho_{mix}}{\rho_i} \tag{5-81}$$

火道式完全预混式燃烧器的能量损失包括以下几项：

第一项，扩压管出口到头部之间的摩擦及局部阻力损失。燃气-空气混合物在该段没有被预热，设为基态，则相应的折算阻力系数为

$$\zeta_1 = \Sigma \zeta_i \left(\frac{F_p}{F_i}\right)^2 \tag{5-82}$$

第二项，燃气-空气混合物在燃烧器头部内被预热而引起加速所产生的阻力损失。相应的折算阻力系数为：对圆柱形头部 $\zeta_2 = m_1 - 1$；对圆锥形渐缩头部，取平均截面为计算截面，则

$$\zeta_2 = 0.25(m_1 - 1)\left(\frac{F_p}{F_d} + 1\right)^2 \tag{5-83}$$

第三项，火道入口的阻力损失，相应的折算阻力系数为

$$\zeta_3 = m_1 \zeta \tag{5-84}$$

式中 ζ——火道入口阻力系数。

研究火道内的燃烧情况表明，距火道始端大约（5～6）d_p 时，燃烧温度才开始急剧上升，因此可以认为气流在火道入口处的温度为 15℃。

火道入口扩张角 90°时，ζ=0.79。

第四项，由于燃气燃烧、火道内气流被加热，产生加速流动，从而产生阻力损失。其折算阻力系数按下式计算

$$\zeta_4 = \left(\frac{m_3 m_4}{m_1} - 1\right) m_1 \left(\frac{F_p}{F_{cout}}\right)^2 \tag{5-85}$$

第五项，火道的摩擦及局部阻力损失，相应的折算阻力系数为

$$\zeta_5 = \Sigma \zeta_i m_3 m_4 \left(\frac{F_p}{F_{cout}}\right)^2 \tag{5-86}$$

对于只有摩擦阻力的火道，$\Sigma \zeta_i = \lambda \dfrac{l_c}{D_c}$。耐火砖火道的摩擦阻力系数 λ 值一般为

0.04～0.05。

5.5.4　高压引射器的计算

1. 负压吸气高压引射器的工作原理

高压引射器多数属于负压吸气的引射器，其工作原理如图 5-40 所示。

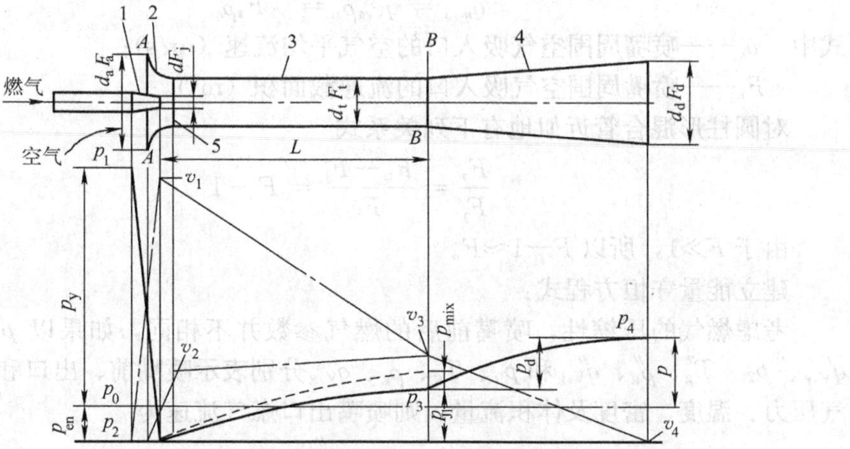

图 5-40　高压引射器的工作原理

1—喷嘴　2—吸气收缩管　3—混合管　4—扩压管　5—喉部

负压吸气高压引射器与常压吸气低压引射器不同的是前者的吸气收缩管较小，被吸入的空气流速 v_2 比较大，故其动量不能忽略。由于空气流速比较大，在吸入段产生了阻力损失 p_{en}，因而吸入段的压力不能维持常数且等于大气压力，而是低于大气压力。这类引射器与常压引射器相比，由于空气流速与燃气流速相差较少，因此减少了在混合管内的气流冲击损失，有利于引射效率的提高。但其吸气收缩管的形状要有利于空气的吸入，在此不应产生过多附加压力损失，否则将降低引射效率。

在高压引射器中喷嘴前后燃气的压力变化较大，因此燃气从喷嘴流出时必须考虑其可压缩性。燃气、空气及其可燃混合物在混合管内的压力变化不大，可不考虑气体的可压缩性。燃气流出喷嘴后由于气体膨胀，温度便降低，但这一变化对可燃混合物密度的影响可以略去。

由于上述特点，负压吸气高压引射器的计算公式与常压吸气低压引射的计算公式不同，但推导过程极为相似。

2. 高压引射器的基本方程式

取 $A-A$、$B-B$ 两截面建立动量方程式

$$q_{m,g}v_1 + q_{m,a}v_2 - q_{m,mix}\psi_1 v_3 = F_t(p_J + p_{en} + p_{mix} - p_d) \tag{5-87}$$

式中 p_{en}——吸气收缩管的阻力损失（Pa）；

$q_{m,a}$——空气的质量流量（kg/h）；

$q_{m,g}$——燃气的质量流量（kg/h）；

$q_{m,mix}$——混合气的质量流量（kg/h）。

根据连续性方程式可得

$$q_{m,a} = q_{V,a}\rho_a = v_2 F_a \rho_a \tag{5-88}$$

式中 v_2——喷嘴周围空气吸入口的空气平均流速（m/s）；

F_a——喷嘴周围空气吸入口的流通截面积（m^2）。

对圆柱形混合管近似地有下列关系式

$$\frac{F_a}{F_j} = \frac{F_t - F_j}{F_j} = F - 1 \tag{5-89}$$

由于 $F \gg 1$，所以 $F-1 \approx F$。

建立能量守恒方程式：

考虑燃气的压缩性，喷嘴前后的燃气参数并不相同，如果以 p_1、T'_g、ρ'_g、$q'_{V,g}$、p_2、T''_g、ρ''_g、$q''_{V,g}$和 p_0、T_g、ρ_g、$q_{V,g}$分别表示喷嘴前、出口和基态下的燃气压力、温度、密度及体积流量。则喷嘴出口燃气流速为

$$v_1 = \frac{q''_{V,g}}{F_j} \tag{5-90}$$

燃气流过喷嘴是个绝热过程，根据绝热方程式得

$$\frac{q'_{V,g}}{q''_{V,g}} = \left(\frac{p_2}{p_1}\right)^{\frac{1}{k}} = \nu^{\frac{1}{k}} \tag{5-91}$$

其中

$$\nu = \frac{p_2}{p_1}$$

式中 k——等熵指数，常用燃气的 k 见附录或式（5-21）。

燃气在基准状态及喷嘴前的状态方程式为

$$q_{V,g} p_g = q_{m,g} R T_g$$

$$q'_{V,g} p_1 = q_{m,g} R T'_g$$

比较上两式得：

$$\frac{q'_{V,g}}{q_{V,g}} = \frac{p_0}{p_1}\frac{T'_g}{T_g}$$

近似地取 $p_0 \approx p_2$，$T'_g \approx T_g$，则得

$$\frac{q'_{V,g}}{q_{V,g}} = \nu \quad 或 \quad \frac{\rho_g}{\rho'_g} = \nu \tag{5-92}$$

比较式（5-91）及式（5-92）得

$$\frac{q''_{V,g}}{q_{V,g}} = \nu^{\frac{k-1}{k}} \quad 或 \quad \frac{\rho_g}{\rho''_g} = \nu^{\frac{k-1}{k}}$$

于是式（5-90）可写成

$$v_x = \varepsilon_F \frac{q_{V,g}}{F_j} \tag{5-93}$$

其中

$$\varepsilon_F = \nu^{\frac{k-1}{k}} \tag{5-94}$$

根据绝热过程，喷嘴出口燃气流速按下式计算

$$v_1^2 = 2\mu^2 \frac{k}{k-1} \cdot \frac{p_1}{\rho_g'}(1-\nu^{\frac{k-1}{k}}) \tag{5-95}$$

由于一次空气吸入时存在阻力损失 p_{en}，故

$$p_1 - p_2 = p_g + p_{en} \tag{5-96}$$

将式（5-96）和式（5-92）代入式（5-95），整理后得高压喷嘴的能量守恒方程式

$$\varepsilon_p(p_g + p_{en})\mu^2 = \frac{v_1^2}{2}\rho_g \tag{5-97}$$

其中

$$\varepsilon_p = \frac{k}{k-1} \cdot \frac{1-\nu^{\frac{k-1}{k}}}{1-\nu} \cdot \nu \tag{5-98}$$

式中 ε_p——考虑燃气可压缩性而引入的校正系数。

吸入段的能量守恒方程式为

$$p_{en}\mu_{en}^2 = \frac{v_2^2}{2}\rho_a \tag{5-99}$$

式中 μ_{en}——一次空气吸入口的流量系数，吸入段的能量损失是由于速度场分布不均匀引起的。

将连续性方程式及能量守恒方程式代入动量方程式。并且由于 $p_g \gg p_{en}$，因此近似地取 $p_g + p_{en} \approx p_g$；由于 $F \gg 1$，因此近似地取 $F-1 \approx F$；最后得

$$\frac{p_J}{\varepsilon_p p_g} = \frac{2\mu^2}{\varepsilon_F F} - \frac{\mu^2 K}{(\varepsilon_F F)^2}(1+u)(1+us)\chi'' \tag{5-100}$$

其中

$$\chi'' = 1 - \frac{K_2}{K}B \tag{5-101}$$

$$B = \frac{\mu^2 s}{(1+u)(1+us)} \tag{5-102}$$

$$K_2 = \frac{2\mu_{en}^2 - 1}{\mu_{en}^2} \tag{5-103}$$

K 值与式（5-50）相同。

式（5-100）是负压吸气高压引射器的基本计算公式，它表示了压头 $\frac{p_J}{\varepsilon_p p_g}$、引射器几何尺寸 $\varepsilon_F F$ 及引射器工作参数 u 之间的关系。它也是高压引射器的特性方程式。

高压引射器的最佳无量纲面积按下式计算

$$(\varepsilon_F F)_{op} = K(1+u)(1+us)\chi'' \tag{5-104}$$

高压引射器的最佳无量纲压头按下式计算

$$\left(\frac{p_J}{\varepsilon_p p_g}\right)_{op} = \frac{\mu^2}{(\varepsilon_F F)_{op}} \tag{5-105}$$

如果燃气压力小于 20000Pa，则压缩系数可忽略不计，式（5-100）、式（5-104）变成如下形式

$$\frac{p_J}{p_g} = \frac{2\mu^2}{F} - \frac{\mu^2 K}{F^2}(1+u)(1+us)\chi'' \tag{5-106}$$

$$F_{op} = K(1+u)(1+us)\chi'' \tag{5-107}$$

式（5-105）变成式（5-52）的形式，只是 F_{op}不同而已。

式（5-106）是负压吸气低压引射器的基本计算公式，也是该引射器的特性方程式。

如果式（5-106）和式（5-107）中的 $\chi''=1$，公式将变成式（5-55）和式（5-51）的形式。

可见公式（5-100）是一个综合式，而式（5-106）及式（5-55）是其特性，是低压及低压且 $\chi''=1$ 时的个别形式。

3. 引射器的形状及能量损失系数

这里主要分析负压吸气引射器与常压吸气引射器的不同之处。两者相同之处及相同的能量损失系数不再重复分析。

两者主要不同之处在于吸入段，负压吸气引射器吸入段形状不合理时，将使其阻力损失增大，使得负压吸气引射器效率不如常压吸气引射器。所以吸入段的设计要十分谨慎。为了使空气平稳地进入吸入段，并且具有均匀的速度场，引射器的形状应如图5-41所示。其能量损失系数K如图5-42所示，吸入段的曲率

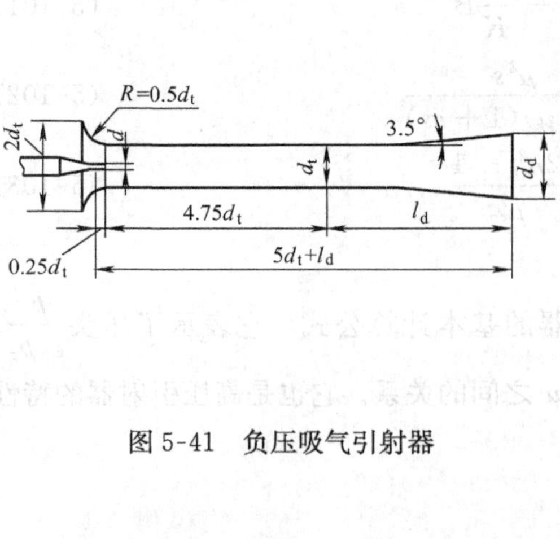

图 5-41　负压吸气引射器

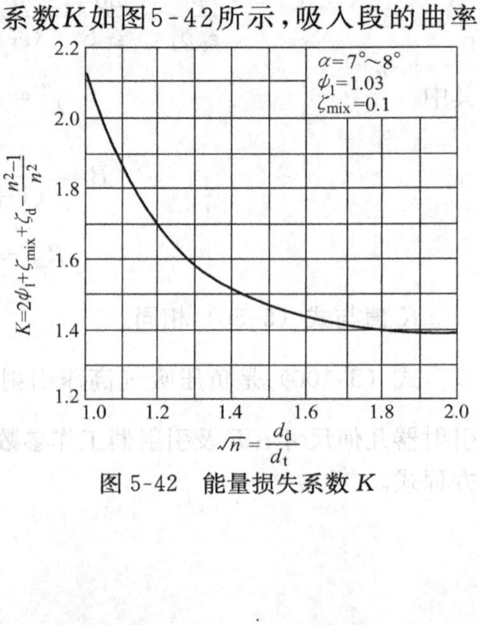

图 5-42　能量损失系数 K

半径 $R=(0.5\sim1.0)d_t$。由于吸入段空气流速分布状况与喷嘴的外表面状况关系很大，所以要求喷嘴外表面加工光滑，呈渐缩形，喷嘴出口处壁厚也应尽量减薄。

为了减少吸入段的阻力损失，提高流量系数，喷嘴出口到喉部的合适距离为 $0.25d_t$。当喷嘴外表面状况良好时，其距离可提高到 $(0.5\sim0.8)d_t$。

实验得出，当喷嘴外表面状况良好，吸入段曲率半径 $R=(0.3\sim0.7)d_t$ 时，$\mu_{en}=0.85\sim0.9$，$K_2=0.62\sim0.77$。

5.5.5 完全预混高（中）压引射式燃烧器的计算

实践证明，燃烧室背压对燃烧器的引射能力影响很大，因此在燃烧器计算基本公式中应考虑。

如果以 p_{ba} 代表燃烧室的背压（正压取＋号，负压取－号）则头部总压力 p_{su} 应写成

$$p_{su}=p_J+p_{ba} \tag{5-108}$$

由式（5-93）和式（5-97），并取 $p_g+p_{en}\approx p_g$，可得

$$\varepsilon_p p_g=\frac{\varepsilon_F^2 q_{V,g}\rho_g}{\mu^2 2F_j^2} \tag{5-109}$$

由式（5-108）、式（5-109）及式（5-30）得

$$\frac{p_J}{\varepsilon_p p_g}=\frac{2\mu^2 K_1(1+u)(1+us)F_1^2}{(\varepsilon_F F)^2}+\frac{p_{ba}}{\varepsilon_p p_g} \tag{5-110}$$

由式（5-110）和式（5-100）得

$$(1+u)(1+us)=\frac{2F}{K+K_1F_1^2}\frac{\varepsilon_F\chi'''}{\chi'} \tag{5-111}$$

其中

$$\chi'=1-\frac{K_2}{K+K_1F_1^2}B \tag{5-112}$$

$$\chi'''=1-\frac{\varepsilon_F F h_{ba}}{2\mu^2\varepsilon_p p_g} \tag{5-113}$$

由式（5-113）可知，χ''' 决定于燃烧室的背压，负背压有利于空气的吸入，正背压不利于空气的吸入。燃烧室背压较小时，$\chi'''=1$。

由式（5-111）可知，燃烧器的引射能力 u 不仅与燃烧器的几何尺寸有关，还受工况 ε_F、背压 χ''' 及能量损失系数 K 和 K_1 的影响。

对于低压引射式燃烧器，在空气和燃气不预热时，背压对 u 的影响十分明显。p_{ba} 由－10Pa 变为＋10Pa时，u 变化 25%～30%，当 $p_{ba}=-10$Pa，且保持固定，而燃气压力由 100Pa 增加到 1000Pa 时，u 将近减少一倍。

对于高压引射器来说，u 受 p_{ba} 的影响稍小些。当 $p_{ba}=-20$Pa 增加到＋20Pa时，u 减少 7%。当 $p_{ba}=-1.5$Pa 且保持固定，而燃气压力从 5000Pa 增

加到 50000Pa 时，u 减少约 15%。

从上述分析可知，严格地说引射器是没有自动调节特性的。引射能力在下列条件下要发生变化：①当 K_1、K 和 K_2 随燃烧器工况改变时；②当燃烧室与空气吸入口之间存在压力差时；③当燃烧器在高（中）压下工作时；④当燃气和空气预热温度发生变化而引起相对密度发生变化时；⑤当燃气成分发生变化时。

尽管如此，在一定的负荷变化范围内，在工程实际上仍可近似认为引射式燃烧器具有自动调节特性。

5.6 节能环保燃烧技术及装置

一种理想的燃烧技术，在满足不同工艺需要的前提下，应该是既节能又环保的，这也是燃烧技术发展的方向。本章从节能、环保两个方面介绍燃气燃烧器的技术关键，有许多措施是具有多种效果的，例如许多节能措施也同时有利于降低污染物排量。这些技术在不断的改进和发展中，因此也可通称为新型燃烧技术及装置。

5.6.1 低污染燃烧技术及装置

目前低污染燃烧技术研究的主要内容是控制 NO_x。以下介绍几种常用的低 NO_x 燃烧技术及装置。

1. 分段燃烧技术及装置

分段燃烧方法是分段供给燃料或空气以降低 NO_x 产生的方法。在工业炉、锅炉上得到广泛采用，在内燃机、燃气轮机上也获得实用。

如图 5-43 所示分段燃烧型低 NO_x 燃烧器，分段供给燃烧用空气，第一段燃烧在一次空气系数小于 1 下进行，此时 O_2 浓度小及燃烧温度低，所以 NO_x 产生量低；第二段燃烧是剩余燃气与二次空气接触后进行，此时由于烟气的稀释，温度及 O_2 浓度均低，故 NO_x 生成也受到抑制。

图 5-44 所示为民用本生燃烧器分段燃烧示意图，同样由于分散燃烧，降低了各区域温度，抑制了 NO_x 生成。

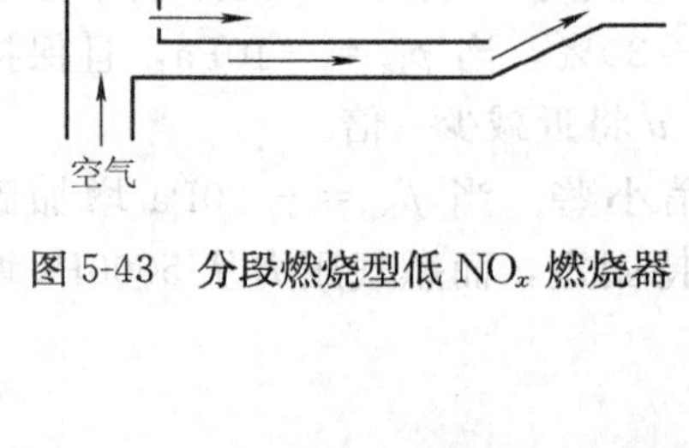

图 5-43 分段燃烧型低 NO_x 燃烧器

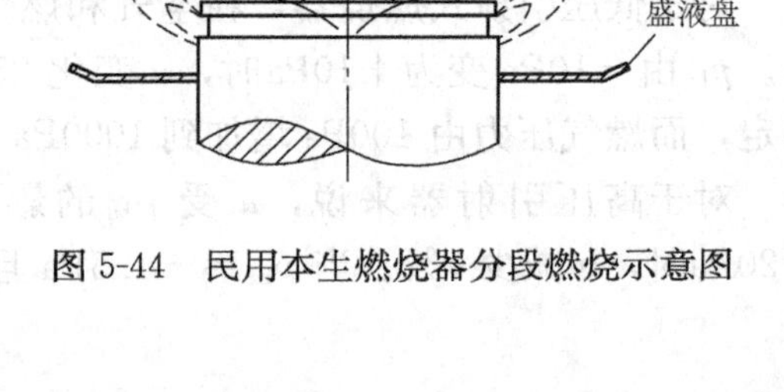

图 5-44 民用本生燃烧器分段燃烧示意图

2. 烟气再循环燃烧技术及装置

烟气再循环燃烧技术分为自身烟气再循环和风机引入烟气再循环。在工业炉和锅炉上得到广泛应用。特别是目前进口的锅炉用全自动燃气（油）燃烧器，采用了许多烟气再循环专利技术，以满足日益迫切的环保要求。

如图5-45所示为自身烟气再循环燃烧器，是利用高温高速的燃烧气体的引射作用，使烟气回流到燃气中，增加燃烧区惰性气体的含量，以降低火焰温度和O_2浓度，从而抑制NO_x的生成。

图5-46所示为民用燃烧器烟气循环，是利用燃气的引射作用，使烟气回流到燃气空气混合气体中，增加混合气体中惰性气体的含量，消除本生火焰的局部高温，抑制NO_x生成。

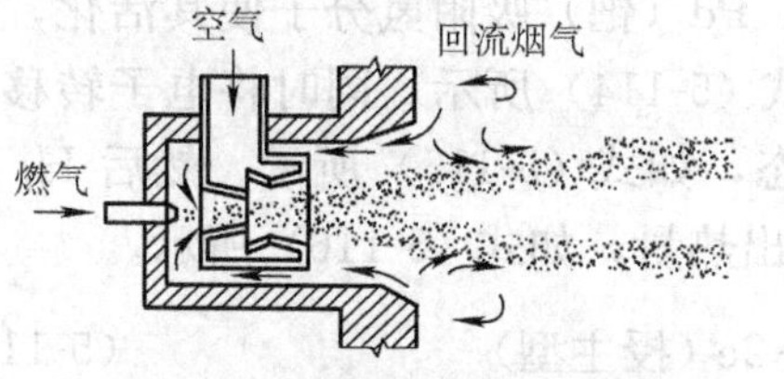

图5-45　自身烟气再循环燃烧器

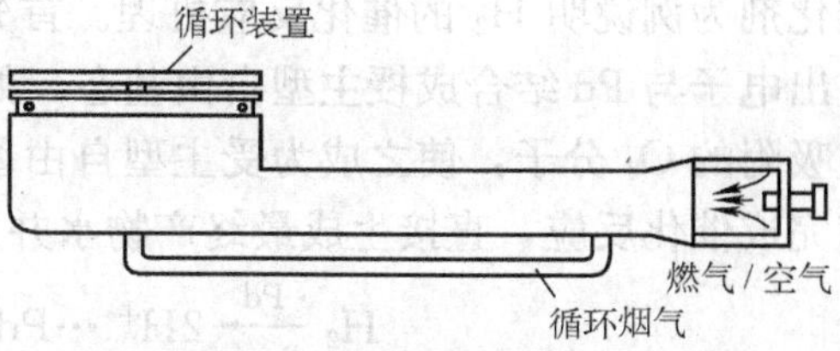

图5-46　民用燃烧器烟气循环示意图

3. 浓淡燃烧技术

浓淡燃烧，是使燃烧设备上的燃烧器分为两组，一组在燃料过剩的情况下燃烧，另一组在燃料不足的情况下燃烧，这两种情况的燃烧温度都低，从而抑制NO_x生成。浓淡燃烧技术在工业炉、锅炉、燃气轮机上都有应用。

4. 设置火焰冷却体

该方法多用于民用燃烧器，是在火焰的高温区安装冷却体，将高温区的热量通过传导或辐射散失掉，使火焰得到冷却，从而抑制NO_x的生成，如图5-47所示。

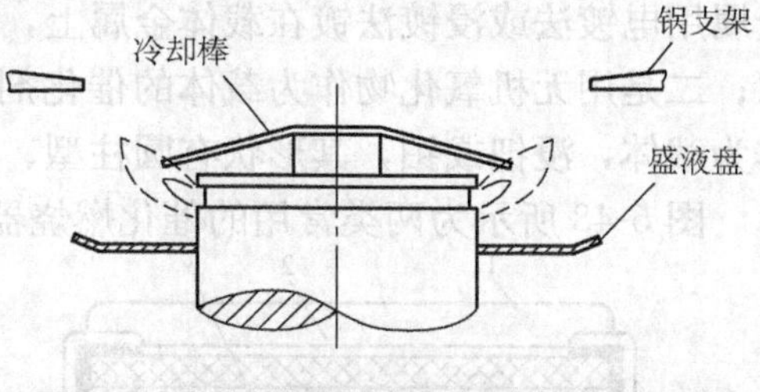

图5-47　民用燃烧器头部加冷却棒示意图

5. 催化燃烧技术及装置

催化燃烧是多相反应中的完全氧化反应，可燃气体借助催化剂的作用，使反应的活化能降低，加速反应速度，能在低温下完全氧化。表5-11所示是可燃气体在有无催化剂时的起燃温度对比。由于催化燃烧可在低温下完全燃烧，从而可达到CO、NO_x的超低排放。另外，由于催化燃烧可增大火焰传播浓度范围，所以可实现贫燃料燃烧，此时燃烧温度也低，可减少NO_x生成。催化燃烧还可在极低氧下（O_2接近化学计量比）燃烧完全，也有利于控制NO_x生成。

催化燃烧技术应用广泛，可用于民用、工业加热、燃气轮机、燃料电池、尾气处理等。

表 5-11 可燃气体在铂催化剂上的起燃温度与热力着火温度

可燃气体	催化起燃温度/K	热力着火温度/K	可燃气体	催化起燃温度/K	热力着火温度/K
H_2	室温	673	C_2H_6	408～413	788
CO	353～373	878	H_2S	533～534	543
CH_4	643～653	813	液化石油气	463～483	723

可燃气体与 O_2 在催化剂表面上进行催化燃烧的反应机理是以催化剂（授主体）和气体（受主体）之间的电子交换为先决条件。其电子交换过程是：电子从可燃气体分子进入催化剂；电子从催化剂进入 O_2 分子。前苏联科学院院士罗金斯基（C. 3. РОТИНСКИЙ）提出氧化-还原催化反应理论。按此理论，以 H_2 与钯催化剂为例说明 H_2 的催化反应机理。首先，Pd（钯）吸附氢分子使其活化，释放出电子与 Pd 结合成授主型自由基态，如式（5-114）所示。同时将电子转移给被吸附的 O_2 分子，使之成为受主型自由基态，如式（5-115）所示。然后 H_2 迅速完成催化反应，直接生成最终产物水并放出热量，如式（5-116）所示。

$$H_2 \xrightarrow{Pd} 2H^+ \cdots Pd + 2e\ (\text{授主型}) \tag{5-114}$$

$$\frac{1}{2}O_2 + 2e \xrightarrow{Pd} O^- \cdots Pd(\text{受主型}) \tag{5-115}$$

$$(2H^+ \cdots Pd) + (O^- \cdots Pd) \longrightarrow H_2O + Pd + \Delta H \tag{5-116}$$

上述过程表明，H_2 的催化燃烧反应，是在催化剂活化作用下形成的离子型自由基态之间的反应，反应活化能降低，从而实现了 H_2 在低温下迅速完成燃烧的过程。

催化剂种类很多，最早采用 Pt 作为催化剂，催化效果好但价格昂贵。目前应用的有两类：一是采用高温合金作载体的催化剂，如将铂盐、钯盐或其他活性金属用电镀法或浸镀法镀在载体金属上，其形状有带状、筛网状、碎粒及丝绕球状；二是用无机氧化物作为载体的催化剂，如用 Al_2O_3 及耐热陶瓷（氧化锆等）作为载体，浸钯或铂，其形状有圆柱型、蜂窝型及球型。

图 5-48 所示为两类常用的催化燃烧器。

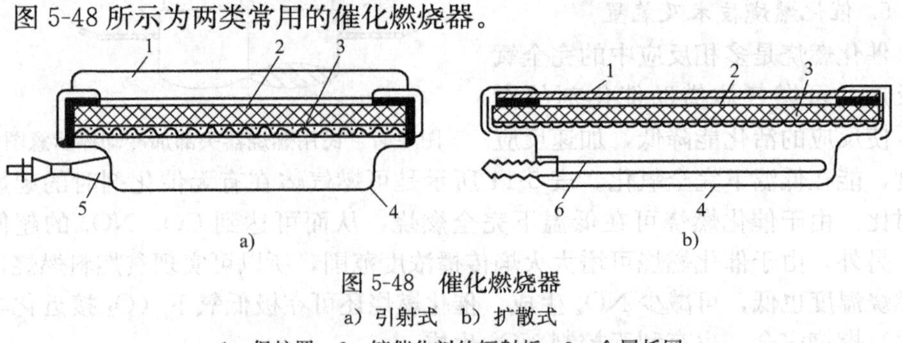

图 5-48 催化燃烧器

a）引射式 b）扩散式

1—保护罩 2—镀催化剂的辐射板 3—金属托网

4—辐射器外壳 5—引射器 6—钻有小孔的燃气分配管

5.6.2 节能燃烧技术及装置

节能的主要内容包括：直接节能和间接节能。直接节能是指提高能源的利用效率，降低产品单耗，从而直接减少能源消耗量。间接节能是指降低原材料消耗、提高产品质量、延长设备寿命等引起的间接能耗量降低。

燃烧设备为直接用能设备，它是将化学能转换为热能而加以利用，包括能量转换和有效利用两方面的问题。

一般燃气工业炉和锅炉在热平衡方程式中，输入热量与输出热量相等，即

$$Q_r = Q_e + Q_1 + Q_2 + Q_3 + Q_4 \tag{5-117}$$

式中 Q_r——输入热量；

Q_e——有效利用热量；

Q_1——排烟热损失；

Q_2——散热损失；

Q_3——化学不完全燃烧热损失；

Q_4——烟气高温分解热损失。

一般燃烧设备的热效率 η 是有效利用热量与单位时间内所消耗燃料的输入热量的百分比

$$\eta = \frac{Q_e}{Q_r} \times 100\% = \frac{Q_r - \Sigma Q_{1-4}}{Q_r} \times 100\% \tag{5-118}$$

上式表明，有效利用热越高，则效率越大，而其他热支出项越高，则热效率越小。节能的前提是分析能量的损失项，式(5-119)中，化学不完全燃烧热损失和分解热损失，对于普通燃烧温度下的燃气燃烧是很少的，一般锅炉小于0.5%，不是节能技术的重点；散热损失主要取决于设备的保温结构；有效利用热量在不同燃烧设备上差别很大，其中工业炉的有效利用率很低，在50%左右，因此国内外在此方面进行了大量研究开发工作；排烟热损失在高温炉窑上是主要热损失，高温炉窑的排烟温度在1000℃左右，如图5-49所示，这时烟气余热将占窑炉总能耗的50%～70%。一般认为，排烟温度每降低10℃，排烟热损失下降1%。所以燃烧器的节能关键技术集中于提高有效利用热和降低排烟热损失。其措施主要有：

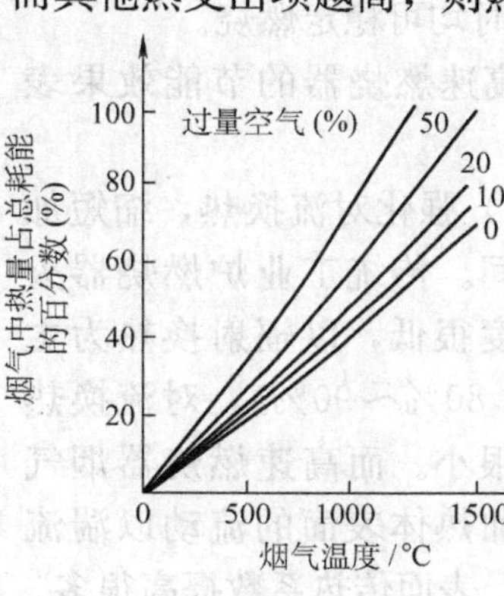

图 5-49 热损失与空气系数、烟气温度的关系

(1) 燃烧室内的气流组织　通过燃烧器的燃烧设计和气流组织可改善烟气与传热面的传热效果。例如平焰燃烧器，可形成平面火焰，提高辐射传热效率；高速燃烧器可提高烟气的流动速度，从而提高对流传热效率等。

(2) 控制过剩空气　控制过剩空气有两方面的作用，一方面在保证污染排放达标的前提下减少空气过剩量，可提高燃烧温度，从而提高传热效率；另一方面，减少空气过剩量，可减少排烟量，从而在相同排烟温度下可降低烟气的热损失。

(3) 烟气余热回收　燃烧器回收烟气余热的方法主要是预热空气。预热燃烧用空气可直接减少燃气的耗量（参见空气预热式燃烧器），并且可提高燃烧温度。

(4) 提高自动化程度　只需设定最终状态之后即自动控制的设备，可减少手动控制的误差、延缓、准确度差等造成的不必要的能源消耗。

以下介绍几种常用的节能燃烧技术及装置。其中有的技术同时具有低污染效果。我国在很多地方已经采用这些技术，但与国外先进技术还有一定差距。

1. 高速燃烧器

如图 5-50 所示，高速燃烧器自身带有一个燃烧室，燃料与空气混合后，在燃烧室内基本上实现完全燃烧（85%以上），高温烟气靠膨胀压力从收敛头部以高速喷出，其速度为 90～120m/s，最高可达 300m/s。而一般燃烧器喷出速度仅几 m/s 至几十 m/s。由于燃烧室容积很小，容积热强度可达 6.28×10^{8} kJ/(m^3·h)，一般也可在 4×10^{7}～4×10^{6}kJ/(m^3·h)。负荷调节范围大，调节比可达1∶50，一般燃烧器在 1∶10 以下。并且在过剩空气系数 α 为 1.05～3.40 时均可稳定燃烧。

高速燃烧器的节能效果表现在：

1）强化对流换热，缩短加热时间。传统工业炉燃烧器火焰速度很低，以辐射换热为主（约占 80%～90%），对流换热比例很小。而高速燃烧器烟气在被加热体表面的流动以湍流为主，表面传热系数提高很多。

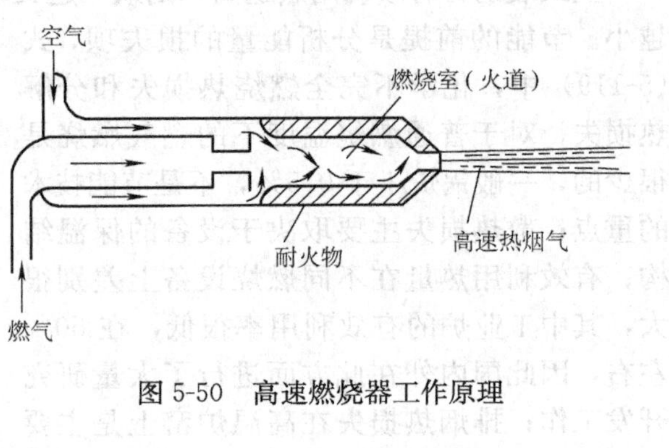

图 5-50　高速燃烧器工作原理

国外曾就辐射加热炉和高速对流加热炉进行比较试验，在 0～1200℃的加热过程中，前者的加热时间是后者的 6 倍；在 750～1200℃的加热过程中，前者的加热时间是后者的 10 倍，因此节约燃料可达 20%～30%。

2）炉内温度分布均匀，缩短工件均热时间。高速喷出的高温烟气可以引射大量的较低温度的炉内烟气，形成强烈的烟气回流和搅拌作用，使炉内温度分布均匀，最佳状态下，炉内温差可降至±(0.5～1.5)℃，从而缩短了工件均热时间，提高生产率，减少能耗。

同时也由于高温高速烟气引射炉内较低温度的烟气后，炉内的强烈换热使烟气迅速降温并使炉内温度分布均匀，因此抑制了 NO_x 的生成。所以，高速燃烧器也是低 NO_x 燃烧器。

3）由于负荷调节范围大，所以炉内的温度可高、可低、并且热惯性小，从而减少无谓的能耗。

4）容易实现自动调控。由于高速气流能使炉温均匀，故不必像一般炉窑为了保证炉温均匀而采用数量很多的燃烧器。由于可以减少燃烧器个数，容易实现自动调控，从而节省能耗。

高速燃烧器主要用于热处理炉、玻陶制品窑炉及金属熔化炉上。

2. 平焰燃烧器

平焰燃烧器的喷嘴并无特殊之处，它采用一般旋流燃烧器的气体供给方式。它的主要特征是燃烧器出口采用了喇叭口形状的烧嘴砖。利用旋转气流通过扩张形（喇叭口形）火道所具有的附壁流动性质（科安达效应）便可形成平展气流，燃气在平展气流中燃烧便得到厚100～200mm、直径600～2000mm的贴壁圆盘形火焰。

平焰燃烧器是美国于20世纪60年代研制并应用于工业炉。20世纪80年代末前苏联的冶金企业为了更好利用工厂自身的高炉煤气、焦炉煤气、转炉煤气等，开发了用于热电站蒸汽锅炉上的多燃料平焰燃烧器。我国于20世纪80年代开发应用平焰燃烧器，已形成燃用各种燃料的定型产品。

平焰燃烧器的节能效果表现在：

1）工件加热速度快，节约能源。由于火焰及烟气紧贴炉壁扩展，对炉壁加热强烈，因此平焰炉壁温度比直焰炉提高快且高，从而提高了工件加热速度；另外，平焰离受热工件的距离可以比一般直焰小很多，且火焰温度分布均匀，也可提高工件加热速度。

2）炉内压力均匀。平焰炉的负压区在火焰中心处，沿炉壁四周为正压区，炉子压力分布均匀，可防止冷风吸入，从而可减少热量损失。

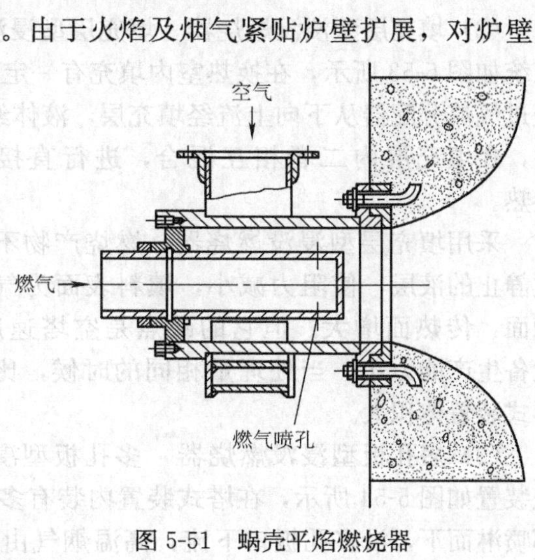

图5-51 蜗壳平焰燃烧器

图5-51所示蜗壳平焰燃烧器，

空气经过蜗壳产生旋转，燃气从径向喷孔射入空气旋流中。在旋流中二者进行强烈混合，然后进入喇叭形火道开始燃烧，随即形成平面火焰。

平焰燃烧器的缺点是制造、安装技术要求高，在工业炉上布置方位受限制，燃烧器热负荷不能太大。

3. 浸没燃烧器

浸没燃烧法是使燃气与空气在燃烧室完全燃烧，然后将高温烟气喷入液体中以加热液体，其传热过程属于直接接触传热，所以传热效率高，作为热水加热其热能利用率可达97%。

最早的浸没燃烧装置是由英国的柯里尔（Cllier）于1889年发明的。该装置由于没有专门的燃烧室，似乎火焰直接喷入液体中，故得名浸没燃烧。

浸没燃烧装置根据烟气与被加热液体的接触方式不同而分为浸渍型、填充层型、多孔板型、两相流型。

（1）浸渍型浸没燃烧器　早期广泛应用的浸没燃烧装置如图5-52所示，其主要特点是燃烧室设置在液面上，它起到保证火焰稳定和燃烧完全的作用，烟气从插入液体中的烟管底部的鼓泡装置（如分配盘、隔栅、多孔管）鼓出，与溶液进行强烈的热质交换。但这种换热形式，要求烟气具有克服被加热液体的阻力，因此对燃气、空气的压力要求高，动力消耗大。

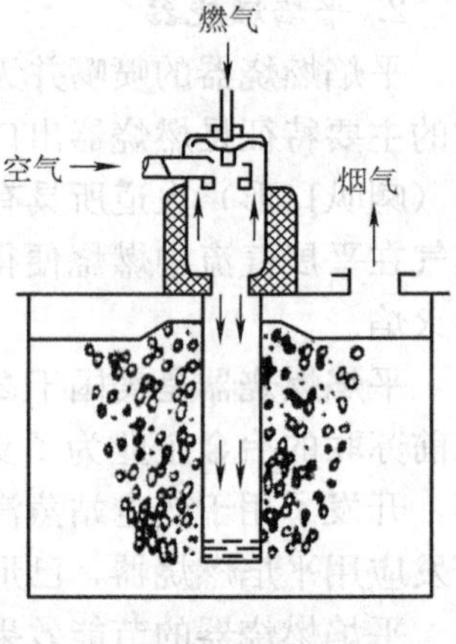

图5-52　浸渍型浸没燃烧器

为了克服鼓泡换热方式动力消耗大的缺点，相继出现了以下几种改良型浸没燃烧器。

（2）填充层型浸没燃烧器　填充层型浸没燃烧系统如图5-53所示，在换热室内填充有一定高度的填料。高温烟气离开燃烧室，经过气流分配器从下向上流经填充层，液体经过分配器从上向下喷淋而流经填充层，在填充层内二者相互混合，进行直接接触换热。

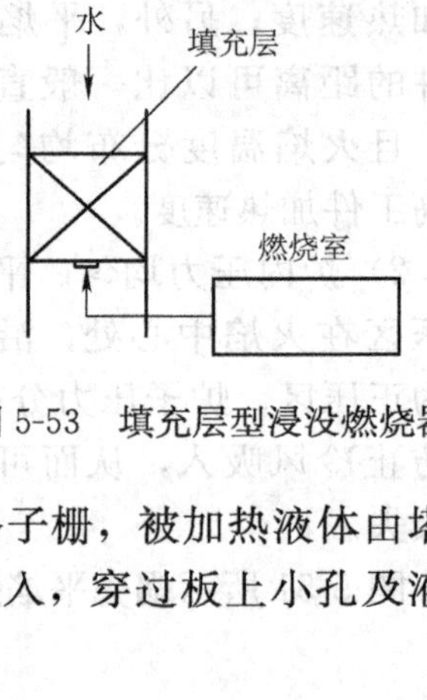

图5-53　填充层型浸没燃烧器

采用填充层型浸没燃烧器，燃烧产物不再穿过静止的液层，使阻力减小，填料表面为气液接触面，传热面增大。但它的缺点是空塔速度小，设备生产能力小，当处理量相同的时候，比其他形式装置体积大。

（3）多孔板型浸没燃烧器　多孔板型浸没燃烧装置如图5-54所示，在塔式装置内装有多孔板或格子栅，被加热液体由塔上部喷淋而下，沿多孔板口下流，高温烟气由塔下部送入，穿过板上小孔及液层上升。

（4）两相流型浸没燃烧器　两相流型浸没燃烧装置如图 5-55 所示，高温烟气离开燃烧室，进入气-液混合室，在这里与喷射水滴垂直相遇，再经过气-液完全混合室、两相流管，气液两相充分接触，烟气将热量传给水。

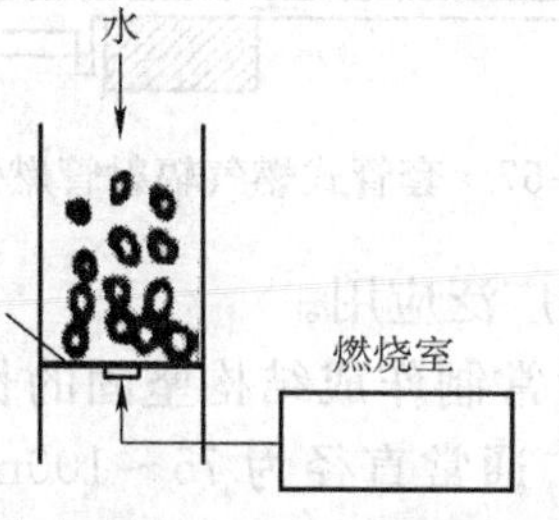

图 5-54　多孔板型浸没燃烧器

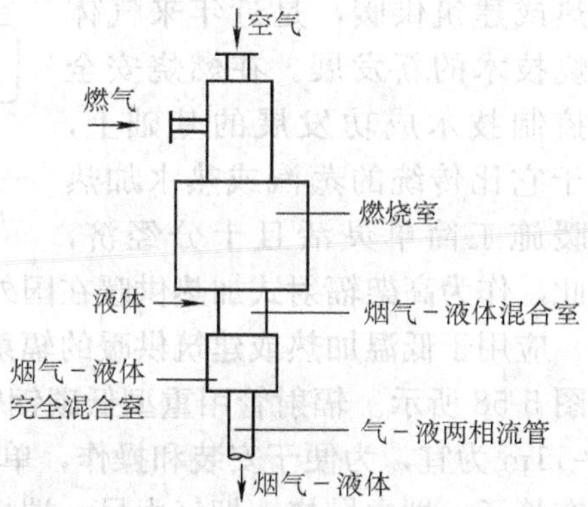

图 5-55　两相流型浸没燃烧器

（5）发泡式浸没燃烧器　对于一些易发泡溶液（如被表面活性物质、重碳氢化合物及矿渣等污染的污水），可利用其易发泡的倾向，采用发泡式浸没燃烧装置来进行加热与净化。

如图 5-56 所示，该装置与前述浸没燃烧装置的主要区别在于，溶液（或污水）经泡沫发生柱（发泡柱）以泡沫形式进入燃烧室，燃气与空气燃烧的同时，污水中的可燃物也进行燃烧，从而净化了污水。

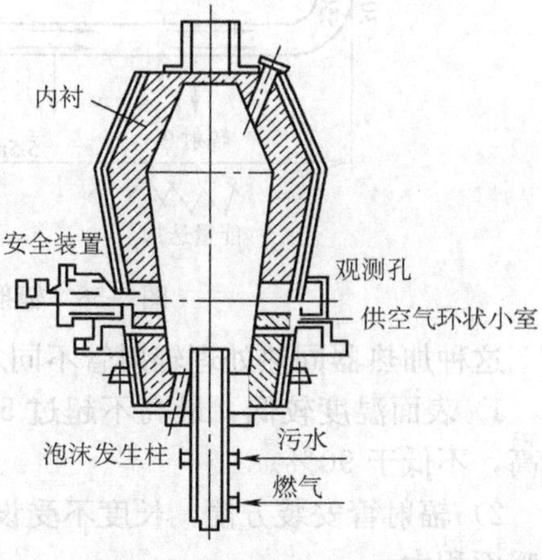

图 5-56　发泡式浸没燃烧装置

4. 燃气辐射管

燃气辐射管，主要由管体、燃烧器和废热回收装置所组成，其工作原理如图 5-57 所示，在耐热钢或耐热陶瓷材料制成的辐射管中，燃气完全燃烧，以加热管子，利用被加热的管子所放出的辐射热来加热炉子以及炉内待处理的工件或材料。所以有人把辐射管称为内燃式管状加热器。由于烟气不接触被加热对象，所以辐射管燃烧器可以提供保护性加热气氛，特别适宜有特殊要求的热处理炉或加热炉，如防止被加热件氧化和脱碳、生产高质量搪瓷、进行无污染食品烘烤等。

辐射管加热技术很早已经被应用，它包括电热（电阻加热和感应加热方式）

和燃气辐射管。其中燃气型辐射管从 20 世纪 30 年代就投入使用，至今还在金属热处理等领域中占居重要地位。在辐射管结构形式、材料以及内部燃气流路等方面不断有所改进和发展。

将辐射管加热器应用于低温加热或建筑供暖，是近年来气体燃烧技术的新发展。在燃烧安全和控制技术成功发展的基础上，由于它比传统的蒸汽或热水加热供暖施工简单灵活且十分经济，因此，作为高架辐射式加热供暖在国外已获得广泛应用。

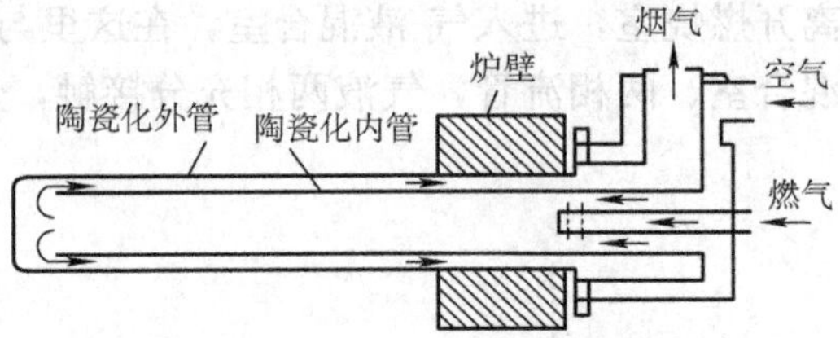

图 5-57　套管式燃气辐射管燃烧器

应用于低温加热或建筑供暖的辐射管，通常制作成结构坚固的长管状形式，如图 5-58 所示。辐射管用重型低碳钢管制作，通常直径为 75～100mm，管长为 6～11m 为宜，为便于安装和操作，单台辐射管多加工成 U 字形或直管形。燃烧器在管子一端内燃烧，烟气由另一端排出。在公共建筑内使用时，烟气必须通过风机排至室外，燃烧用空气可由鼓风机供给或引风机吸入。

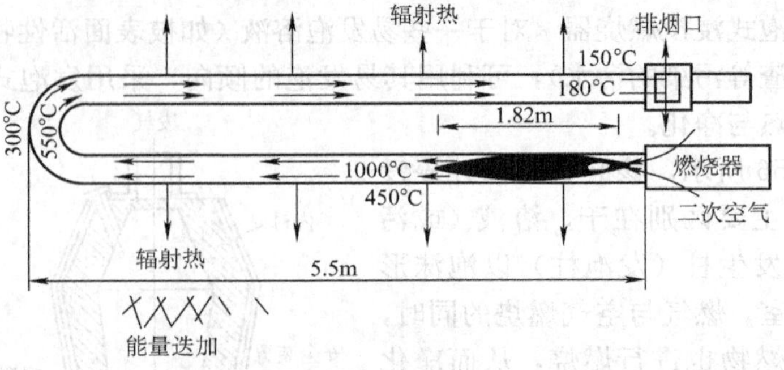

图 5-58　辐射管加热器工作原理

这种加热器同热处理辐射管不同之处在于：

1）表面温度较低，最高不超过 550℃，一般温度在 150～450℃范围，热效率高，不低于 90％。

2）辐射管安装方便，长度不受设备限制，可串联也可并联使用，因而加热供暖面积大。

3）配备有完善的燃烧安全和控制系统。

5. 脉冲燃烧器

脉冲燃烧器是利用燃料和空气呼吸状的流动和谐振燃烧，即脉冲燃烧。图 5-59 所示是一种最简单的脉冲燃烧器也称施米特燃烧器。

（1）脉冲燃烧器的工作原理　在脉冲燃烧器中，燃烧和热量释放是周期性进行的。一个循环周期分四个过程，即燃烧过程、排气过程、吸气过程和再点火过程，如图 5-60 所示。

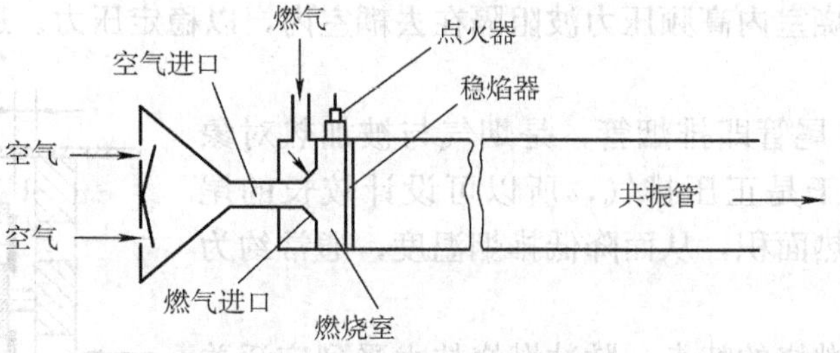

图 5-59　施米特燃烧器

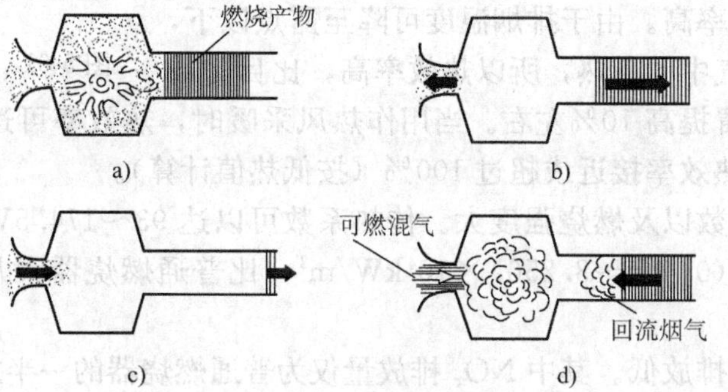

图 5-60　脉冲燃烧过程

a）燃烧过程　b）排气过程　c）吸气过程　d）再点火过程

1）燃烧过程：供给燃烧室的燃气-空气混合物由前一个周期的高温残存燃烧产物点燃燃烧（最开始用点火器点燃），气体膨胀燃烧室内压力急剧上升。

2）排气过程：由于燃烧室内压力升高，使燃气和空气阀关闭，燃烧产物从排气管（尾管）被排出。排气终了时靠排气的惯性作用，燃烧室的压力降至大气压力以下。

3）吸气过程：由于燃烧室内形成负压，使燃气和空气阀打开，燃气和空气被吸入燃烧室。

4）再点火过程：燃气和空气被吸入燃烧室的同时，部分燃烧产物从排气管逆向流入燃烧室，将燃气-空气混合物点燃，开始下一个循环。

（2）脉冲燃烧器的结构　在目前的技术中，要实现稳定的脉冲燃烧，离不开几个脉冲燃烧器特有的重要组成部分：

1）逆止阀：分为燃气阀和空气阀，它是产生脉冲燃烧的关键件。其作用是为了在燃烧室内压力高于大气压时，能使气流阻断，以防止倒流；而在燃烧室内压力小于大气压时，靠内外压差吸入空气、燃气。从而造成周期性供气和燃烧，即周期性振动，如图 5-61 所示。

2）去耦室：在进气管和排气管上都设有去耦室。去耦室的作用是利用其大的容腔，使燃烧室内高频压力波阻隔在去耦室内，以稳定压力。通常可设计成圆筒形状。

3）尾管：尾管即排烟管，是烟气与被加热对象的换热面。由于是正压排气，所以可设计较长的尾管，以增加换热面积，从而降低排烟温度，通常约为60℃。

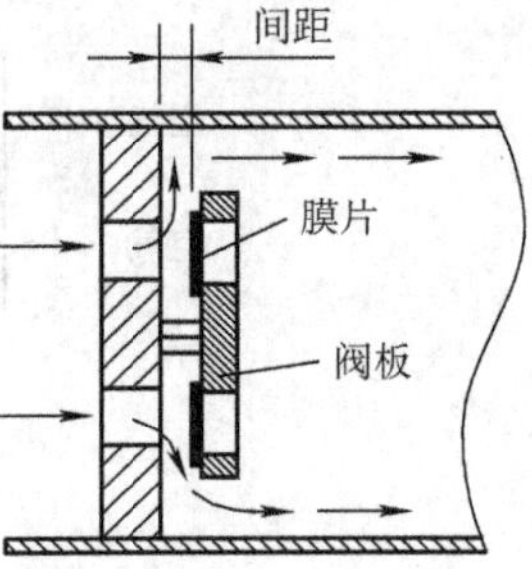

图 5-61 机械式逆止阀

（3）脉冲燃烧的特点　脉冲燃烧技术受到广泛关注，在于其突出的优点：

1）加热效率高。由于排烟温度可降至露点以下，充分利用了烟气中的潜热，所以热效率高，比目前最先进的燃烧装置提高10%左右。当用作热风采暖时，热效率可达96%；当用作热水锅炉时，热效率接近或超过100%（按低热值计算）。

2）传热系数以及燃烧强度大。传热系数可以达93～174.5W/(m·℃)，容积热强度可达（0.465～3.256）$\times 10^4$kW/m^3，比普通燃烧器大几倍，所以燃烧系统尺寸很小。

3）污染物排放低。其中 NO_x 排放量仅为普通燃烧器的一半左右。

但是脉冲燃烧也有不足之处，有待进一步完善：

1）噪声大，需要附加消声设备。

2）负荷可调性小。结构一定的燃烧器工作范围也被限定，稳定运行工作范围小。

3）关键件加工制作要求高。

脉冲燃烧技术所具有的高效、低污染、高传热性能的特点，使其在液体加热方面有着广阔的应用前景。现在的脉冲燃烧系统通常如图 5-62 所示。

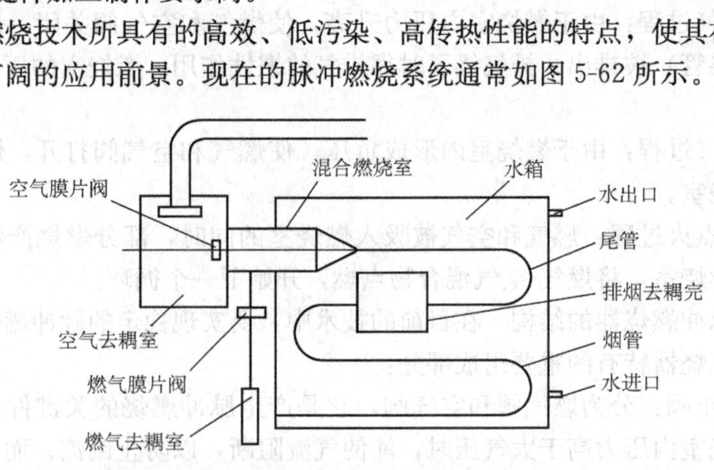

图 5-62 热水炉的脉冲燃烧系统

6. 富氧燃烧器

常规燃烧中的空气仅有21%的 O_2 参与燃烧过程，而79%的 N_2 吸收大量燃烧反应放出的热，并作为烟气排出，能源浪费大。用含 O_2 量大于普通空气的富氧空气做助燃剂的燃烧称富氧燃烧。相反，称贫氧燃烧。富氧燃烧的极限状态是纯氧燃烧。

富氧燃烧的节能特性：

(1) 空气量以及排烟量减少　由于助燃空气中 O_2 含量增加，所以所需助燃空气量减少，并减少了烟气排量，例如富氧空气含 O_2 量由21%增至27%时，理论空气量减少22.3%，天然气时理论湿烟气量可减少20%以上，则在相同排烟温度下烟气热损失减少，且降低了风机的能耗，因此可节约能源。

(2) 火焰温度高　如空气中 O_2 含量从21%增至40%，则燃烧温度由1700℃增至2150℃。对于低热值燃气，可通过富氧燃烧提高燃烧温度，加强传热，提高加热效率。

(3) 分解热增加　随着烟气温度升高，分解热增加，当遇到低温表面时，将放出大量分解热，这也是富氧燃烧火焰具有较大传热能力的原因之一。

总体而言，富氧燃烧的节能效果显著，国外将23%的富氧用于化铁炉，节能高达26.7%；在铸造炉上使用23%～24%的富氧，平均节能44%。

但在开发阶段遇到的主要技术问题是炉温太高导致过热、NO_x 排量高及燃烧器耐久性差等。美国采取炉内烟气循环，改善对流传热，另外采用新的富氧燃烧器，图5-63所示为一种烟气回流型富氧燃烧器，它采取 O_2 和燃料结合之前先吸入炉内烟气，即中心燃气以低速供入，90%～95%的 O_2 从周围小孔以高速（约300mm/s）喷入，仅5%～10%的 O_2 在燃料附近，保证了周围 O_2 流股吸入足够烟气，有利于降低燃烧温度，保护了燃烧器，也降低了 NO_x 排放量。

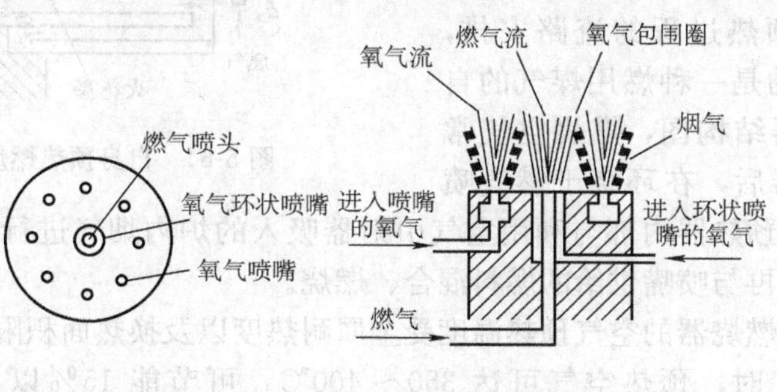

图5-63　烟气回流型富氧燃烧器

7. 空气预热式燃烧器

利用烟气余热来预热空气、燃料的燃烧器统称为预热式燃烧器。预热式燃烧器增加了带入燃烧反应过程中的物理热，可提高低热值燃气的燃烧温度。并且回收了烟气余热，使排烟温度降低，从而降低了排烟的热损失。

预热式燃烧器多为空气预热式燃烧器，空气预热的经济效益表现在以下方面：

1）节约能源，提高热效率。一般空气预热温度每提高100℃，可节约燃料约5%。

2）提高燃烧温度，增加产量。空气预热温度每提高100℃，则可提高燃烧温度约50℃，产量增加2%左右。如果燃烧装置保持温度不变，则表现出节约燃料。

3）强化燃烧，提高燃烧效率。预热的空气和燃气，体积膨胀，流速加大，混合增强，活性增强，有利于低氧情况下燃烧，烟气中O_2量减少，也可减少对加热料的氧化。

4）节约燃料量，减少污染物排放量（CO_2、NO_x、SO_2等）。

预热空气或燃料的燃料节约率ΔB参见第9章。

空气预热是一种最有效、最简单和最经济的节能环保措施。

空气预热式燃烧器根据空气预热方式及发展过程可分为自身预热燃烧器、蓄热式换热燃烧器、高温空气燃烧技术。

（1）自身预热式燃烧器　20世纪70年代国外开发了自身预热燃烧器，已广泛应用于工业炉窑，如铸造炉、陶瓷窑、热处理炉、玻璃炉、搪瓷炉等。我国20世纪80年代也研制了自身预热燃烧器，并已实用化。

自身预热燃烧器可以燃用液体和气体燃料，所采用燃烧器与一般油、气供给方式相同。唯一的差别是助燃空气预热过程的流路安排，图5-64所示的是一种燃用煤气的自身预热燃烧器结构图，燃烧空气常温供给燃烧器后，在环绕于燃气喷管外围的环隙预热器内部与利用空气引射器吸入的炉内烟气进行热交换后被预热，预热空气再与喷嘴供给的燃料混合、燃烧。

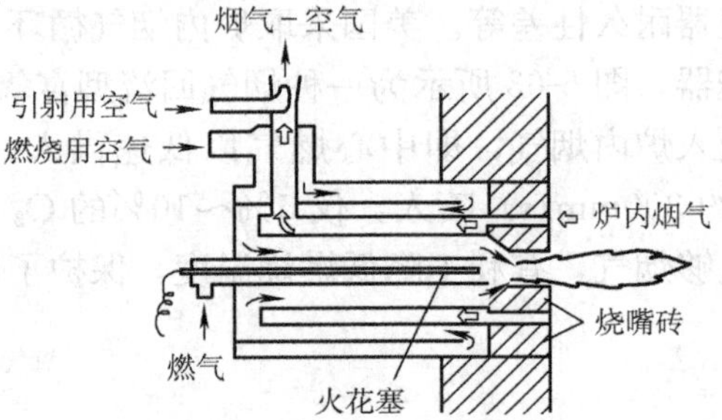

图5-64　自身预热燃烧器

自身预热燃烧器的空气预热温度受金属耐热度以及换热面积限制，一般炉窑温度为1000℃时，预热空气可达350～400℃，可节能15%以上；当炉温为1400℃时，相应预热温度为600℃，节能30%。但这种燃烧器NO_x排量大，一般为0.1%。

（2）蓄热式换热燃烧器（RCB）　20世纪80年代，英国燃气公司等单位开发了蓄热式燃烧器技术，同年美国开始做了大量示范应用工作，并在美国、加拿大和西欧广泛应用于玻璃炉、轧钢加热炉、铸造炉、熔铝炉和某些热处理炉。

RCB是由耐高温的金属陶瓷燃烧器和蓄热式陶瓷换热器两大部件构成，通过换向滑阀进行操作，达到对燃烧空气的预热。其操作原理如图5-65所示。

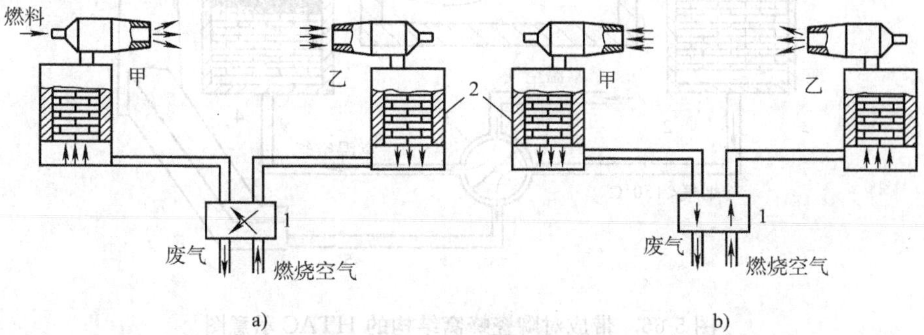

图5-65　RCB操作运行示意图

a）模式1　b）模式2

1—换向滑阀　2—蓄热床

图5-65a模式1表示燃烧器甲燃烧，燃烧空气经蓄热床甲预热后进入喷嘴甲，床内蓄热填料在运行开始时为冷态，运行过程中为热态。此时喷嘴乙处于排烟状态，吸入烟气经蓄热床乙冷却后排入大气，而床内填料被加热。持续数秒钟后，操作进入图5-65b模式2，即喷嘴乙燃烧，所需空气经蓄热器换热床乙预热后供入。而喷嘴甲吸入排烟，与蓄热换热床甲换热冷却后排入大气。两种模式交替循环进行。

由于RCB的蓄热换热床采用耐高温的氧化铝陶瓷小球，且换热面积大，所以换热量很大。但NO_x排量也大，一般为0.1%。

我国于20世纪80年代末也广泛开发和应用蓄热式空气预热技术，如1995年机械部第五设计研究院研制的蓄热式燃烧器用于铸造加热炉，采用氧化铝陶瓷球（ϕ10～ϕ20mm），燃用天然气，改造后节能达到47%，产量提高12.5%，排烟温度<200℃，火焰射流速度达100m/s，具有高速燃烧器特点。

这种早期蓄热式预热空气燃烧技术称为“第一代再生燃烧技术”。

（3）高温空气燃烧技术（HTAC）　HTAC是20世纪80年代末国际上兴起的一项新型燃烧技术，与早期蓄热式燃烧技术不同，它要求助燃空气温度在800℃以上，助燃空气中的含O_2量低于10%，从而实现了节约燃料、提高热利用率、降低NO_x排放和减少设备尺寸的多重效果。目前对HTAC技术的机理研究仍是IFRF（国际火焰研究会）等国际燃烧研究权威机构的研发热点。

HTAC技术的基本原理如图5-66所示，在空气预热流程上与RCB并无本质差别，但是它的技术进步表现在以下几个方面：

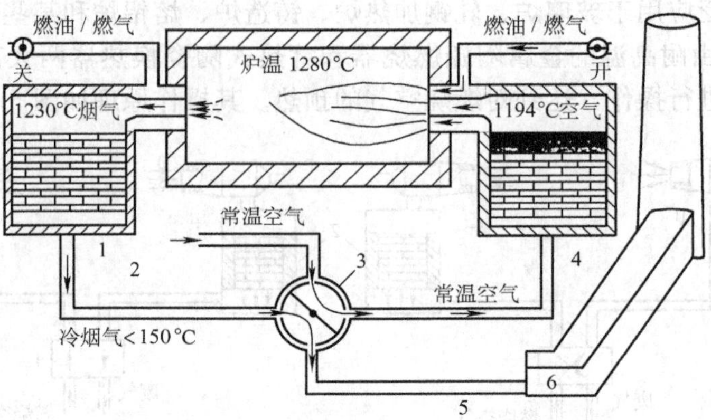

图 5-66　带成对陶瓷蜂窝结构的 HTAC 示意图

1—燃烧器 A　2—鼓风机　3—换向阀　4—燃烧器 B　5—引风机　6—烟道

1）燃烧空间温度均匀。燃烧空气的高速气流使炉内气体再循环，形成氧浓度低的气流场，使炉内温度均匀化，可抑制燃烧室中产生局部高温。

2）贫氧燃烧。传统工业应用中的燃烧是在常温、常氧（21%）状态下实现的；RCB 是高温（>800℃）、常氧燃烧，它会产生较多的 NO_x 等有害燃烧产物。而 HTAC 是指高温（>800℃）、低氧（<10%）的燃烧，可以实现低 NO_x 燃烧。

3）采用蜂窝状蓄热体，换热比表面积（单位体积表面积）是球状蓄热体的 5 倍以上，质量仅为常规蓄热体的 1/10。所以，空气预热温度与烟气温差可以仅 50～100℃，且减小了蓄热体尺寸。

4）采用了低 NO_x 燃烧器，克服了预热空气带来的燃烧温度提高造成的高 NO_x 排放的缺点。

图 5-67 所示为超低 NO_x 高温空气燃烧器的工作原理图。燃料分一次燃料 F1 和二次燃料 F2 两路供入。首先，少量燃料 F1 在预热空气流中燃烧，由于燃料少，燃烧温度不高；然后，一次燃烧的烟气和剩余空气高速喷入炉内，而大部分燃料 F2 喷入含 O_2 量低于 15%的卷吸回流中进行贫氧燃烧，扩展了火焰燃烧区域，火焰边界几乎扩展到燃烧室边界，使炉内温度分布均匀，消除了一般扩散火焰的局部炽热高温区。这种燃料分级

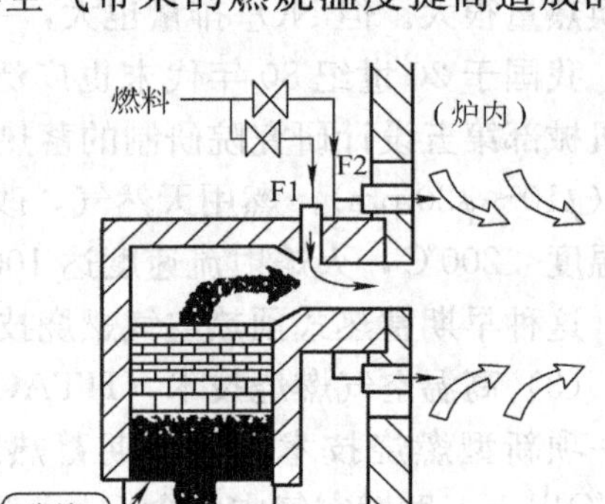

图 5-67　超低 NO_x 高温空气燃烧器的工作原理图

和低氧燃烧技术相结合的方式，很好地抑制 NO_x 的生成。NO_x 约为$3\times10^{-3}\%$～$5\times10^{-3}\%$，CO_x 约下降30%。

5）利用高温预热的空气或燃气可以使低热值燃料（如高炉煤气、发生炉煤气、低热值液、固体燃料）获得较高的炉温，扩展了能源应用范围。

综合比较自身预热、RCB及HTAC三种类型空气预热型燃烧器的主要性能特点可知，HTAC是兼备节能、高效、低污染和缩小空间的革命性技术。因此，被称为“第二代再生燃烧技术”，具有极好的推广应用前景，可以广泛应用于钢铁、石化、玻璃、陶瓷、锅炉等行业的各类工业炉。

思 考 题

1. 按燃烧方式分类，燃烧器通常可分为哪几种？
2. 试描述自然引风扩散燃烧器的火焰随火孔热强度的变化情况。
3. 试述强制鼓风式扩散燃烧器的气流混合原则，并分析气流混合对火孔热强度的影响。
4. 试述大气式燃烧器的火孔热强度的确定原则。
5. 什么是大气式燃烧器的自动调节特性？其他供风形式的燃烧器如何调节空燃比？
6. 当燃气种类或压力变化时，大气式燃烧器的工况会有什么变化？
7. 比较高压引射器与低压引射器的区别。
8. 全预混燃烧器头部的设计重点是什么？

第6章 燃气互换性

6

6.1 燃气互换性和燃气用具适应性

燃气的种类很多，其成分、热值、密度和燃烧特性等都很不相同。因此，在燃气性质发生变化时，燃烧器的工况会发生变化。这些变化的程度是否在允许范围，如何判定，是研究燃气互换性的目的。

6.1.1 燃气互换性

任何燃气用具都是按一定的燃气成分设计的。当燃气成分发生变化而导致其热值、密度和燃烧特性发生变化时，燃气用具燃烧器的热负荷、一次空气系数、燃烧稳定性、火焰结构、烟气中 CO 含量等燃烧工况就会改变。如果燃烧器可以更换，或者其可调部分可以重新调整，那么通过更换或重新调整燃烧器，可以使燃气用具适应新的燃气。但在燃气供应系统中这样做实际上是很困难的。因此以一种燃气代替另一种燃气，必须考虑互换性问题。

设某一燃气用具以 a 燃气为基准进行设计和调整，由于某种原因要以 s 燃气置换 a 燃气，如果燃烧器此时不加任何调整而能正常工作，则表示 s 燃气可以置换 a 燃气，或称 s 燃气对 a 燃气具有“互换性”。反之，如果燃气用具不能正常工作，则称 s 燃气对 a 燃气没有互换性。a 燃气称为“基准气”，是燃烧器设计用气；s 燃气称为“置换气”，是用于置换基准气的燃气。

应该指出，互换性并不总是可逆的，即 s 燃气能置换 a 燃气，并不代表 a 燃气一定能置换 s 燃气。“互换”只是习惯使用的名词。

根据燃气互换性的要求。当气源供给用户的燃气性质发生改变时，置换气必须对基准气具有互换性，否则就不能保证用户安全、满意和经济的用气。可见，燃气互换性是对燃气生产提出的要求，它限制了燃气性质的任意改变。

6.1.2 燃气用具适应性

两种燃气是否能够互换，并非孤立地决定于燃气性质本身，它还与燃烧器以及其他部件的性能有密切联系。例如，s燃气能在某些燃气用具中置换a燃气但是却不能在另一燃气用具中置换。换句话说，有些燃气用具能够同时适用a、s两种燃气，但另一些燃气用具却不能同时适用。因此，这里就引出了一个燃气用具"适应性"的概念。燃气用具适应性，是指燃气用具对于燃气性质变化的适应能力。如果燃气用具能在燃气性质变化范围较大的情况下正常工作，就称为适应性大；反之，就称为适应性小。

决定燃气用具适应性大小的主要因素是燃气用具燃烧器的性能，但是燃气用具的其他性能（例如，二次空气的供给情况，敞开燃烧还是封闭燃烧等）也影响其适应性。因此，通常所讲的适应性不应单单理解为燃烧器的适应性，而应理解为燃气用具的适应性。

燃气用具适应性问题属于燃气用具设计问题，是对燃气用具生产提出的要求。

6.1.3 燃气互换性的研究对象

1. 工业燃烧器的燃气互换性

工业燃烧器大多有专人管理，有仪表控制，具有较好的运行条件。当燃气性质改变时可以通过调节来达到满意的燃烧工况。因此，工业燃烧器对燃气互换性的要求较低。

2. 民用燃气用具的燃气互换性

民用燃气用具分布在千家万户，燃气用具在安装时经燃气公司专业人员一次调整后，不再随燃气性质的改变而反复调整。另外，民用用户不允许燃气中断，也不能用其他燃料代替燃气，并且绝大多数民用用户缺乏使用燃气的专门知识。因此，民用燃气用具对燃气互换性的要求较高。

所以，本章燃气互换性的研究主要针对普遍使用大气式燃烧器的民用燃气用具。

6.2 华白数

当以一种燃气置换另一种燃气时，首先应保证燃气用具热负荷在互换前后不发生大的改变。以民用燃气用具为例，如果热负荷减少太多，就达不到烧煮食物的工艺要求；如果热负荷增加太多，又会使燃烧工况恶化。燃烧器热负荷为

$$\Phi = \frac{1}{3600} q_{V,\mathrm{g}} H \tag{6-1}$$

根据式（5-25）的喷嘴流量计算公式

$$q_{V,g}=0.004\mu d_j^2\sqrt{\frac{p}{\rho_g}}$$

得燃烧器热负荷

$$\Phi=\frac{0.004\mu d_j^2}{3600\sqrt{\rho_a}}\cdot\frac{H\sqrt{p}}{\sqrt{s}} \tag{6-2}$$

式中 Φ——燃烧器热负荷（kW）；
$q_{V,g}$——圆形喷嘴的流量（m^3/h）；
μ——喷嘴流量系数；
d_j——圆形喷嘴直径（mm）；
p——燃气压力（Pa）；
H——燃气热值（kJ/m^3）；
s——燃气的相对密度。

由式（6-2）可知，当燃烧器结构以及喷嘴前压力不变时，燃气用具热负荷 Φ 与燃气热值 H 成正比，与燃气相对密度的平方根 $\sqrt{s}$ 成反比，这是燃气性质对燃烧器热负荷的影响，将该组合 $\frac{H}{\sqrt{s}}$ 称为华白数

$$W=\frac{H}{\sqrt{s}} \tag{6-3}$$

式中 W——华白数，或称热负荷指数。

因此，燃气用具热负荷与华白数成正比

$$\Phi=KW \tag{6-4}$$

式中 K——燃烧器结构及喷嘴前压力不变时为常数。

华白数是代表燃气特性的一个参数。假如两种燃气的热值和密度均不相等，但只要它们的华白数相等，就能在同一燃气压力和同一燃气用具上获得同一热负荷。

在两种燃气互换时，热负荷除了与华白数有关外，还与燃气粘度等次要因素有关，但在工程上这种影响往往忽略不计。

如果在燃气互换时可能改变管网压力，从而改变燃烧器喷嘴前的压力 p，此时燃烧器热负荷还与喷嘴前压力的平方根 $\sqrt{p}$ 成正比。将 $H\sqrt{\frac{p}{s}}$ 称为广义的华白数

$$W_1=H\sqrt{\frac{p}{s}} \tag{6-5}$$

式中 W_1——广义的华白数；

p——喷嘴前压力（Pa）。

当燃气热值、相对密度和喷嘴前压力同时改变时，燃烧器热负荷与广义的华白数成正比

$$\Phi = K_1 W_1 \tag{6-6}$$

式中 K_1——燃烧器结构不变时为常数。

当燃气性质改变时，除了引起燃烧器热负荷改变外，还会引起燃烧器一次空气系数的改变。根据大气式燃烧器的引射器的特性，一次空气系数 α' 与 $\sqrt{s}$ 成正比，与理论空气需要量 V_0 成反比，而理论空气需要量 V_0 与燃气热值 H 成正比，因此 α' 与 H 成反比。这样，一次空气系数 α' 就与华白数 W 成反比

$$\alpha' = K_2 \frac{1}{W} \tag{6-7}$$

式中 K_2——比例常数。

燃烧器喷嘴前压力的变化对一次空气系数影响不大。

式（6-4）、式（6-6）虽然简单，但是从中可以得出一个重要结论：如果两种燃气具有相同的华白数，则在互换时能使燃气用具保持相同的热负荷和一次空气系数。如果置换气的华白数比基准气大，则在置换时燃气用具热负荷将增大，而一次空气系数将减小。反之，则燃气用具热负荷将减小，一次空气系数将增大。

华白数是在互换性问题产生初期所使用的一个互换性判定指数。各国一般规定在两种燃气互换时华白数 W 的变化不大于±5%～10%。

在互换性问题产生的初期，由于置换气和基准气的化学、物理性质相差不大，燃烧特性比较接近，因此用华白数这个简单的指标就足以控制燃气互换性。但随着气源种类的不断增多，出现了燃烧特性差别较大的两种燃气的互换问题，这时单靠华白数就不足以判定两种燃气是否可以互换。在这种情况下，除了华白数以外，还必须引入火焰特性这样一个较为复杂的因素。所谓火焰特性，可定义为产生离焰、黄焰、回火和不完全燃烧的倾向性，它与燃气的化学、物理性质有关。但到目前为止还无法用一个单一的指标来表示。

6.3 部分预混火焰特性对燃气互换性的影响

6.3.1 部分预混火焰的特性

大气式燃烧器的形式虽然很多，但是它们都具有部分预混火焰（本生火焰）的共同特点，因而具有本质相同的火焰特性。

部分预混火焰由内焰和外焰两部分组成，内焰焰面是一明亮的界面，呈蓝绿色；外焰的明亮度较内焰弱，但在暗处也能明显看出火焰轮廓。当燃气性质和燃烧器火孔构造一定时，一次空气系数的大小决定了火焰的形状和高度。一次空气系数大，则火焰短，火焰颤动厉害，有回火倾向性，点火及熄火声大，这种火焰称为"硬火焰"。一次空气系数小，则火焰长，亮度减弱，火焰摇晃，回火倾向性小，点火及熄火声小，这种火焰称为"软火焰"。当一次空气系数再进一步降低时，内焰顶部变得模糊，直至明亮的内焰焰面（反应区）逐步消失。

对于民用燃气用具的燃烧器来说，过硬的火焰和过软的火焰都是不合适的。较理想的部分预混火焰的内焰焰面应该是轮廓鲜明，而外焰气流的自由流动则不受阻碍，化学反应条件也不应受到破坏，以保证在内焰焰面产生的不完全燃烧产物在外焰能达到完全燃烧。

为了增大火焰的调节性能，一次空气系数不应过高，可以将其减小到使内焰焰面厚度尽量变薄，但焰面轮廓不至于模糊和破坏的程度。这时内焰的高度大约为内焰最大可能高度的70%～80%。对于局部或全部封闭在燃气用具中的燃烧器（例如，热水器或烤箱中的燃烧器），二次空气和烟气的流动情况对燃烧器的火焰调整会产生很大影响，因而需在热态下进行调节。

6.3.2 火焰特性对燃气互换性的影响

正常的部分预混火焰应该具有稳定的、燃烧完全的火焰结构，而不正常的部分预混火焰就会产生离焰、回火、黄焰和不完全燃烧等现象。产生这些现象的倾向性和燃气的燃烧特性有密切关系。

表示燃气燃烧特性最形象的方法是在以燃烧器火孔热强度 q_p 为纵坐标，以一次空气系数 α' 为横坐标的坐标系上作出离焰、回火、黄焰和燃烧产物中 CO 极限含量曲线。这四条曲线总称为燃气燃烧特性曲线（图 6-1）。燃气燃烧特性曲线具有以下特点：

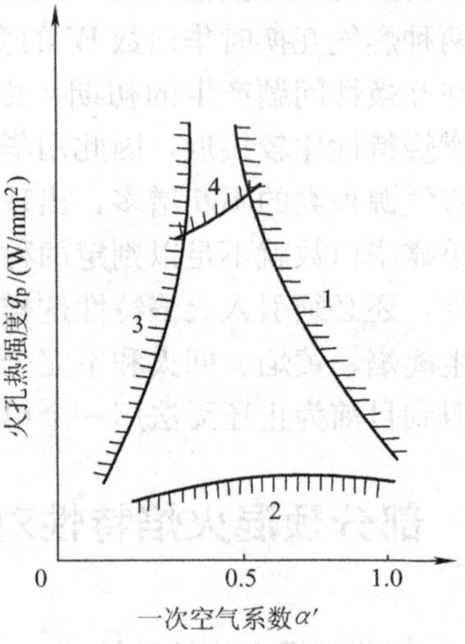

图 6-1 燃烧特性曲线

1—离焰极限 2—回火极限

3—黄焰极限 4—CO 极限

1）不同的燃气在同一只燃气用具上有不同的燃烧特性曲线。图 6-2 所示为两种燃气在同一燃气用具上的黄焰、离焰极限曲线，根据这两套特性曲线的相对位置，就可以看出这两种燃气的黄焰、离焰的不同倾向性。

2）同一种燃气在不同的燃气用具上的燃烧特性曲线不同。这是因为火孔大小、排列、材料等因素对特性曲线有影响。但是只要两种燃气用具的基本型式相同，那么不同燃气在这两种燃气用具上所作出的燃烧特性曲线的相对位置仍能保持不变。特性曲线的这一性质甚为重要。该性质使得有可能用在某种典型燃气用具上测得的两种燃气特性曲线的相对关系来代表在其他类似燃气用具上将反映出的相对关系，从而表明这两种燃气如果在这种典型燃气用具上能够互换，那么在其他类似燃气用具上也能够互换。

在燃气温度不变的情况下，某一燃气用具的运行工况取决于燃气的燃烧特性、火孔热强度和一次空气系数。前一因素决定了特性曲线在 q_p-α' 坐标系上的位置，而后两个因素决定了燃气用具运行点在 q_p-α' 坐标系上的位置。只有当运行点落在特性曲线范围之内时，燃气用具的运行工况才认为是满意的。当燃气性质（燃气成分）改变时，燃气燃烧特性和华白数同时改变。燃气燃烧特性的改变引起特性曲线位置的改变，华白数的改变引起燃气用具运行点的改变。从互换性角度来讲，当以一种燃气置换另一种燃气时，应保证置换后燃气用具的新工作点落在置换后新的特性曲线范围之内。

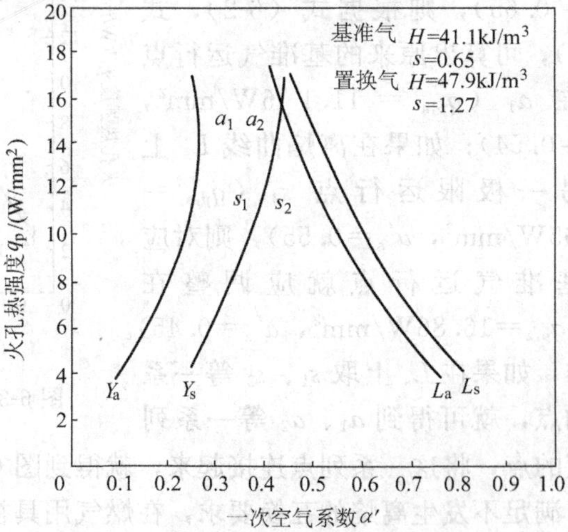

图 6-2 互换时燃具工作状态的变化

下面举例详细说明燃气互换时燃气用具运行工况的变化。设有基准气 a 和置换气 s 两种燃气，它们的离焰极限曲线 L_a、L_s 和黄焰极限曲线 Y_a、Y_s 分别绘于图6-2上。L_s 在 L_a 的右方，这表示置换气不易离焰。Y_s 在 Y_a 的右方，这表示置换气易产生黄焰。为了使图面清晰，图中没有绘出回火极限曲线和 CO 极限曲线，但对它们的分析方法是相同的。具体分析方法如下：已知基准气的华白数 W_a 为 51.0，置换气的华白数 W_s 为 42.5。如果在燃气用具初调整时将基准气的运行点调整在 a_1（$q_{p,a}=14\text{W/mm}^2$，$a'_a=0.30$），那么根据式（6-2）、式（6-5），置换后燃气用具热负荷的变化为

$$\frac{\Phi_s}{\Phi_a}=\frac{W_s}{W_a}=\frac{42.5}{51}=0.833$$

一次空气系数的变化为

$$\frac{\alpha'_{s}}{\alpha'_{a}}=\frac{W_{a}}{W_{s}}=\frac{51}{42.5}=1.2$$

置换气的运行点移动到 s_1 ($q_{p,s}=11.7W/mm^2$，$\alpha'_s=0.36$)。由于 s_1 超过 Y_s 极限，燃气用具会产生黄焰，因此不能互换。如果在燃气用具初调整时考虑到了今后互换的问题，将基准气运行点调整在 a_2 ($q_{p,a}=14W/mm^2$，$a'_a=0.35$)，则置换气的运行点就变为 s_2 ($q_{p,s}=11.7W/mm^2$，$a'_s=0.42$)。由于 s_2 在 L_s、Y_s 所包围的范围之内，因此就可以互换。

从以上例子看出，置换气能否置换基准气，不仅与这两种气体的燃烧特性有关，而且还与基准气运行点的调整位置有关。这就是燃气用具适应性的一个方面。下面以图 6-3 所示的离焰曲线 L_a、L_s 为例，来说明为了满足互换要求，基准气运行点的极限调整位置。要使置换后不发生离焰，置换气运行点的极限位置应在离焰曲线 L_s 上。具体方法如下：在离焰曲线 L_s 上取置换气的极限运行点 s_1 ($q_{p,s}=9.30W/mm^2$，$a'_s=0.65$)，则根据式 (6-2)，式 (6-5)，可算出原来的基准气运行点应在 a_1 ($q_{p,a}=11.16W/mm^2$，$a'_a=0.54$)；如果在离焰曲线 L_s 上另一极限运行点 s_2 ($q_{p,s}=13.95W/mm^2$，$a'_s=0.55$)，则对应的基准气运行点就应调整在 a_2 ($q_{p,a}=16.86W/mm^2$，$a'_a=0.45$)。这样，如果在 L_s 上取 s_1、s_2 等一系列的点，就可得到 a_1、a_2 等一系列相应的点，将这一系列点连接起来，就得到图 6-3 所示的虚线 L。这条虚线就是为了满足不发生离焰的互换要求，在燃气用具初调整时基准气运行点的极限调整位置。凡是基准气运行点调整在该曲线以内，置换后就不会发生离焰现象。

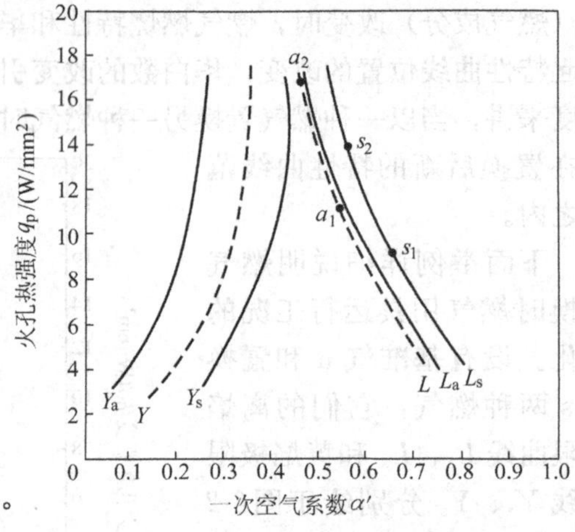

图 6-3 基准气运行点的极限调整位置

同样的方法可获得虚线 Y。凡是基准气运行点调整在该曲线以右，置换后就不会发生黄焰现象。

图 6-3 也表明两种燃气的互换并非都是可逆的。

由于图 6-2、图 6-3 所示的纵坐标是火孔热强度而不是燃气用具热负荷，因此在这种坐标系上可以用一组特性曲线来表示某种燃气在火孔构造、大小、排列形式相同的一类燃气用具上的燃烧特性，而不管其热负荷是否相同。这样，只要有若干代表不同类型燃气用具的特性曲线图，就可以相当精确地分析互换性问题。

6.3.3　燃气性质对火焰特性的影响

在前几章中讲到，火焰传播速度是导致各种燃气燃烧特性不同的重要因素。在燃气中增加火焰传播速度较快的成分（例如 H_2 和 C_2H_2），将增加其回火倾向性；在燃气中增加火焰传播速度较慢的成分（例如 CH_4 和重碳氢化合物），将增加其脱火倾向性。但以上分析表明，实际上考虑火焰特性的影响因素时必须结合华白数，否则很可能对某些成分（例如 H_2）的作用估计过高，而对某些成分（例如 CO 和惰性气体）的作用估计不足。

为了评价燃气中各种成分对火焰特性的影响，美国曾在热值为 19400 kJ/m^3 的人工燃气中掺入各种单一气体进行试验，观察其对回火倾向性的影响，试验结果列于图 6-4。从图中可总结如下几点：

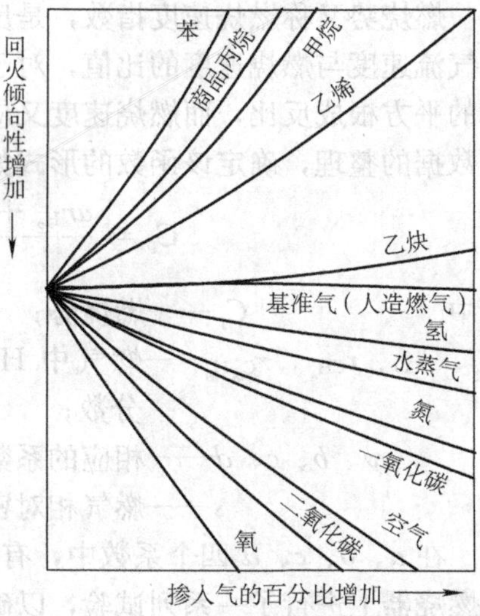

图 6-4　在人工燃气中掺入各种气体时回火倾向性的变化

1）燃气成分可分为两大类：一类是 C_mH_n，它使火焰变软，回火倾向性减小；另一类是 H_2 和 CO，它使火焰变硬，回火倾向性增加。

2）CO 的回火倾向性大于 H_2。由于 CO 的密度比 H_2 大得多，所以其华白数小得多。根据华白数对一次空气系数的影响，其他条件相同时，CO 在燃烧器上的一次空气系数将比 H_2 大得多，所产生的回火倾向性超过了火焰传播速度的影响。所以即使 CO 的火焰传播速度比 H_2 小，但回火倾向性却比 H_2 大。

3）C_2H_2 和 C_2H_4 虽然具有几乎相同的热值和密度，但由于 C_2H_4 的火焰传播速度比 C_2H_2 小得多，因而 C_2H_4 的回火倾向性也比 C_2H_2 小得多。

4）所有的惰性气体都能使火焰变硬，产生与 H_2 和 CO 相同的效果。其中 CO_2 对火焰硬度的影响甚至超过 H_2 和 CO。O_2 也使火焰变硬。

综上所述，在考虑燃气中某一成分的变化对火焰特性的影响时，必须综合考虑火焰传播速度、华白数等各种因素的影响。

6.4　燃气互换性的判定

单用华白数判定燃气是否可以互换需要借助大量实验，因为华白数可以较准确地判定热负荷的互换性，但不能完全反映火焰特性的互换性。下面介绍目前使用较广泛的判定火焰特性的互换性判定指数，以及国内通常采用的判定方法。

6.4.1 燃烧势

法国燃气公司的互换性研究项目主持人 P. 德尔布（P. Delbourge）在 1965 年得到较完善的成果，提出了燃烧势的概念。德尔布在特制的控制燃烧器上进行了大量试验，试验结果表明，当不同燃气在同一燃烧器上燃烧时，离焰、回火和 CO 三条极限曲线主要取决于与内焰高度有关的因素，而黄焰极限曲线则与内焰高度无关。因此，可以用一个参数来表示离焰、回火和 CO 互换特性，而用另一个参数来表示黄焰互换特性。当然，前一个参数比后一个参数重要得多。这个能表示燃气的离焰、回火和 CO 互换特性的参数就叫燃烧势。

燃烧势又称燃烧速度指数，是反映燃气燃烧内焰高度的指标。内焰高度取决于气流速度与燃烧速度的比值，对于引射式燃烧器，火孔气流速度与燃气相对密度的平方根成反比，而燃烧速度又应是燃气化学组分的函数，德尔布经过大量试验数据的整理，确定该函数的形式如下

$$C_p = \frac{ar_{H_2} + br_{CO} + cr_{CH_4} + dr_{C_mH_n}}{\sqrt{s}} \tag{6-8}$$

式中 C_p——燃烧势；

r_{H_2}、r_{CO}、r_{CH_4}、$r_{C_mH_n}$——燃气中 H_2、CO、CH_4、C_mH_n（除 CH_4 外）的体积分数；

a、b、c、d——相应的系数；

s——燃气相对密度。

在 a、b、c、d 四个系数中，有一个可以任选。德尔布选定 $a=1$，然后在控制燃烧器上进行了一系列试验，以确定其他系数。经过多次修正，最后得出的燃烧势计算公式如下

$$C_p = u\frac{r_{H_2} + 0.7r_{CO} + 0.3r_{CH_4} + v\Sigma kr_{C_mH_n}}{\sqrt{s}} \tag{6-9}$$

式中 k——各种 C_mH_n 的特定系数；

u——由于燃气中含氧量及含氢量不同而引入的系数；

v——由于燃气中含氢量不同而引入的系数。

上述各系数可以由相应的图表查得，我国国家标准采用如下简化公式计算燃烧势

$$C_p = K_1\frac{r_{H_2} + 0.6(r_{CO} + r_{C_mH_n}) + 0.3r_{CH_4}}{\sqrt{s}} \tag{6-10}$$

式中 K_1——与燃气 O_2 含量有关的系数，$K_1=1.0+0.0054r_{O_2}$；

r_{O_2}——燃气中 O_2 的体积分数（%）。

用具有不同 W 和 C_p 值的燃气在典型燃具上进行试验，就可以在 W-C_p 坐标系上作出等离焰线、等回火线和等 CO 线。这三条曲线所限制的范围就是具有不同 W 和 C_p 值的燃气在该燃具上的互换范围。将城市燃气管网中实际应用的所有典型燃具的互换图合并在同一坐标系上，其内部界限所组成的范围就是满足所有典型燃具要求的互换范围（图 6-5）。华白数的允许波动范围一般为 5%～10%。这样，在 W-C_p 坐标系上就可作出两条平行于 C_p 轴的直线，一条为华白数允许变化上限（图 6-5 中 $W_s/W_a=1.1$），另一条为华白数允许变化下限（图 6-5 中 $W_s/W_a=0.9$）。由等离焰线、等回火线、等 CO 线和两条华白数允许变化曲线所限制的范围 *abcde* 就是燃气允许互换范围（互换域），又称德尔布互换图。德尔布互换域反映了某一类燃具能够适应的燃气范围，也就是说只要燃气的华白数和燃烧势在此范围内，此类燃具就能正常工作。

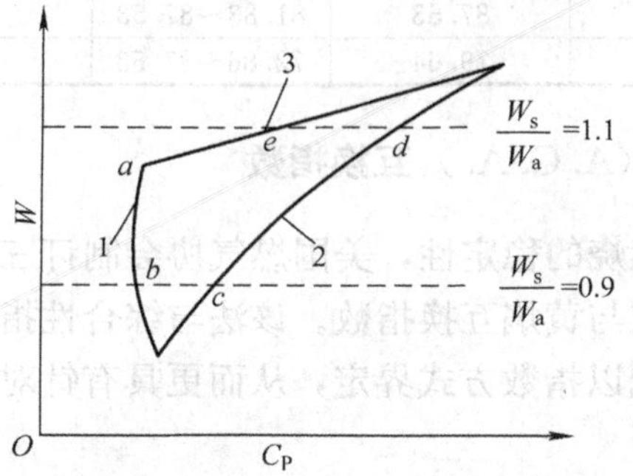

图 6-5　德尔布互换图

1—等离焰线　2—等回火线　3—等 CO 线

W_s—置换气华白数　W_a—基准气华白数

目前工程上通常采用华白数与燃烧势来判定置换气的互换性。将城市燃气按华白数和燃烧势进行分类，形成一个标准系列，并对每一类燃气提出一组试验气，每一组试验气由一个基准气和三个界限气组成，其中：0—基准气、1—黄焰和不完全燃烧界限气、2—回火界限气、3—离焰界限气。各类城市燃气的试验气见附录 D。

城市燃气套用这一标准，要求每一种燃气必须是在某一系列所规定的华白数和燃烧势范围内，或者说当某燃气的华白数和燃烧势在此系列某一类别的范围内时，就将其划归此类别，并规定其华白数和燃烧势的波动范围不得超出此类别所规定的范围（表 6-1）。同时在燃具的生产中，使用对应的该类燃气的界限气来检验燃具的适应性。这样就可以有效地解决燃气的互换性和燃具的适应性问题。

表 6-1 城镇燃气的类别及特性指标（15℃，101.325 kPa）

类别		华白数 W/（kJ/m³）		燃烧势 C_p	
		标准	范围	标准	范围
人工燃气	3R	13.71	12.63～14.66	77.7	46.5～85.8
	4R	17.78	17.38～19.03	107.9	64.7～118.7
	5R	21.57	19.81～23.17	93.9	54.4～95.6
	6R	25.69	23.85～27.95	108.3	63.1～111.4
	7R	31.60	28.57～33.12	120.9	71.5～129.0
天然气	3T	12.28	12.22～14.35	22.0	21.0～50.6
	4T	17.13	15.75～18.54	24.9	24.0～57.3
	6T	23.35	21.76～25.01	18.5	17.3～42.7
	10T	41.52	39.06～44.84	33.0	31.0～33.0
	12T	50.73	45.67～76.84	40.3	37.3～69.3
液化石油气	19Y	76.84	72.86～76.84	48.2	48.2～49.4
	22Y	87.53	81.83～87.53	41.6	44.9～49.4
	20Y	79.64	72.86～87.53	47.3	41.6～49.4

6.4.2 美国燃气协会（A. G. A.）互换指数

为了验证置换气燃烧的稳定性，美国燃气协会制订三指数判定法，即离焰互换指数、回火互换指数与黄焰互换指数。该法与综合性指标燃烧势不同，对不稳定燃烧的三种状况分别以指数方式界定，从而更具有针对性。互换指数分别由下列公式计算

$$I_L = \frac{K_a}{\dfrac{f_a a_a}{f_s a_s}\left(K_s - \lg\dfrac{f_a}{f_s}\right)} \tag{6-11}$$

$$I_F = \frac{K_s f_s}{K_a f_a}\sqrt{\frac{H_{hs}}{39940}} \tag{6-12}$$

$$I_Y = \frac{f_s a_a}{f_a a_s} = \frac{\alpha'_{ay}}{\alpha'_{sy}} \tag{6-13}$$

式中 I_L——离焰互换指数；

K_a、K_s——基准气与置换气的离焰极限常数；

f_a、f_s——基准气与置换气的一次空气因素，其值为华白数的倒数（m^3/kJ）；

a_a、a_s——基准气与置换气完全燃烧释放单位热量所需理论空气量（m^3/kJ）；

I_F——回火互换指数；

H_{hs}——置换气高热值（kJ/m^3）；

I_Y——黄焰互换指数；

α'_{ay}、α'_{sy}——基准气与置换气的黄焰极限一次空气系数。

燃气离焰极限常数由下式计算。

$$K=\frac{K_1r_1+K_2r_2+\cdots}{s_{mix}} \tag{6-14}$$

式中　K_1、K_2、…——单一气体的离焰常数（见表 6-2）；

r_1、r_2、…——燃气中各组分的体积分数（%）；

s_{mix}——混合燃气的相对密度。

表 6-2　单一气体离焰常数

气体	H_2	CO	CH_4	C_2H_6	C_3H_8	C_4H_{10}	C_2H_4	C_3H_6	O_2	CO_2	N_2
K	0.60	1.407	0.670	1.419	1.931	2.550	1.768	2.060	2.90	1.060	0.688
T	0	0	2.18	5.80	9.80	16.85	8.70	13.0	−4.76		

黄焰极限一次空气系数由下式计算

$$\alpha'_y=\frac{T_1r_1+T_2r_2+\cdots}{V_0+0.07r_{in}-0.263r_{O_2}} \tag{6-15}$$

式中　α'_y——黄焰极限一次空气系数；

T_1、T_2、…——单一气体为消除黄焰所需最小空气量（m^3/m^3），见表 6-2；

V_0——燃气理论空气需要量（m^3/m^3）；

r_{in}——燃气中 N_2 和 CO_2 的体积分数（%）。

美国燃气协会以 1 号天然气（$H=44500kJ/m^3$，$s=0.64$）、2 号天然气（$H=38300kJ/m^3$，$s=0.558$）与 3 号天然气（$H=39900kJ/m^3$，$s=0.693$，惰性气体含量大于 10%）为基准气，对各种置换气进行大量试验和计算，获得互换指数的适用范围，如表 6-3 所示。

表 6-3　天然气互换指数适用范围

指数	1 号天然气			2 号天然气			3 号天然气		
	适合	勉强适合	不适合	适合	勉强适合	不适合	适合	勉强适合	不适合
I_L	<1.0	1.0～1.12	>1.12	<1.0	1.0～1.06	>1.06	<1.0	1.0～1.03	>1.03
I_F	<1.18	1.18～1.2	>1.2	<1.18	1.18～1.2	>1.2	<1.18	1.18～1.2	>1.2
I_Y	>1.0	1.0～0.7	<0.7	>1.0	1.0～0.8	<0.8	>1.0	1.0～0.9	<0.9

A. G. A. 的互换指数可以为进一步确认基于华白数与燃烧势燃气互换性的判定，特别是黄焰互换指数，可以弥补燃烧势不能对是否会出现黄焰做出判定的缺点。

6.5　燃气的配制

燃气的配制通常有两种情况，一是作为原有气源的置换气，二是试验用配制气。目前使用较多的作为气源的配制气，是用于替代天然气的液化石油气-空气混合气。试验用配制气则用于燃气用具的生产、研发以及检测，采用的原料气应为使用普遍的单一气体或当地可供燃气，配制中一般采用空气作惰性成分，以获得所需的燃烧性能。下面以液化石油气混空气配制天然气的置换气为例介绍燃气配制的基本原理。

液化石油气的热值是天然气热值的 2～3 倍，可以混空气用作天然气的过渡气源、补充气源或事故气源，为此要求它们具有互换性。

配气计算的主要内容是确定液化石油气与空气的混合比例，根据互换性的要求，液化石油气混空气应按天然气的华白数与燃烧势的要求进行配比计算。天然气的华白数与燃烧势见表 6-1。

两种原料气配比时只有一个未知数，因此配比计算时以华白数作互换标准，以一种原料气的比例作未知数代入华白数计算式求解，并校核燃烧势是否在允许范围内，且应符合液化石油气的体积比例应高于其爆炸上限 2 倍的要求。

液化石油气的体积比例由华白数公式求解

$$W_{NG}=\frac{X_{LPG}H_{LPG}}{\sqrt{X_{LPG}s_{LPG}+(1-X_{LPG})s_a}} \tag{6-16}$$

式中 W_{NG}——天然气华白数（MJ/m^3）；

X_{LPG}——混合气中液化石油气的体积分数（%）；

H_{LPG}——液化石油气热值（MJ/m^3）；

s_{LPG}——液化石油气相对密度；

s_a——空气相对密度，$s_a=1$。

则液化石油气体积分数 X_{LPG} 由下式计算

$$X_{LPG}=\frac{W_{NG}^2(s_{LPG}-s_a)+W_{NG}\sqrt{(s_{LPG}-s_a)^2W_{NG}^2+4H_{LPG}^2s_a}}{2H_{LPG}^2} \tag{6-17}$$

空气体积分数 X_a 由下式计算

$$X_a=1-X_{LPG} \tag{6-18}$$

式中 X_a——混合气中空气的体积分数（%）。

如核算时发现燃烧势超出允许范围，可在允许范围调整天然气华白数，再次计算配比。

液化石油气与空气不能配制天然气以外的其他城市燃气的置换气。其原因为燃烧势偏低，即使调节目标气的华白数，如华白数为标准值的 1.05 倍与 1.10 倍时，其燃烧势仅分别增加 2%～4% 与 4%～7%，且目标气的华白数越大、燃烧势增幅越小。因此，调节华白数仍不能扩大液化石油气混空气的适用范围。

多种燃气配制天然气的置换气时，则以华白数与燃烧势为控制指标，同时采用离焰、回火与黄焰互换指数对配制气的燃烧稳定性作进一步判定。

当采用三种原料气配制置换气时，可大大拓宽配制气的应用范围，例如液化石油气、H_2 与空气可以配制天然气以外的全部城市燃气的置换气。此时，可利用华白数与燃烧势两个计算式联立求解得到三种原料气的配气比。但必须注意的是，要确保可燃成分比例均在爆炸上限两倍以上。

配制燃具检验用的试验气时，按附表进行配制，配制试验气用的单一气体，其纯度一般不低于下述值：

N_2：99%；H_2：99%；CH_4：95%；C_3H_6：90%；C_3H_8：95%；C_4H_{10}：95%。其中 H_2、CO 和 O_2 的总含量应低于1%，氮 N_2 和 CO_2 的总含量应低于2%。

当 CH_4、C_3H_6、C_3H_8、C_4H_{10} 供应有困难时，可根据情况分别选用天然气或液化石油气代替。配制试验气的华白数与表6-1所示的误差宜在±2%以内（包括测量仪器的误差）。

思考题

1. 燃气互换性和燃具适应性所讨论的对象是什么？
2. 燃气性质对互换性的影响表现在哪些方面？
3. 几种判定法中判断燃气互换的指标分别是什么？
4. 城市气源在应用上如何分类？不同类之间能否互换？为什么？
5. 我国在实际操作层面上是如何解决燃气互换性和燃具适应性问题的？

第 7 章

民用燃气用具

民用燃气用具包括居民家庭、公共服务企业等用于制备食品的灶具，以及用于提供家用热水和采暖热源的燃气用具。

7.1 燃气灶具

烹饪分蒸、煮、煎、烤、炸、炒等工艺方法，相应的燃气用具也是多种多样的，如家用燃气灶、烘烤器、烤箱、烤箱灶、中餐灶和西餐灶等。国家标准也把上述各种炊事用具统称为燃气灶具。常用燃气灶具分类如表 7-1 所示。

表 7-1 燃气灶具的分类

分类	定 义	燃烧器形式	基本性能要求	
家用灶	单个燃烧器标准额定热流量小于 5.23 kW 的灶	大气式多火孔燃烧器	要求两眼和两眼以上的燃气灶须有一个灶眼的热负荷不小于 3.5kW；台式灶热效率大于 55％、嵌入式灶热效率大于 50％	每个燃烧器头部应装设熄火保护装置
中餐炒菜灶	单个燃烧器标准额定热流量小于 60 kW 的炒菜灶	大气式多火孔燃烧器鼓风扩散式燃烧器		
大锅灶	单个燃烧器标准额定热流量小于 80 kW 的炒菜灶、锅的公称直径不小于 600mm 的灶	大气式多火孔燃烧器鼓风扩散式燃烧器		
家用烘烤器	标准额定热流量小于 5.82 kW 的烘烤器	大气式多火孔燃烧器	表面无大面积焦痕；内部无夹生	
家用烤箱	标准额定热流量小于 5.82 kW 的烤箱	大气式多火孔燃烧器	表面无大面积焦痕；烤箱内温度差小于 20℃；烤箱中心升温到 200℃的时间小于 20min	
家用烤箱灶	家用灶与家用烤箱的组合形式	大气式多火孔燃烧器	同家用灶与烤箱。保持良好通风	
家用饭锅	焖饭的最大稻米量小于 4L、标准额定热流量小于 4.19kW 的饭锅	大气式多火孔燃烧器	不夹生、不烧焦；米饭中心温度在 80℃以上；热效率大于 50％	

7.1.1 燃气灶

家用灶、中餐炒菜灶、大锅灶的系统结构相似，下面以家用燃气灶为例进行说明。

图 7-1 所示为家用双眼台式灶示意图。它主要由进气管、开关钮、燃烧器、点火装置、熄火保护装置、火焰调节器、灶面、锅支架和框架组成。燃烧器大多采用多火孔头部的大气式燃烧器，火孔多为圆形或方形，火孔中心线与水平面夹角为40°～50°。锅支架高度（火孔端面至锅支架最高部位的距离）一般取25～35mm为宜。至少有一个火眼的锅支架能适应 100mm 直径的平底锅。现代燃气灶具都设有电子（或压电陶瓷）点火装置，为了提高燃气灶的安全性，防止意外中途熄火导致燃气大量泄漏而引发的灾害，国家标准要求每个燃烧器应装设熄火保护装置。嵌入式燃气灶结构与台式灶基本相同，只是在面板上增加了进风口。

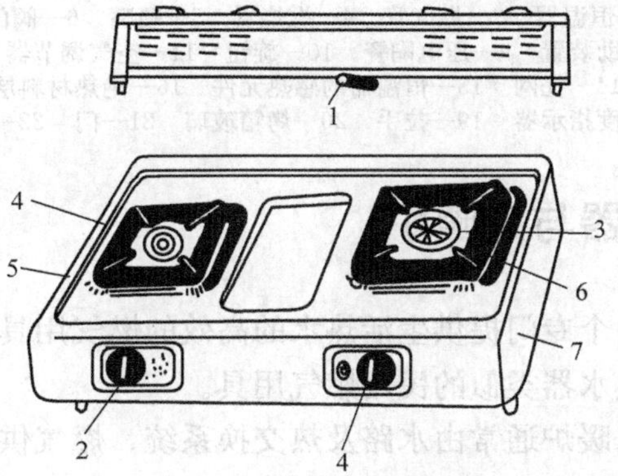

图 7-1 家用双眼台式灶示意图

1—进气管 2—开关调节钮 3—燃烧器 4—盛液盘
5—灶面 6—锅支架 7—框架

7.1.2 燃气烤箱

家用燃气烤箱的加热形式分为自然对流循环式和强制对流循环式两种。前者是热烟气通过其升力在箱内（直火式）或在箱外（间接式）进行循环加热，然后由排烟口逸出；后者则利用风机强制热烟气进行循环加热。后者的优点是可充分利用加热室的空间，减少加热室的预热时间从而缩短烤制时间。

图 7-2 所示为直火式烤箱。燃气管道和燃烧器置于烤箱底部。燃气由进气管 1 经阀门 6、恒温器 2、燃气管 3 和喷嘴 5 进入燃烧器 4 实现燃烧。点火系压电陶瓷点火装置，它由压电陶瓷 9、点火电极 7 和点火辅助装置（燃烧器）所组成。燃气燃烧生成的高温烟气通过对流和辐射换热方式用或烤或蒸的工艺加热食品。最后烟气由排烟口 17 排入大气中。

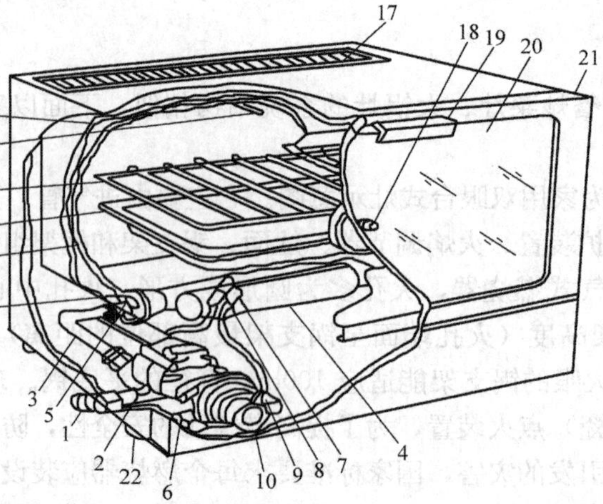

图 7-2 直火式燃气烤箱

1—进气管 2—恒温器 3—燃气管 4—燃烧器 5—喷嘴 6—阀门 7—点火电极 8—点火辅助装置 9—压电陶瓷 10—旋钮 11—空气调节器 12—内箱 13—托盘 14—托网 15—恒温器的感热元件 16—绝热材料层 17—排烟口 18—温度指示器 19—拉手 20—烤箱玻璃 21—门 22—烤箱腿

7.2 燃气热水器与采暖炉

燃气热水器是一个专门提供生活热水的高效的燃气用具，燃气采暖炉是用于建筑单户采暖的与热水器类似的民用燃气用具。

燃气热水器与采暖炉通常由水路及热交换系统、燃气供应及燃烧系统、空气供应与烟气排放系统、自动与安全控制系统组成。

燃气热水器与采暖炉种类很多，按加热水的形式分为直流式（快速式、即热式）和容积式两类；按燃气种类分为人工燃气、天然气、液化石油气；按供风排烟方式可分为直排式、自然给排气烟道式、强制排烟式、强制给排气式；还有冷凝式、低 NO_x、恒温型热水器与采暖炉等。另外采暖炉还分为单采暖的采暖炉（单功能）和带生活热水的双功能采暖炉。

7.2.1 燃气热水器

表 7-2 所示为常用燃气热水器的基本性能要求。

表 7-2 燃气热水器的基本性能要求（GB 6932—2001、GB 18111—2000）

分类	基本性能要求
快速式	热水温度≤95℃；热效率≥84%；燃烧产物的 CO 含量≤0.1%、NO_x 浓度≤260mg/(k·W·h)；运行噪声≤65dB
容积式	热水温度≤95℃；热效率≥75%；燃烧产物的 CO 含量≤0.04%；运行噪声≤65dB

1. 快速式热水器

快速式热水器又称直流式热水器，是指冷水在流经换热器的瞬间被加热至所需要的出水温度的水加热器。它能快速、连续供应热水，热效率比容积式热水器高出5%～10%。

图7-3所示为快速式燃气热水器工作原理简图，其工作原理如下：

（1）水路系统　冷水流经水-气联动装置、水量调节阀后进入上部换热器。在换热器内，冷水被高温烟气加热成为卫生热水输出，供淋浴、洗涤等使用。

（2）燃气系统　燃气进入热水器后，经电磁阀、气量调节阀、水-气联动装置后进入燃烧器。在燃烧器火孔处，燃气被放电火花点燃，形成稳定的火焰。

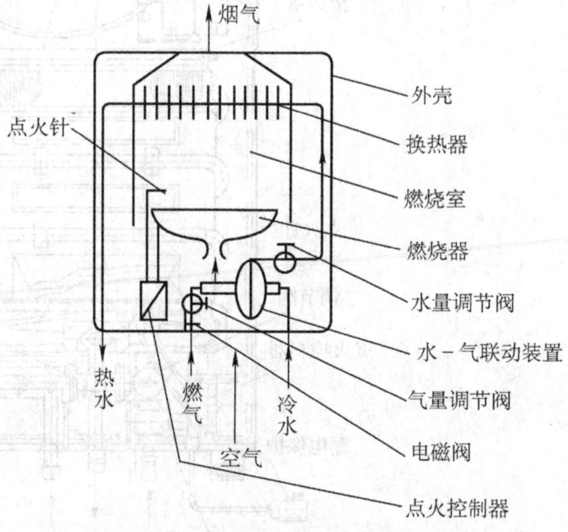

图7-3　快速式燃气热水器工作原理图

（3）给排气系统　燃气燃烧所需空气，可以由自然供风或风机强制供风方式提供。燃气在燃烧室内燃尽，燃烧生成的高温烟气流向换热器，经换热器吸热冷却后，烟气温度下降，最后由排烟口排出。

（4）点火及安全控制系统　燃气热水器均设有电点火系统，安全控制内容很多，包括熄火保护（热电偶、火焰离子检测）、水气连锁、过热保护、过压保护、风压开关、防冻装置、漏电保护等。

（5）自动调节系统　恒温型直流式热水器相对于其他热水器增加了一个自动调节系统，由传感器（水温传感、水流传感、风机转速检测）、计算控制电路和执行机构（比例阀、电动阀、电磁阀组合等）三部分组成。

由于燃气种类和给排气方式不同，热水器在结构设计与运行特性上，均会出现较大的差异。图7-4所示为强制排烟式燃气热水器结构图。

2. 容积式热水器

容积式热水器能储存较多的水，间歇将水加热到所需要的温度。容积式热水器的储水筒分为开放式（常压式）和封闭式两种。前者是在常压下把水加热，热损失较大但易除水垢；后者需要在承受一定蒸气压力下把水加热，热损失较小但筒壁较厚，除水垢也困难。

图7-5所示为封闭式容积热水器。它的燃气系统包括：燃气引入管1、燃气阀门装置2、电气点火装置11、火焰检测装置10和主燃烧器13等。

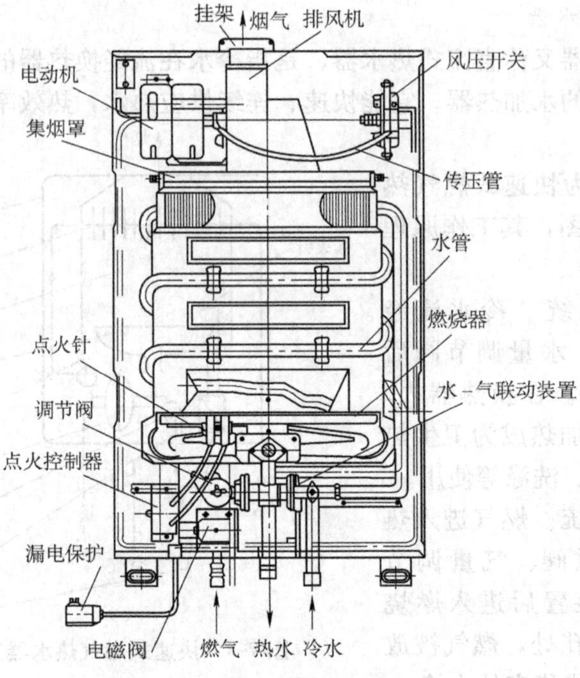

图 7-4　强制排烟式燃气热水器

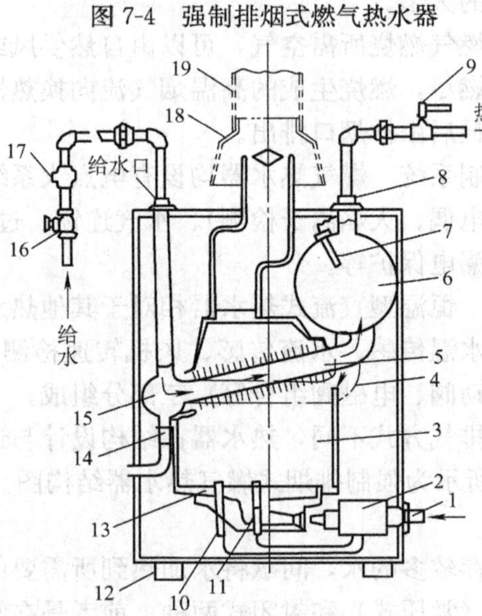

图 7-5　封闭式容积热水器

1—燃气引入管　2—燃气阀门装置　3—燃烧室　4—回流管　5—换热器　6、15—储水箱
7—恒温器　8—出水口　9—出水阀　10—火焰检测装置　11—电气点火装置　12—支脚
13—主燃烧器　14—排水阀　16—给水阀　17—减压逆止阀　18—安全排气罩　19—排气筒

水路系统包括给水阀16、减压逆止阀17、储水箱15及6、回流管4、出水阀9和排水阀14等。

热交换系统包括燃烧室3、换热器5。

烟气排除系统包括烟管、安全排气罩18、排气筒19。

在储水箱6内设有恒温器7，通过它和燃气阀门装置联合工作，根据水温变化情况来控制燃气供应量的多少。火焰检测装置起熄火保护作用。

7.2.2　燃气采暖炉

燃气采暖炉指为适应建筑物的单户采暖，将采暖系统中的配件组合进燃气热水器中，形成的采暖用的燃气热水炉。从而使建筑内的单户小型采暖系统简化成由燃气采暖炉、散热器及管道阀门组成的系统。燃气采暖炉分单采暖和带生活热水的双功能采暖炉。燃气采暖炉从安装形式上还可分为落地式和壁挂式。壁挂式燃气采暖炉也叫燃气壁挂锅炉，多设计为双功能的采暖热水两用炉。燃气两用炉又可分为配有快速式生活热水生产系统的两用炉和配有容积式生活热水系统的两用炉。

1. 配有快速式生活热水生产系统的燃气采暖热水两用炉

配有快速式生活热水生产系统的燃气采暖热水两用炉，其热水供应方式与快速式热水器相同。

图7-6所示为采用翅片式换热器加热采暖用水，同时使用板式换热器加热生活热水的壁挂锅炉结构原理图。其工作原理如下：

（1）燃气系统　在需要加热运行时，燃气安全电磁阀10开启，燃气从接口30顺序经过燃气安全电磁阀10、燃气调节阀9进入燃烧器6。在燃烧器火孔处，燃气和空气的可燃混合气体被电子点火器11的脉冲放电点燃，形成稳定的火焰。如果控制器26接到停止运行的信号，比如停止供暖、出现故障等，此时控制器26控制燃气安全电磁阀10关闭而切断气源，以防止漏气。

（2）采暖水路系统　采暖运行时，采暖回水从采暖回水接口32进入，顺序经过三通阀12、采暖水流开关23、循环泵24，进入主换热器4升温到供水温度后，从采暖供水接口进入室内散热系统。

（3）热水供应系统　燃气两用炉都有热水优先的设计，开启生活热水龙头后，生活热水水流开关25将水流信号发送到控制器，再由控制器指挥三通阀12切换，使锅炉内循环水不进入采暖散热系统，而是经过生活热水换热器13与来自冷水接口31的冷水（比如自来水）换热，被加热后的生活热水从生活热水接口29通往用水处。

（4）给排气系统　燃烧室为封闭系统，只与进风口和排烟道连通，所以燃气燃烧所需空气，是从空气进口18经过烟管外的夹层进入燃烧室，其动力来自设

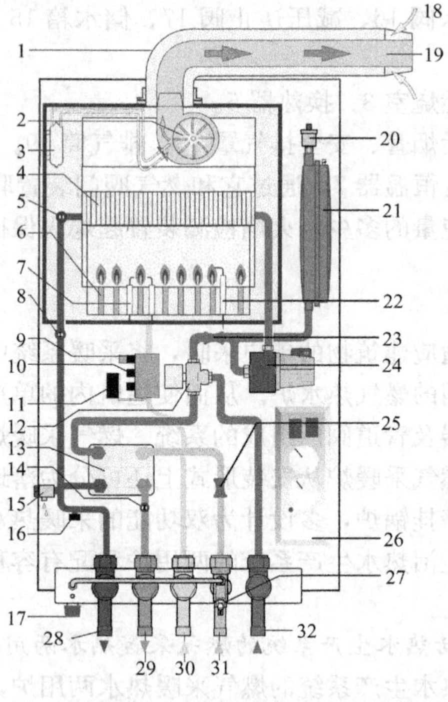

图 7-6 配有快速式生活热水生产系统的燃气采暖热水两用炉结构原理图

1—烟道 2—排风机 3—风压开关 4—主换热器 5—过热保护 6—燃气燃烧器 7—点火电极 8—采暖温度传感器 9—燃气调节阀 10—燃气安全电磁阀 11—电子点火器 12—三通阀 13—生活热水换热器 14—温度传感器 15—压力安全阀 16—缺水保护开关 17—泄水阀 18—空气进口 19—烟气出口 20—自动排气阀 21—闭式膨胀罐 22—火焰检测电极 23—采暖水流开关 24—循环泵 25—生活热水水流开关 26—控制器 27—补水阀 28—采暖供水接口 29—生活热水接口 30—燃气接口 31—冷水接口 32—采暖回水接口

在烟道中的排风机 2；空气与燃气在燃烧室内燃尽，燃烧生成的高温烟气流向主换热器 4，经换热器吸热冷却后，烟气温度下降，由排风机 2 从排烟口 19 排出。

图 7-7 所示为烟管式燃气两用炉，燃烧后的高温烟气流过浸没在水箱中的烟管，将水箱的水加热。采暖运行时，水箱的水供采暖循环使用；使用生活热水时，停止供暖循环，自来水通过生活热水加热盘管吸收水箱水的热量而被即时加热为生活用热水。

此类燃气两用炉的主要特点是生活热水即时加热，因此生活热水的卫生指标容易保证（无生活热水储存容积，不会产生军团菌）。但生活热水的加热需要较大的功率，特别是当生活热水流量要求较大时。此外，当冷水管网供水压力不稳时，也会引起热水出水温度产生波动，因此其舒适性相对较差。

2. 配有生活热水储水箱的燃气热水两用炉

为提高使用生活热水的舒适性，一些采暖炉配有生活热水储水罐，热水加热器（一般为加热盘管）设置在热水储水罐内，而储水罐可以内置（相对容积较小，一般为80L左右），也可外置（容积可以大一些）。图7-8所示为配有容积式生活热水生产系统（水罐外置）的壁挂锅炉结构原理图。

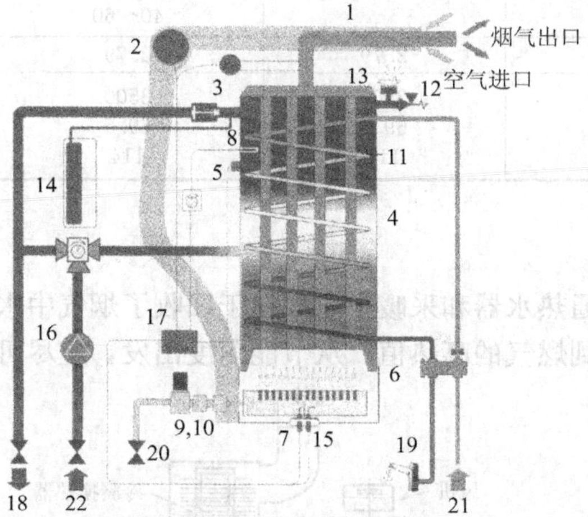

图7-7 烟管式燃气两用炉

1—平衡式烟道 2—风机 3—风压开关
4—壳管式换热器（炉体） 5—温度传感器
6—燃烧器 7—点火电极 8—温度传感器
9—燃气电磁阀 10—燃气喷嘴
11—生活热水加热盘管 12—安全阀
13—自动排气阀 14—闭式膨胀罐
15—火焰检测电极 16—循环泵
17—控制器 18—采暖供水
19—生活热水 20—燃气手动关断阀
21—冷水 22—采暖回水

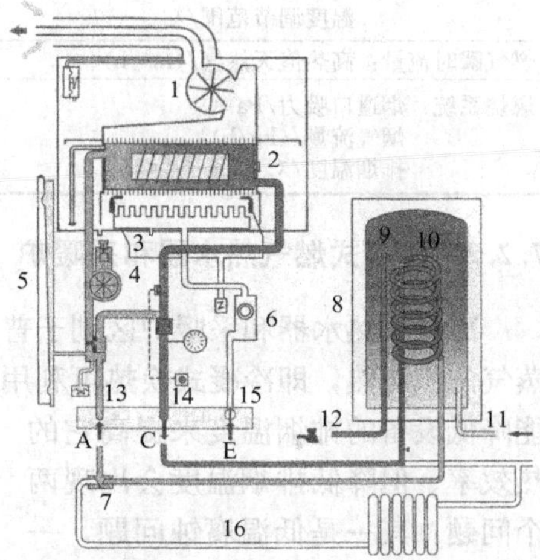

图7-8 带生活热水储水罐的壁挂锅炉

1—风机 2—主换热器 3—燃烧器
4—循环泵 5—膨胀罐 6—燃气电磁阀
7—三通阀 8—生活热水罐 9—生活热水出口
10—加热盘管 11—冷水入口 12—热水龙头
13—采暖供水 14—采暖回水
15—燃气入口 16—采暖循环

表7-3所示为某一燃气采暖炉的规格。

表7-3 某一燃气采暖炉的规格

规 格	仅 供 热	供热、生活热水
输出功率（供热和生活热水）/kW	24	24
燃烧效率（%）	>92	>92
供热最小功率/kW	10	10
生活热水功率/kW		24

（续）

规　格	仅 供 热	供热、生活热水
生活热水最小功率/kW		8
供热系统：水流量（ΔT=20K）/(L/h)	约 1000	约 1000
水阻力/kPa	10	10
生活热水系统：水流量（ΔT=30K）/(L/min)		11.2
温度调节范围/℃		40～60
燃气瞬时流量：高热值天然气/(m^3/h)	2.79	2.79
燃烧系统：烟道口吸力/Pa	3500	3500
烟气流量/(kg/h)	69.5	69.5
排烟温度/℃	114	114

7.2.3　冷凝式燃气热水器和采暖炉

冷凝式热水器和采暖炉区别于普通热水器和采暖炉之处在于回收了烟气中水蒸气的汽化热，即冷凝式换热可利用到燃气的高热值。从节能角度出发，应尽可能降低设备的排烟温度来提高它的热效率。但降低排烟温度会出现两个问题：其一是低温腐蚀问题，一旦排烟温度接近或低于烟气的露点，含酸的凝结水会腐蚀热水器的换热器和燃烧器等，减少燃气用具的寿命；其二是含酸的凝结水排出燃气用具后对它所流经的金属和建筑物均有腐蚀作用。为了做到既要回收余热又能保持燃气用具的原有寿命，冷凝式加热设备需增设余热回收器和凝结水处理装置。冷凝式热水器和采暖炉的工作原理与普通热水器和采暖炉除换热部分其他大致相同，所以本小节只介绍其换热特性。

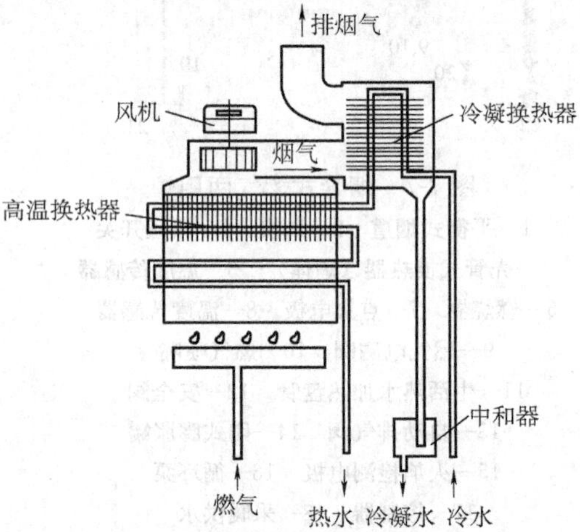

图 7-9　冷凝换热器布置在排风机后的冷凝式热水器

图 7-9 所示为一冷凝换热器布置在排风机后的冷凝式热水器。该型热水器在排风机后增设冷凝换热器作为余热回收器，并在其下面设置凝结水收集器，酸性冷凝水被中和或经冷水稀释后排入下水道。燃用天然气时，冷凝水的 pH 值为 3.0～4.0。

如果采用中和方式，则是在中和器内利用镁改变水质，其化学反应如下

$$Mg+2H_2O=Mg(OH)_2+H_2$$

$$Mg(OH)_2+2HNO_3=Mg(NO_3)_2+2H_2O$$

$$Mg(OH)_2+H_2SO_4=MgSO_4+2H_2O$$

$Mg+2HNO_3=Mg(NO_3)_2+H_2$

$Mg+H_2SO_4=H_2+MgSO_4$

反应生成物硝酸镁和硫酸镁是溶于水的，与水一起排掉。

图 7-10 所示为烟气向下流动的冷凝式热水器。其特点是燃烧器布置在顶部，烟气向下流动。这种布置，冷凝水排出方向与烟气流动方向一致，有助于冷凝水顺畅排出，避免其滞留在换热器上。

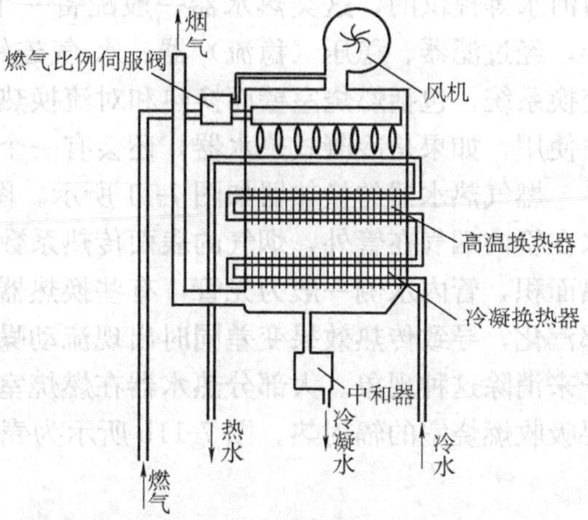

图 7-10 烟气向下流动的冷凝式热水器

冷凝式燃气热水器及采暖炉的结构特点：

1）冷凝式燃气炉的换热器与普通燃气炉的换热器的主要区别在于抗腐蚀与排除冷凝液。目前常用的换热器主要有两类：不锈钢换热器与铸硅铝换热器。不锈钢具有较好的抗腐蚀能力，在换热器的设计上，大多采用并联方式，这样可以减小阻力损失及运行噪声。铸硅铝换热器的特点是抗腐蚀能力强，由于使用铸造工艺，因此不受机加工工艺的限制，可以根据需要铸成各种形状，以达到最佳的换热与排除冷凝水的效果。

2）冷凝式燃气炉大多采用全预混燃烧方式，而普通燃气炉大多采用部分预混燃烧方式。

3）控制和安全系统要考虑采用全预混燃烧方式的防爆及空燃比控制。

冷凝式热水器及采暖炉的节能特点：

1）冷凝式换热有助于提高热效率。对某冷凝式热水器实测，换热器高温段换热系数约 45W/(m^2·℃)，冷凝段约 150W/(m^2·℃)，冷凝段传热系数可提高 3 倍左右。

2）冷端水温影响热效率。对某冷凝式燃气采暖炉实测可知，按低热值计算，当供/回水温度为 75/60℃时热效率为 95%，而供/回水温度为 30/40℃时热效率可达 105%。

3）换热面积影响热效率。实验表明，按高热值计算，热效率从 80%提高至 90%，其换热面积需增加约 50%；若要提高到 95%，则需增加约 1 倍的换热面积。

4）采用全预混燃烧方式可将过剩空气系数控制到 1.2 左右，比采用大气式燃烧（为 2.0 左右）时提高热效率 2%以上。因为过剩空气量的减少，可增加燃烧后烟气的水蒸气比例，有利于提高冷凝换热效率。

7.2.4 燃气热水器与采暖炉的系统组成

1. 热交换系统

燃气热水器一般由自来水管道提供水源，当然也有用于野外的特殊热水器是由河水等提供的，这类热水器一般配备一个潜水泵。自来水经冷水阀进入热水器，经过滤器、稳压（稳流）器、水-气连锁或水流传感器、水量调节阀进入热交换系统，包括燃烧室壁面换热和对流换热器两部分换热，最后经热水出口供用户使用，如果是冷凝式热水器，还会有一个冷凝段换热器。

燃气热水器的换热器如图 7-11 所示。图 7-11a 所示为带翅片的盘管换热器，水在管内烟气在管外，烟气的表面传热系数低于水，所以在烟气侧加翅片增大换热面积，管内水侧一般为光管，有些换热器工作温度较高，水在管壁处易形成局部汽化，导致传热效果变差同时出现流动噪声，有些热水器在水管内布置弹簧扰子来消除这种现象。大部分热水器在燃烧室壁面上布置盘管，形成水冷铜壁，主要吸收燃烧室的辐射热。图 7-11b 所示为壳管式换热器。

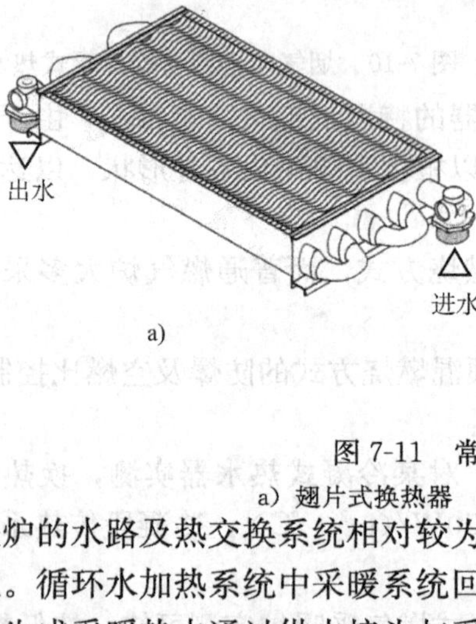

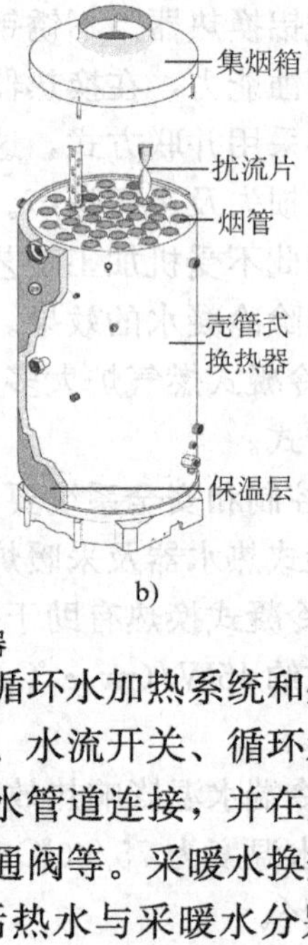

图 7-11 常用换热器

a）翅片式换热器 b）壳管式换热器

采暖炉的水路及热交换系统相对较为复杂，分为循环水加热系统和生活热水加热系统。循环水加热系统中采暖系统回水经三通阀、水流开关、循环水泵、采暖换热器生成采暖热水通过供水接头与采暖系统的供水管道连接，并在系统中设置了闭式膨胀罐、自动排气阀、安全阀及旁通管、旁通阀等。采暖水换热器有翅片式和管壳式（容积式）两类，如图 7-11 所示。生活热水与采暖水分别为两套独立的系统，这是因为采暖循环水是不能满足生活热水的卫生标准的，为了共用一套燃烧系统，生活热水通常为间接加热，将采暖循环水的热量通过水-水换热器交换给生活热水。水-水换热器通常有直流式（又称快速式或即热式）和容积式两类。图 7-12 所示为直流式生活热水系统原理。供生活热水时，三通阀切换到使加热水通过板式换热器间接加热生活热水的状态。此时暂停采暖供水。

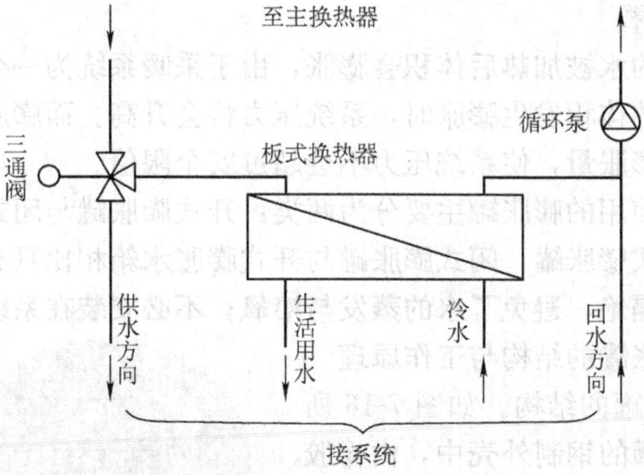

图 7-12　直流式生活热水系统原理图

直流式水-水换热器一般采用板式换热器或组合式换热器。图 7-13、图7-14所示为板式换热器，板式换热器高效、可靠，为多数采暖炉所采用。图 7-15 所示为组合式换热器，将采暖水和生活热水加热组合在一起，从而省去了单独的板式换热器，是一种节省成本的形式，但这种形式中生活热水由采暖水间接加热，容易导致采暖水加热系统水温偏高、热惰性增大、换热效率下降等不利影响。

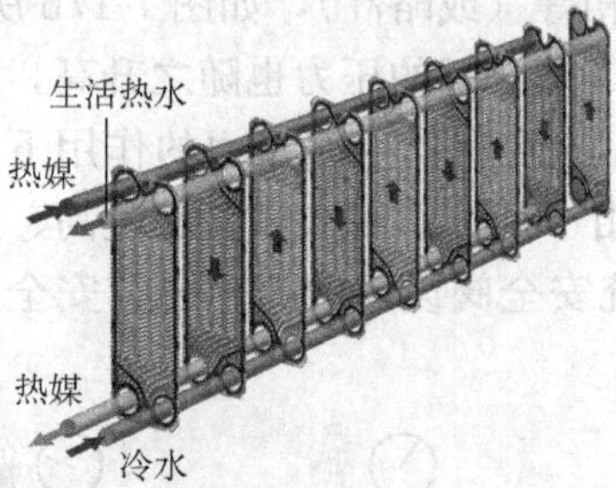

图 7-13　板式换热器展开原理

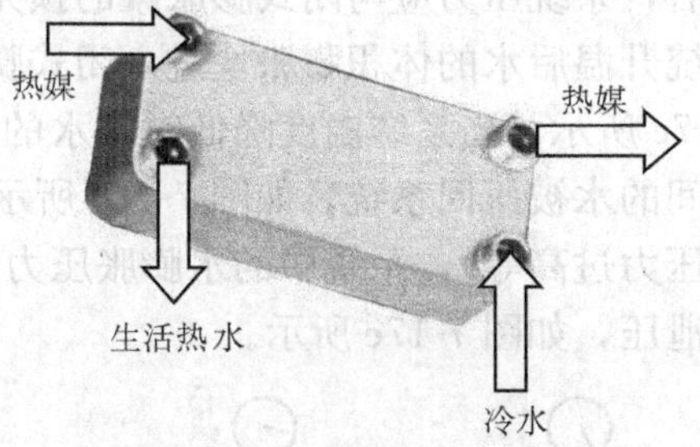

图 7-14　焊接式板式换热器

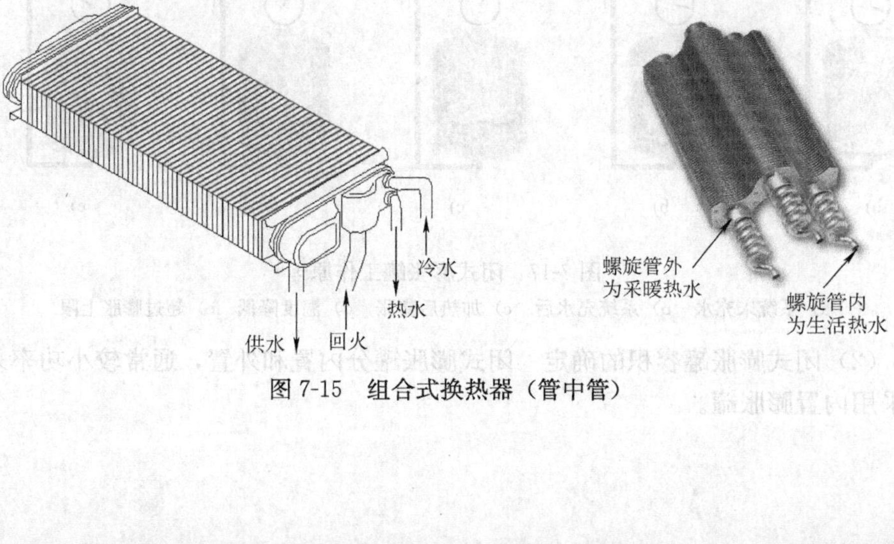

图 7-15　组合式换热器（管中管）

2. 闭式膨胀罐

采暖系统中的水被加热后体积会膨胀，由于采暖系统为一个封闭式系统，因此，当其中的水的体积发生膨胀时，系统压力将会升高。而膨胀罐的作用就是吸收系统水体积的膨胀量，使系统压力不会超过安全限值。

采暖系统中使用的膨胀罐主要分为两类：开式膨胀罐与闭式膨胀罐，在采暖炉中一般使用闭式膨胀罐。闭式膨胀罐与开式膨胀水箱相比具有以下优点：采暖系统与空气完全隔绝，避免了水的蒸发与溶氧；不必安装在系统的最高处。

（1）闭式膨胀罐的结构与工作原理

1）闭式膨胀罐的结构。如图 7-16 所示，在闭式膨胀罐的钢制外壳中，由橡胶隔膜将空间分为两部分：气体空间与水空间。水空间一侧通过接口与采暖系统相连；气体空间中预充有一定压力的气体（一般为 N_2），充气压力的大小可通过充/排气嘴调节。

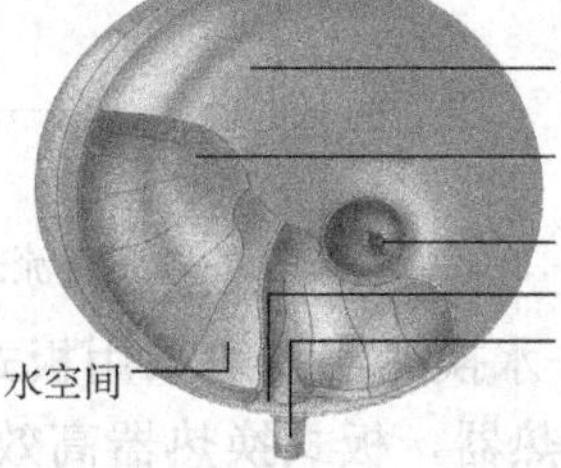

图 7-16　闭式膨胀罐结构

2）闭式膨胀罐工作原理。图 7-17 所示为闭式膨胀罐的工作过程。当系统充水后，系统压力应与闭式膨胀罐的预充气压力相等（或略高），如图 7-17b 所示。系统升温后水的体积膨胀，进入闭式膨胀罐，气体空间的压力也随之升高，如图 7-17c 所示。当系统温度降低时，水的体积减小，在气体空间压力的作用下，水空间的水被压回系统，如图 7-17d 所示。如果由于某种原因（如温度过高、预充气压力过高等），系统中的水膨胀压力超过系统安全阀设定的压力时，安全阀打开泄压，如图 7-17e 所示。

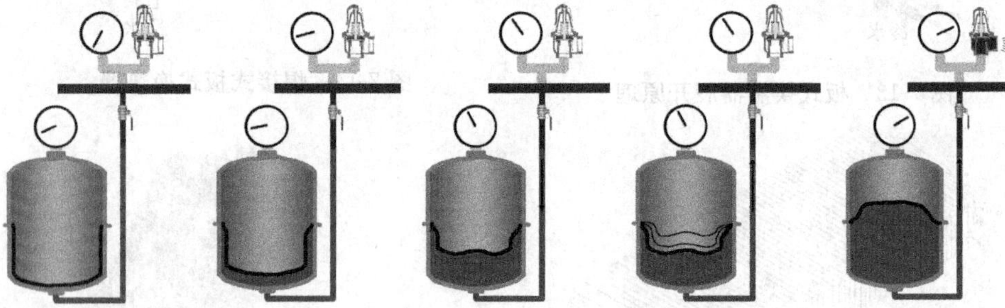

图 7-17　闭式膨胀罐工作原理

a）系统未充水　b）系统充水后　c）加热后膨胀　d）温度降低　e）超过膨胀上限

（2）闭式膨胀罐容积的确定　闭式膨胀罐分内置和外置，通常较小功率采暖炉采用内置膨胀罐。

闭式膨胀罐的容积大小与以下因素有关：系统容水量、系统工作温度、闭式膨胀罐的预充气压力、闭式膨胀罐安装位置的静水压头、系统充水压力以及系统安全阀的设定压力。闭式膨胀罐的容积可按式（7-1）计算

$$V=\frac{W\times(v_2-v_1)\times10^3}{1-\dfrac{p_p}{p_{max}}} \tag{7-1}$$

式中　V——闭式膨胀罐容积（L）；

W——系统容水量（kg）；

v_1——系统温度最低时的水的比体积（m^3/kg）；

v_2——系统温度最高时的水的比体积（m^3/kg）；

p_p——闭式膨胀罐预充气压力（绝对压力）（Pa）；

p_{max}——系统工作最高压力（绝对压力，安全阀开启压力）（Pa）。

【例 7-1】　某系统总容水量为 500kg；最高工作温度 80℃；注入的冷水温度 10℃；安全阀整定压力（开启压力）为 3×10^5 Pa，系统充水压力为 1×10^5 Pa。确定闭式膨胀罐容积。

【解】　计算步骤如下：

（1）水的参数确定

水在 10℃时的比体积 $v_1=1.0003\times10^{-3}m^3/kg$

水在 80℃时的比体积 $v_2=1.0290\times10^{-3}m^3/kg$

（2）闭式膨胀罐的压力确定

预充气压力取为系统注水压力 $p_p=(1.0+1)\times10^5Pa=2.0\times10^5Pa$

安全阀整定压力 $p_{max}=(3.0+1)\times10^5Pa=2.0\times10^5Pa$

则由式（7-1）得

$$V=\frac{200\times(1.0290-1.0003)}{1-\dfrac{2.0\times10^{-5}}{4.0\times10^{-5}}}L\approx11.5L$$

即闭式膨胀罐的容积不应小于 11.5L。

由于闭式膨胀罐在系统中同时起到定压的作用，因此闭式膨胀罐的安装位置最好在循环泵的入口处，这样，当循环泵运转以后，系统中各处的压力均高于充水压力，有利于系统的正常运行。

3. 燃气供应及燃烧系统

燃气经进气口进入热水器后，流经过滤器、电磁阀、调压（稳压）器、气量调节阀、水-气连锁装置、集气管、喷嘴后进入燃烧器，燃气与空气混合后在燃烧室燃烧释放出热量。

燃气热水器及采暖炉上设置有三种类型的燃气阀：关闭阀、安全切断阀、气量调节阀。水-气连锁装置中的燃气阀作为关闭阀使用；电磁阀作为安全切断阀，

是各种安全保护装置的执行机构；气量调节阀用于调节燃气量，在普通热水器上一般采用手动调节阀，在自动控温型（恒温）热水器和采暖炉上采用比例阀或电动阀等，气量调节阀密封性要求不高，不允许作为关闭阀使用。

燃气热水器上普遍使用大气式燃烧器，少数人工燃气因燃烧速度太快易回火而采用扩散式燃烧，全预混燃烧用于热水器最大的弊端是负荷调节很困难，一般不适合直流式热水器使用。热水器用大气式燃烧器有水平式和立式两种，前者引射器水平布置，燃烧器高度小，流动阻力稍大；后者引射器垂直布置，阻力稍小，高度较大。燃烧器一般采用不锈钢板材冲压而成，火孔一般做成条缝形，条缝宽度尽可能小，这样可有效阻止回火现象的发生。

4. 空气供应与烟气排放系统

燃气热水器的空气供应与烟气排放系统随着热水器的类型不同有着很大的区别。

现代燃气热水器或采暖炉大量采用平衡式强制排烟方式。在风机的作用下通过平衡烟道，将烟气排到室外，同时将室外的空气吸入炉内供燃烧，如图 7-18 所示。所谓“平衡”是指在锅炉排烟过程中，锅炉密闭腔室中压力的平衡，排烟流量与吸入的空气流量基本相同。当烟道末端压力发生变化时（如刮风），由于压力平衡的关系，不会影响燃气的燃烧工况及排烟。

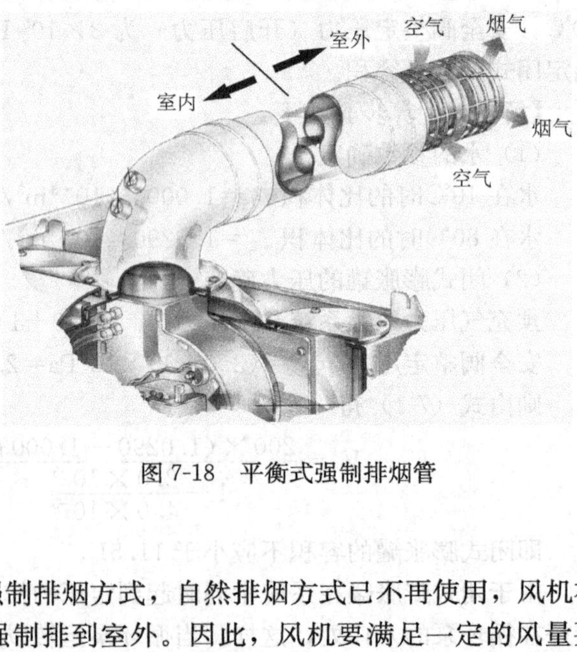

图 7-18 平衡式强制排烟管

5. 风机

现代的壁挂锅炉大都采用强制排烟方式，自然排烟方式已不再使用，风机在壁挂锅炉中的作用就是将烟气强制排到室外。因此，风机要满足一定的风量要求，同时还要具有一定的压头，用以克服排烟系统的阻力。当风机设置在排烟侧（将烟气抽出）时，应使用高温风机。

风机选择的依据是管路系统的最大流量、管路系统所需的最大压头、气体的温度、气体的密度以及工作条件下的大气压力。

在实际选择时，风量要乘安全系数 1.1，风压要乘安全系数 1.2。

当采用离心式风机时，由于风机特性往往是在 20℃、一个标准大气压（101325Pa）、介质为空气时的性能，故选择风机时，应根据实际工况按表 7-4 所

（2）选择风机用的风压为

$$p = 1.2 \times 263\text{Pa} = 316\text{Pa}$$

（3）按表 7-4 换算为

$$q_{V,s} = 141\text{m}^3/\text{h}$$

$$p_s = 316 \times \frac{101325}{79993} \times \frac{273+114}{273+200} \times \frac{0.745}{0.855}\text{Pa} = 285\text{Pa}$$

（4）查产品样本，选 RLG97 风机，其性能如下：最大扬程相应的压力 $\Delta P_s = 300\text{Pa}$；最大流量 $q_{V,s} = 145\text{m}^3/\text{h}$；功率 $P_s = 60\text{W}$，最高使用温度 250℃。

7.3 民用燃气用具的自动与安全控制装置

随着技术进步及生活水平的提高，在近代燃气用具上，都装有各自所需的自动调节与安全控制装置。这种燃烧自动调节及安全装置是一种基本上不用人直接监视和操纵，而能对整个燃烧过程进行自动调节和控制的机构。

燃气燃烧自动调节和控制装置是凭控制对象的一些物理量，如温度、压力及流量等的变化自动地调节燃烧过程，并保证其安全运行。

现在的燃气烹饪灶具都装有自动点火系统及熄火保护装置。烘箱及烤箱除自动点火系统及熄火保护装置外，还装有温度调节系统。家用快速热水器及采暖炉，除上述装置外，一般还装有燃气压力调节、缺氧保护、过热保护及水-气联锁等装置。下面介绍这些民用燃气自动与安全装置的基本原理。

7.3.1 自动点火

用于燃气用具的点火装置形式很多，传统的方式主要有火焰点火、热物体点火、电火花点火。但由于自动化程度的提高，目前在民用燃气用具上几乎都使用了电火花点火方式。所以本书只介绍电火花点火装置。

民用燃气用具的电火花点火主要有两种：压电陶瓷和电脉冲点火。早期燃气用具产品以手动点火为主，大量采用压电陶瓷配以长明火的形式，这样的系统最大的优势是不需电源，但由于每次只产生一个电火花，点火成功率受到很大限制。随着对控制要求的提高，外加电源已成为必需，因此能产生连续火花的电脉冲点火成为主导。

1. 压电陶瓷点火装置

给一种晶体（亦称“压电陶瓷”）施加一定的压力就会放电，这种放电现象就叫“压电”。如图 7-19 所示，借外力使压电陶瓷Ⅰ与Ⅱ相冲击，将机械能转变为电能，输出 8～18kV 高压，击穿电极间隙 4～6mm，产生电火花，并用以点燃燃气。

压电陶瓷的使用寿命通常在3万次以上。

2. 连续电脉冲点火装置

目前用在燃气用具上的连续电脉冲点火装置，大致可分为可控硅式和电压开关管式两种形式，它们的工作原理基本相同，唯一不同的是在放电频率的控制形式上。

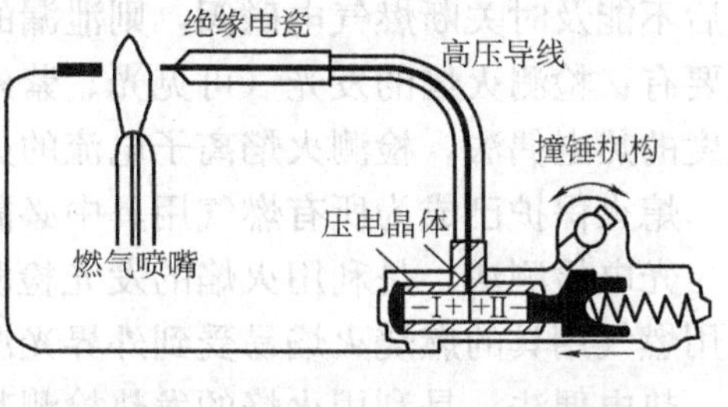

图 7-19 压电陶瓷点火装置

图 7-20a 所示线路工作原理是：点火开关 S 闭合，由 R_1、V_1 和 T_1 一次线圈组成的振荡电路起振，经 T_1 的二次线圈升压，二极管 V_2 整流后，一路到电容 C_1 储能，另一路通过 R_2 对 C_2 进行充电。因双向触发二极管 V_3 的阻断特性，当 C_2 两端的电压达到 V_3 的开通电压时，V_3 导通，C_2 储存的能量击发可控硅导通，C_1 通过可控硅 V_4 和 T_2 的一次线圈回路放电。在 T_2 的二次线圈中感应出一个高压脉冲，击穿两极间隙产生一个电火花。C_2 在触发 V_4 后，因其端电压低于 V_3 的开通电压，V_3 关断，电路进行第二次充放电过程。改变 R_2、C_2 的大小，可以改变高压放电火花的放电频率。

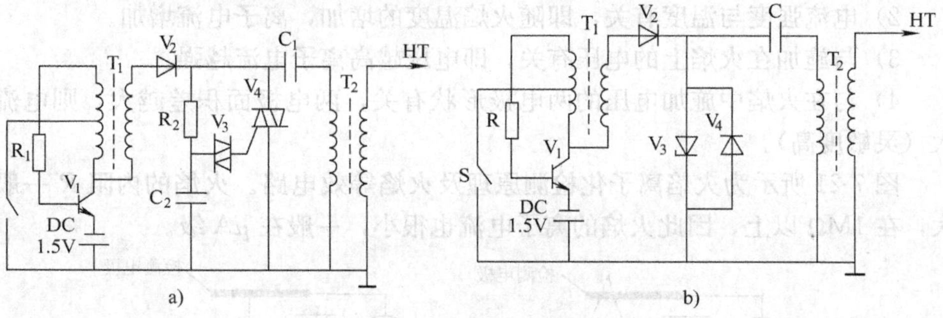

图 7-20 连续电脉冲点火装置

a）可控硅式 b）电压开关管式

图 7-20b 所示线路工作原理基本上与图 7-20a 线路相同，不同之处是在电火花放电频率的控制上。本线路利用一只电压开关管的通断来控制放电频率。当 C 充电储能，电压开关管 V_3 两端电压达到其开通电压时，其立即导通，C 通过 V_3、T_2 的初级线圈回路放电，在 T_2 的次级线圈中感应出一个高压电脉冲。此时，V_3 两端电压降低，即关断，电路进行第二次充放电过程此线路的放电频率基本不可调，放电频率的快慢完全取决于 V_3 的电压开关值。

7.3.2 熄火保护

判断火焰是否熄火是保证燃气不发生意外泄漏的重要措施之一。如果发生熄火后不能及时关断燃气电磁阀，则泄漏的燃气有可能引起爆炸。检测火焰的方法主要有：检测火焰的发光（可见光、紫外线、红外线）的光电检测法，检测火焰温度的热电偶法，检测火焰离子电流的火焰离子检测法。

熄火保护已成为所有燃气用具中必需的安全保护装置。

光电检测法，是利用火焰的发光检测其是否存在的方法。但为了便于观察，民用燃气用具的燃烧火焰易受到外界光源的干扰，不适合光电检测法。

热电偶法，是利用火焰的发热检测其是否存在的方法。热电偶法的缺点是存在反应滞后的问题，因为火焰熄灭到冷却有一定过程，其间如果不能及时切断燃气阀，会有一定的燃气泄漏，导致浪费和污染环境。但也有部分燃气灶具使用热电偶。

目前，火焰离子检测法是使用较广泛的熄火保护方法。

1. 火焰离子检测熄火保护装置

在燃烧过程中，火焰内部会产生大量的正、负离子。当有外加电场施加于火焰时，这些正、负离子便会在电场的作用下产生定向移动，因此产生电流，称之为火焰离子电流。火焰离子电流具有以下特点：

1）单向性，即火焰具有整流的作用。

2）电流强度与温度有关，即随火焰温度的增加，离子电流增加。

3）与施加在火焰上的电压有关，即电压越高离子电流越强。

4）与在火焰中施加电压的两电极形状有关，两电极面积差越大，则电流越大（灵敏度高）。

图 7-21 所示为火焰离子化检测原理及火焰等效电路。火焰的内阻 R 一般很大，在 1MΩ 以上，因此火焰的离子电流也很小，一般在 μA 级。

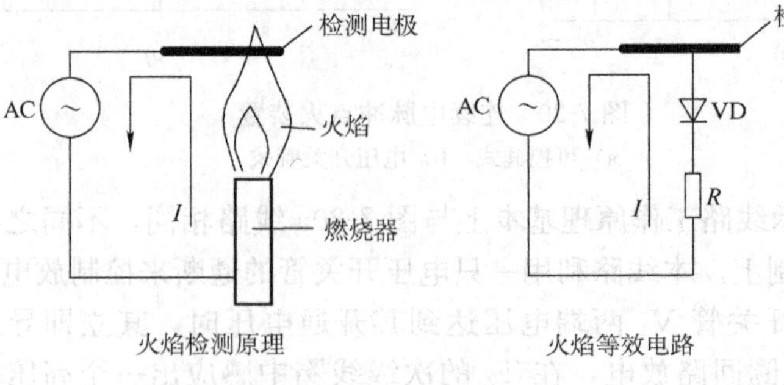

图 7-21 火焰离子化检测原理及火焰等效电路

在点火变压器打开且正常放电产生火花的情况下打开燃气电磁阀，在打开燃气电磁阀后的一段“安全时间”（一般为 2～3s）内，控制器应通过火焰离子探针检测到足够强度的离子电流，否则判为点火失败。在燃烧器工作期间，控制器始终通过离子电极监测这一电流值，一旦发现电流过小，则立即关闭燃气电磁阀。

在一些采暖炉中，火焰离子检测与点火共用一根电极，在电路上进行切换。采暖炉启动时，该电极为点火电极，点火时间结束后则转换为火焰检测电极。

2. 热电偶熄火保护装置

图 7-22 所示为带点火燃烧器的系统采用热电偶作为熄火保护装置的工作原理。按下操作钮，将点火燃烧器的气路接通，同时使点火装置产生电火花，点火燃烧器被点燃，热电偶的感热部分被加热，由于热电偶的"热惰性"，需保持此状态一段时间，直到热电偶产生的电流能激励电磁阀的铁芯和衔铁保持吸合状态，再松开操作钮，此时主燃烧器气路打开，主燃烧器被小火燃烧器点燃。在没有点火燃烧器的系统上，也可直接检测主燃烧器的火焰。

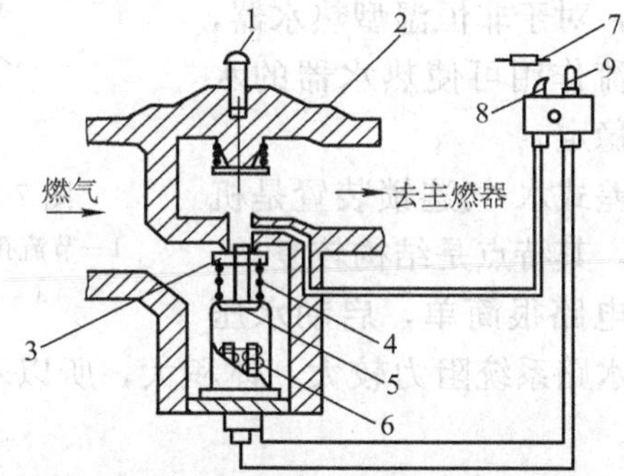

图 7-22 热电式熄火保护装置工作原理

1—操作钮 2—阀体 3—密封垫 4—弹簧 5—衔铁 6—电磁铁心 7—点火针 8—点火燃烧器 9—热电偶

如在使用中火焰熄灭或其他原因造成热电偶热端温度下降，导致热电偶产生的电流降低到一定值时，电磁阀的铁心和衔铁脱离，在弹簧力的作用下，电磁阀的密封垫切断气路，有效防止人身事故和节省能源。

7.3.3 水-气连锁

水-气连锁是为保护热水器的热交换系统不会因干烧导致损坏而设置的，常用的有压差式和水流开关式两类。

1. 压差式水-气连锁

图 7-23 所示为压差式水-气连锁装置的工作原理。在供水管中设一节流孔（或者文丘里管），将水气联锁阀的水膜阀内两个腔分别接到节流孔前后（或文丘里管的喉部和出口）位置上。当水流过节流孔（或文丘里管）时，薄膜两侧产生压差，致使薄膜向左位移，克服燃气阀的弹簧力而顶开燃气阀盘，燃气进入主燃烧器燃烧；水流停止时节流孔前后压差消失，在弹簧力作用下燃气阀关闭，从而保证燃烧器在没有水流时停止燃烧。文丘里管比节流孔的阻力损失要小，特别是在低水压工作的时候文丘里管的优势很明显。

差压式水膜阀的膜片两侧压差是与水流量的大小成正比的，因此将膜片与一个调节阀芯连接在一起，就可以形成一个稳流阀，当流量增大时，膜片两侧的压差也增大，膜片带动阀芯运动减小阀口开度，从而减小流量，反之，当流量减小时，阀的开度会增大，从而保持流量的稳定，对于非恒温型热水器，这种稳流作用可使热水器的水温比较稳定。

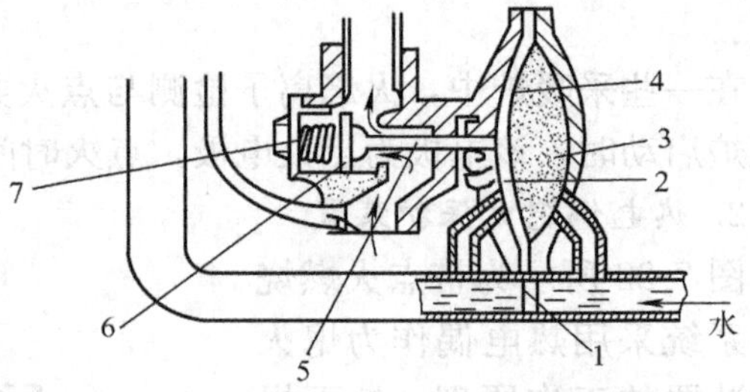

图 7-23 压差式水-气连锁装置工作原理

1—节流孔 2—水腔（低压侧） 3—水腔（高压侧） 4—薄膜 5—阀杆 6—燃气阀 7—弹簧

压差式水-气连锁装置是机械式的，其特点是结构较复杂，但控制电路很简单，启动水压较高，水路系统阻力较大，体积大，所以不宜于用在 10L/min 以上的大容量热水器上。

2. 水流开关式水-气连锁

水流开关式水-气连锁是在水路中设置一个水流传感器，通过水路中磁性翻板随水流动作或带磁极的转子随水流旋转，使水管外的霍尔元件产生一个电信号，再根据这个电信号控制燃气管路中的电磁阀的开启，达到水-气连锁的目的。翻板式水流开关性能不稳定，容易因摩擦力增大或其他原因导致不能复位，引起水-气连锁失效。目前主要采用转子式水流传感器。

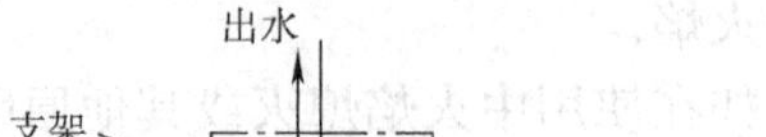

图 7-24 轴向叶轮式水流传感器

转子式水流传感器主要采用叶轮式传感器，有轴向叶轮式和切向叶轮式，切向叶轮的力矩大些，但转速小，不利于精确测量，只适用于作为水流开关。但在恒温热水器上，需要设置水量检测装置（以便向控制器输入水量信号），为此，普遍采用图 7-24 所示的轴向叶轮式水流量传感器（既作水流开关也作流量检测），在叶轮的圆周方向设置若干对磁极，随着叶轮的旋转，附着在管外的霍尔元件受交替变换的磁场作用，输出一个与叶轮转速成正比的脉冲信号，由于是单位时间内的频率信号，所以频率越低误差就越大，为了提高水流传感器的输出频率，设计传感器时在不致造成太大阻力损失的前提下应尽可能提高水轮的转速，同时，普通的水流开关只用两对磁极，水流量传感器则通常采用充磁的方式生成三对磁极。

水流开关式水-气连锁是电气式的，启动水压低，水路系统阻力小，体积小，在 10L/min 以上的大容量热水器上已普遍采用。

7.3.4 燃气阀组

燃气阀组是作为燃气流量调节的必要环节，在采用手动调节的燃气用具中，通常采用旋塞阀作为燃气流量的调节手段，这也是最经济实用的调节手段。但随着安全控制标准的提高，要实现自动及安全控制，则需增加电磁阀。

现代燃气热水器和采暖炉中很多采用了温度自动控制系统，由于需要自动调节燃气流量，所以需要一个针对燃气流量的执行机构。作为执行机构，电动阀是比较常用的手段，但电动阀每个动作的行程较大，加大了系统的响应时间，同时，作为气体流量的执行机构易受压力波动的影响，因此比例阀就成为燃气流量控制的首选。所谓比例阀是指燃气流量与输入执行机构的电流或电压大小成比例。比例阀大致有两种类型，一类是压力型，一类是流量型。压力型比例阀输出的是一个稳定的压力，其原理类似于调压器，所不同的是将调压器的平衡弹簧换成了可以调节磁力大小的磁力线圈，通过改变线圈电流的大小来改变磁力的大小，从而获得所需的燃气压力输出，再通过其后孔径一定的喷嘴获得一个稳定的流量；流量型比例阀输出的是一个稳定的流量，其原理类似于一个稳流阀，通过节流元件产生的与流量信号成正比的压差信号，作用于膜片的两侧产生一个推力，磁力线圈产生的磁力与此推力相平衡，从而获得一个稳定的流量输出。两种比例阀的共同点就是燃气流量不受进口燃气压力的影响，不同点在于燃气流量一个依赖于喷嘴，一个不受喷嘴孔径的影响。图 7-25 所示为燃气比例阀的一种结构形式。

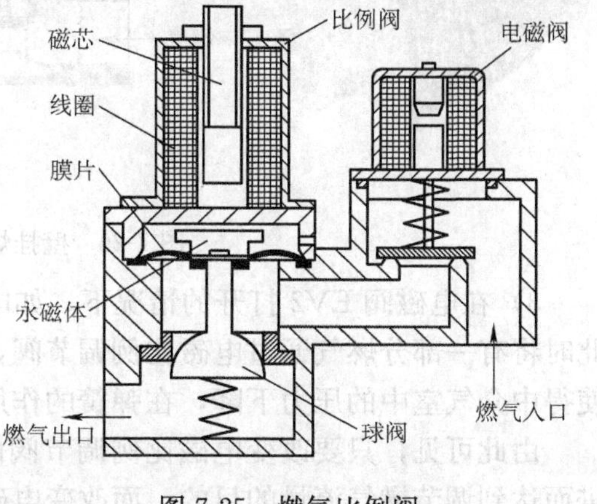

图 7-25 燃气比例阀

图 7-26 所示为用于采暖炉的带比例调节功能的燃气阀组，它由两个电磁阀 EV1、EV2，一个电磁比例调节阀及一个伺服阀组成。电磁阀 EV1 的作用是切断燃气，特别是在控制器发出紧急关断指令时。EV2 的作用是控制燃气是否可以进入调节阀。电磁比例调节阀的作用是通过改变比例调节阀芯的位置来改变中介气室中的压力，进而控制伺服阀的开度。伺服阀用于调节燃气流量。燃气阀组的工作原理如下：

1）当电磁阀 EV1 得电后将打开，燃气通过电磁阀 EV1 直至空间①。此时如电磁阀 EV2 不开启，则燃气无法进入并通过电磁比例调节阀。

2）当电磁阀 EV2 得电打开后，此时如电磁比例调节阀的阀芯处于关闭状态，则燃气首先通过电磁阀 EV2 经通路②进入中介气室。在中介气室内压力的作用下，克服弹簧力使伺服阀的阀芯被向上推起并打开。燃气通过伺服阀流出燃气阀组，此时为最大流量。伺服阀开度的大小（燃气流量大小）取决于中介气室膜片两侧的压力差。

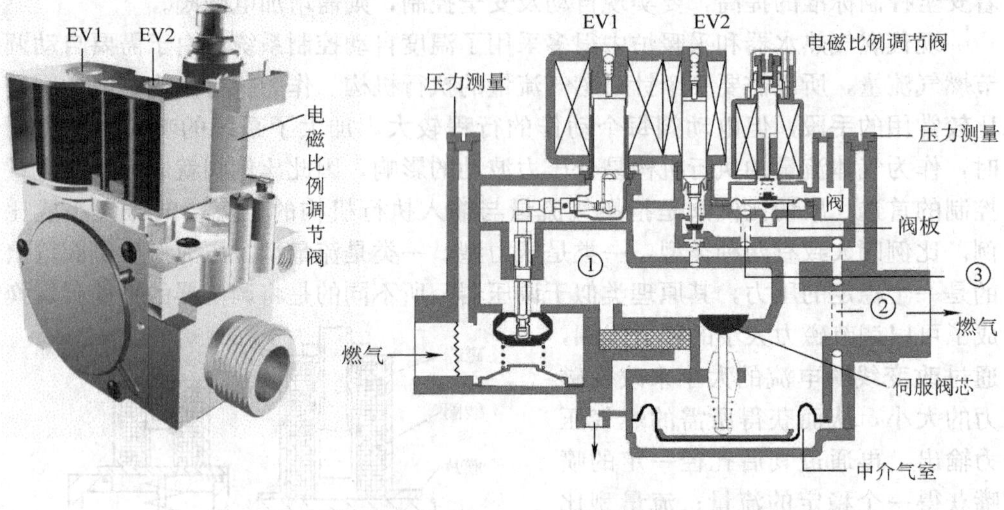

图 7-26 壁挂炉燃气阀组

3）在电磁阀 EV2 打开的情况下，如电磁比例调节阀芯处于某一个开度，则此时将有一部分燃气通过电磁比例调节阀，经通道③泄放到伺服阀的下游，进而使得中介气室中的压力下降，在弹簧的作用下，伺服阀将关小，燃气流量降低。

由此可见，只要改变电磁比例调节阀的开度，即可有效控制伺服阀的开度，进而达到调节燃气流量的目的。而改变电磁比例调节阀线圈电流即可改变阀的开度。

另外，当燃气压力发生波动时，伺服阀也可起到自动稳压的作用。当阀组上游压力增高时，电磁比例调节阀的阀芯膜片下侧的压力将增高，使得调节阀开度增大，进而使得伺服阀关小，对压力的升高给予了补偿。相反的情况下原理相同，当阀组出口压力降低时，中介气室膜片上侧压力降低，因此使得伺服阀开大，对阀组出口压力的降低给予了补偿。

7.3.5 过热保护

在正常情况下，换热器出口水温由控制器控制，保证其在用户设定的范围内。但在有些情况下，如控制器故障，燃气调节阀故障等，使得换热器水温持续升高。此时，当温度高到上限值 T_{lime} 时（如 100℃），过热保护开关将断开，切断燃气热水器或采暖炉的电源，使其停止工作。在过热保护开关中的执行元件是一个双金属片，当温度过高时，在热应力的作用下产生变形，推动开关断开。某些过热保护开关断开后，须采用人工手动复位的方式将过热保护开关复位，如图7-27所示。而有些过热保护开关，当水温降低后，过热保护开关将自动复位。

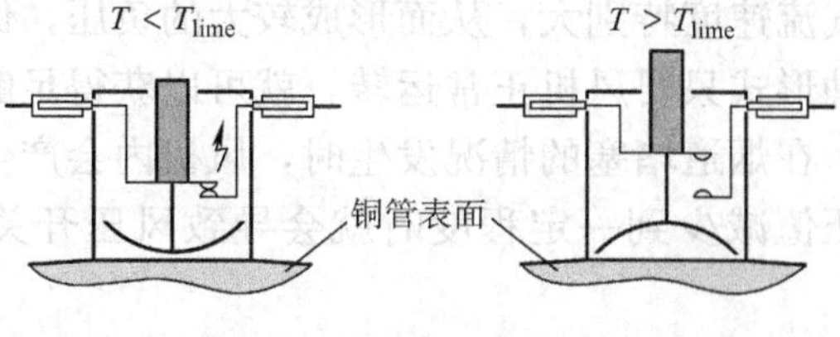

图7-27 过热保护

7.3.6 风压开关

在强制排烟系统中，确保系统排烟顺畅，实时监测风机的运转状况和烟气的通畅与否是非常重要的。风机运转状况可从两方面进行监测，即风机转速与风机所产生的风压。直流风机比较容易进行转速监测，强制排烟式一般采用交流风机，转速基本是恒定的，这时通常采用的方法是检测风机产生的风压。利用文丘里管和风压开关的组合可以实现对烟气排放进行监测的目的，如图7-28所示。在风机出口或烟道中设置文丘里管（文丘里型取压装置），文丘里管喉部和入口处的取压管分别与风压开关（压差开关）的两侧腔室相连。其工作过程如下：

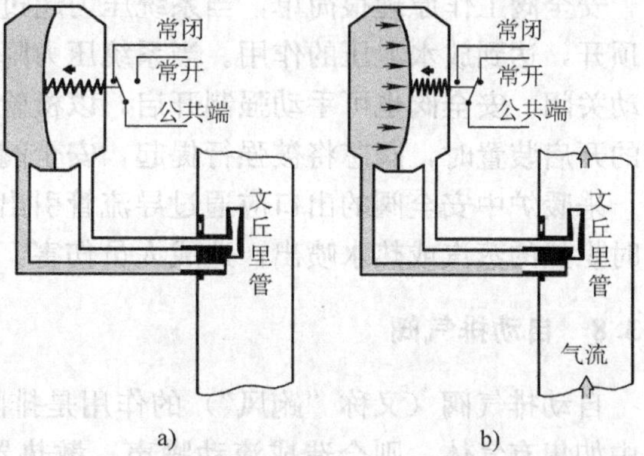

图7-28 风压开关工作原理

a）风机停转（或流量过小） b）风机正常运转

1）燃气热水器或采暖炉在起动前（风机运转前）首先检测的是风压开关的状态。此时公共端与常闭端应闭合，如图7-28a所示，否则控制系统将判系统故障，热水器或采暖炉将停止起动。

2）风机开始运转后，正常情况下气流将在文丘里管上产生压差，该压差用于驱动风压开关。此时，公共端与常开端应闭合，如图7-28b所示，表明风压正常（通常情况下，风压开关的转换压差约为60Pa）。

3）在运行过程中，控制器会实时监测风压开关的状态。当发生风机转速过低、风机停转、烟道阻力过大（堵塞）、空气通道阻力过大（堵塞）等情况时，风压开关的压差减小或消失而动作，向控制器发出信号，燃气热水器或采暖炉将停止运行。

很多情况下，如风压开关性能不佳、气流扰动等因素会导致文丘里管所产生的压差满足不了风压开关的动作压差，形成设备无法正常运行，为此很多产品舍弃文丘里管形式采用单管取压，取压点设置在风机扇叶的边沿，由于扇叶的高速旋转使得这一点的气流速度特别大，从而形成较大的负压，保证风压开关所需风压能正常建立。这种形式只要风机正常运转，就可以获得足够的负压，满足风压开关的动作之所需，在烟道堵塞的情况发生时，风机内会产生一定的背压而减少上述负压值，当负压值减少到一定程度时就会导致风压开关动作，停止设备运行。

7.3.7 过压保护

当采暖系统中压力超过其所能承受的限值时，必须有相应的保护措施保证系统安全，安全阀就是保护措施之一。在采暖炉中内置有安全阀，或外置安全阀附件。安全阀主要由阀体、阀芯、弹簧、开启装置组成。采暖炉中的安全阀均为开启压力固定（不可调）式安全阀，一般开启压力为 3.0bar（300kPa）。

安全阀工作原理很简单，当系统压力超过安全阀中弹簧的弹性力时，阀芯就被顶开，达到放水泄压的作用。当系统压力降低后，安全阀在弹簧的作用下又会自动关闭。安全阀也可手动强制开启，以检验其是否工作良好。当转动安全阀头部的开启装置时，阀芯将被强行提起，安全阀被打开。

采暖炉中安全阀的出口应通过导流管引出，并接至下水处，避免当安全阀开启时炽热的蒸汽或热水喷出，造成人员伤害。

7.3.8 自动排气阀

自动排气阀（又称“跑风”）的作用是排除采暖系统中的气体。采暖循环系统中如集有气体，则会造成流动噪声、散热器不热、加速系统腐蚀等一系列问题。因此采暖系统排气至关重要，而且在排气时不能有水被同时排出。在采暖系统中，自动排气阀一般安装在系统的最高处和容易集气的地方。

自动排气阀的结构如图 7-29 所示。当排气阀中积存有气体时，阀中的水位下降使得浮子下落，进而带动排气阀的阀嘴打开，以使气体得以排出。气体排出后，排气阀中的水位升高，浮子上浮，带动排气阀的阀嘴关闭，避免有水从阀嘴排出。

采暖炉内置有自动排气阀。由于采暖炉大多用于单元房的独立采暖系统，其安装位置一般均高于系统中的其他管件与设备（如散热器），因此，采暖炉中的自动排气阀可以很好地起到排气的作用。另外，很多采暖炉中的自动排气阀安装在循环泵的入口位置上，此处位于系统中压力最低点，而在结构设计上采用旋流的方式，水在旋转中有利于气体的排出，如图 7-30 所示。

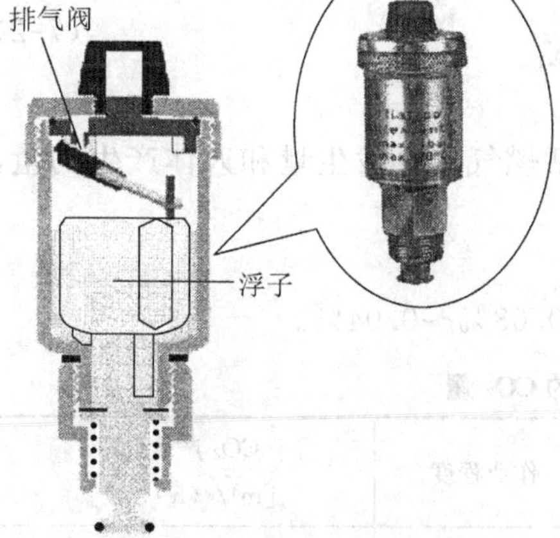

图 7-29　自动排气阀结构

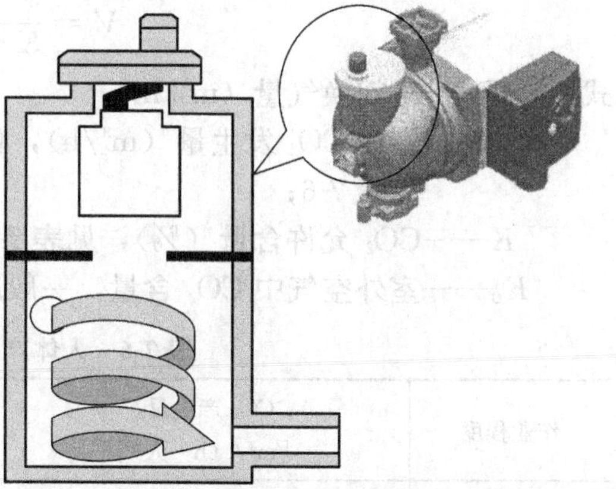

图 7-30　装在循环泵入口处的自动排气阀

7.4　民用燃气用具的通风排气

7.4.1　用气房间的卫生要求

燃烧污染物的危害性众所周知，即便是合格的产品，也会排放对人体有害的物质。因此，对于设置燃气用具的房间，必须充分考虑燃烧可能带来的污染问题。我国 GB/T 18883—2002《室内空气质量标准》中相关规定如表 7-5 所示。

表 7-5　室内空气质量标准

序号	参数类别	参　数	单位	标 准 值
1	物理性	温度	℃	（夏）22～28 （冬）16～24
2		相对温度	%	（夏）40～80 （冬）30～60
5	化学性	SO_2	mg/m^3	0.50
6		NO_2	mg/m^3	0.24
7		CO	mg/m^3	10
8		CO_2	%	0.10

7.4.2　用气房间的通风

为了达到空气质量要求，适当的通风是必要的。通风方式分为自然通风和机

械通风两种。通风房间换气量可用控制室内CO_2浓度方法进行计算，公式如下

$$V=\frac{M}{K-K_0} \tag{7-2}$$

式中 V——房间换气量（m^3/h）；

M——室内CO_2发生量（m^3/h），包括燃气用具发生量和人体产生的量，见表 7-6；

K——CO_2允许含量（%），见表 7-5；

K_0——室外空气中CO_2含量，一般取 0.03%～0.04%。

表 7-6 人体产生的CO_2量

作业程度	CO_2产生量/［m^3/（h·人）］	作业程度	CO_2产生量/［m^3/（h·人）］
就寝时	0.011	中作业时	0.033～0.054
轻作业时	0.023～0.033	重作业时	0.054～0.084

房间的换气次数按下式计算

$$N=\frac{V}{v} \tag{7-3}$$

式中 N——房间换气次数（次/h）；

V——房间换气量（m^3/h）；

v——房间容积（m^3）。

对于安装燃气用具的房间，其通风换气的形式及强度取决于房间内燃气用具的热负荷，目的是保护用气的安全。相关规定如下：

1）安装燃气用具的房间应设给气口，并且上部宜设排气口或气窗（设排气扇时除外）。

2）严禁在没有给排气条件的房间安装非密闭式燃气用具。非密闭式燃气用具指进气口、排气口任何一方或两方与室内连通的燃气用具。

3）安装半密闭自然排气式燃气用具的室内给气口和换气口的断面积均应大于排气筒的断面积。

4）安装在浴室内的燃气用具必须是密闭式燃气用具。

5）单户住宅采暖和制冷系统采用燃气时，应设置在通风良好的走廊、阳台或其他非居住房间内。

6）商业用气设备设置在地下室、半地下室或地上密闭房间内时，应设置独立的机械送排风系统；通风量应满足下列要求：

a. 正常工作时，换气次数不应小于 6 次/h；事故通风时，换气次数不应小于 12 次/h；不工作时换气次数不应小于 3 次/h。

b. 当燃烧所需的空气由室内吸取时，应满足燃烧所需的空气量。

c. 应满足排除房间热力设备散失的多余热量所需的空气量。

7）液化石油气管道和烹调用液化石油气燃烧设备不应设置在地下室、半地下室内。这是因为液化石油气的密度大于空气，一旦泄漏，则会沉积在下方，在地下室则不易散失，危险性增加。

7.4.3 烟囱（排气筒）的设计

燃气燃烧所产生的烟气必须排出室外。排烟方式有自然排气和机械排气两种。烟囱的形式根据燃气用具的结构不同又大致分为半密闭型燃气用具烟囱和密闭型燃气用具烟囱。所谓半密闭型燃气用具指空气进口设在室内，排烟口引向室外的燃气用具；密闭型燃气用具指空气进口和排烟口均不设在室内的燃气用具。

设置烟囱还可提高燃气用具运行的安全性。例如，当燃气用具一旦发生不完全燃烧或漏气时，烟囱可及时地排出可燃性气体（液化石油气除外），它既可预防人员中毒，又可预防发生爆炸。

1. 半密闭型燃气用具的排烟系统

每台半密闭式燃气用具宜采用单独烟道。

（1）自然排烟

1）自然排烟的结构及工作原理。自然排烟的烟囱可分为单独排烟筒型和共用排烟筒型，它们的结构及工作原理大致相同。图 7-31 所示为一单独排烟的半密闭型燃气用具的自然排烟装置示意图。

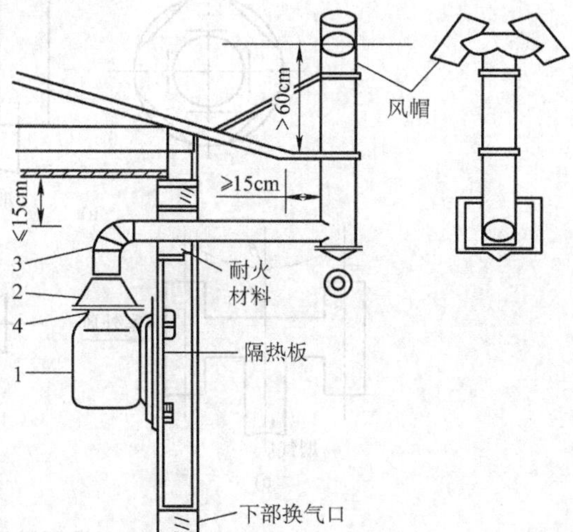

图 7-31 单独排烟筒装置示意图
1—燃气用具 2—安全排烟罩
3—二次排烟筒 4—一次排烟筒

排烟系统的工作原理：在燃烧器内，依靠燃烧室高温烟气与外部空气的密度差而形成的热压（上浮力）作为自然供风的动力，此热压形成的抽力需克服空气口和换热器的阻力损失，抽力与阻力的大小决定了空气的供给量，必须保证在使用过程中保持不变；在烟道内，同样依靠热压产生的抽力将燃烧的烟气不断引向室外排出。

排烟装置通常由一次排烟筒、安全排烟罩、二次排烟筒、风帽构成。

一次排烟筒指燃烧设备上的排烟口部分，二次排烟筒通常是与燃烧设备分离的设置在安全排烟罩后的部分。

安全排烟罩如图 7-32 所示，其功能有三个：一是当出现倒风时排烟罩中的挡板会阻止气流直接吹向燃烧室（图 7-32a)，防止其破坏燃烧器的燃烧稳定性或吹熄火焰；二是烟道不直接与燃烧室连接，燃烧室内抽力不会受烟道高度的影响，避免过多冷空气通过燃烧室而降低燃气用具热效率；三是排放烟气的同时抽取一定周围的空气（图 7-32c)，使烟气中的水蒸气分压降低，可降低烟气露点而防止水蒸气在筒壁上冷凝形成酸性腐蚀液。

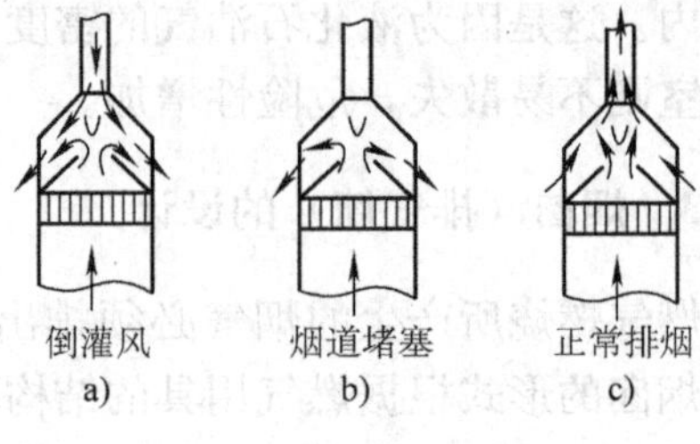

图 7-32 安全排烟罩

风帽设置在烟道末端，是为了防止倒灌风和避免雨雪漏入排烟筒内，并能产生一定的附加抽力。有多叶形、T 形、H 形、文丘里形等，如图 7-33 所示，其中文丘里形能产生较明显的附加抽力，风速越大抽力也越大。

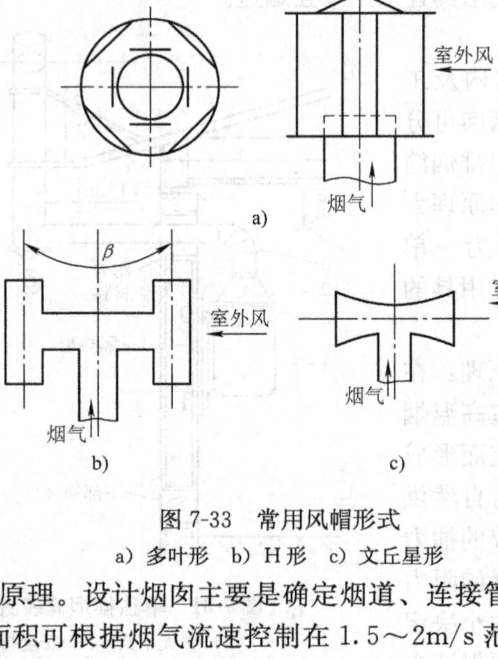

图 7-33 常用风帽形式

a）多叶形 b）H 形 c）文丘星形

2）设计计算原理。设计烟囱主要是确定烟道、连接管的断面尺寸和燃气用具前的抽力。断面积可根据烟气流速控制在 1.5～2m/s 范围内预先给定，给定值是否合理可用计算燃气用具前的抽力数值来判断。图 7-34 所示为半密闭型燃气用具烟囱工作示意图。从烟囱末端至燃气用具烟气出口处（安全排气入口）的垂直距离为 H。烟囱末端的大气压为 B，此时烟囱抽力用下式计算

$$\Delta p = 0.0345H\left(\frac{1}{T_a} - \frac{1}{T_f}\right)B \quad (7\text{-}4)$$

示的公式进行换算。

表 7-4 离心式风机性能关系式

改变密度 ρ，转速 n 时的换算公式	改变转速 n，大气压力 p，气体温度 t 时的换算公式
$\frac{q_{V,s}}{q_V}=\frac{n_s}{n}$	$\frac{q_{V,s}}{q_V}=\frac{n_s}{n}$
$\frac{\Delta p_s}{\Delta p}=\left(\frac{n_s}{n}\right)^2\frac{\rho_s}{\rho}$	$\frac{\Delta p_s}{\Delta p}=\left(\frac{n_s}{n}\right)^2\left(\frac{p_s}{p}\right)\frac{273+t}{273+t_s}$
$\frac{P_s}{P}=\left(\frac{n_s}{n}\right)^3\frac{\rho_s}{\rho}$	$\frac{P_s}{P}=\left(\frac{n_s}{n}\right)^3\left(\frac{p_s}{p}\right)\frac{273+t}{273+t_s}$
$\eta_s=\eta$	$\eta_s=\eta$

注：$q_{V,s}$、Δp_s、P_s——20℃、一个标准大气压（101325Pa）、介质为空气时的风机风量（m^3/h）、风机全压（Pa）、风机轴功率（kW）；

q_V、Δp、P——实际工况下的风机风量（m^3/h）、风机全压（Pa）、风机轴功率（kW）；

n——风机转速（r/min）；

η——全压效率；

t_s——表示风机性能时用的气体温度，一般通风机为 20℃；排烟的引风机为 200℃；

t——实际工况下的气体温度（℃）；

p_s——表示风机性能时用的大气压力，一般为 101325Pa；

p——实际工况下的大气压力（Pa）；

ρ_s——表示风机性能用的气体密度，一般通风机为 $1.2kg/m^3$，排烟的引风机为 $0.745kg/m^3$；

ρ——实际工况下的气体密度（kg/m^3）。

各种型号风机的性能均已制成表格及通用特性曲线，可直接用来选择风机。选择时根据原始数据，按表 7-4 所示公式求得表示风机性能的 $q_{V,s}$、Δp_s。根据用途，从产品样本选用风机型号，然后按风机特性曲线或特性表确定风机的机号、转速及所需功率。

【例 7-2】 选择风机。已知：某燃气采暖壁挂炉，基态下排烟量 $75m^3/h$、烟气密度 $1.6kg/m^3$，系统所需全压 263Pa，地区大气压为 79993Pa，排烟温度为 114℃。

【解】 按下列步骤选择：

（1）风机用的排气量为

$$q_V = 1.1\times 75\times\frac{101325}{79993}\times\frac{273+114}{273+15}m^3/h = 141m^3/h$$

$$实际烟气密度\ \rho = 1.6\times\frac{79993}{101325}\times\frac{273+15}{273+114}kg/m^3 = 0.855kg/m^3$$

式中 Δp——烟囱的抽力（Pa）；

H——产生抽力的管段高度（m）；

T_a——外部空气温度（K）；

T_f——计算管段中烟气的平均温度（K）；

B——大气压力（Pa）。

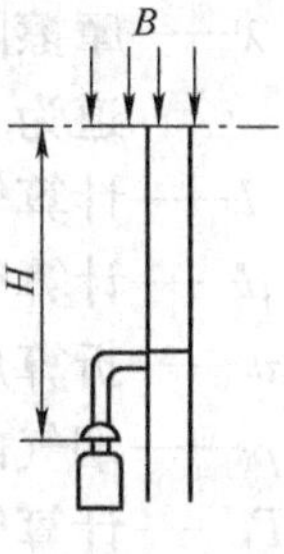

图 7-34 烟囱工作示意图

为了计算烟气的平均温度，首先要计算出烟气在连接管和烟道中流动时由于冷却造成的温度降。利用烟气向烟道周围空气的传热方程式

$$Q = KF_f(t'_f - t_a) - \frac{KF_f\Delta t}{2}$$

和计算管段烟气损失的焓

$$Q = c_f q_{V,f} \Delta t \frac{1000}{3600}$$

根据热平衡原理，比较两式得出管段中烟气温降计算公式为

$$\Delta t = \frac{t'_f - t_a}{\frac{c_f q_{V,f}}{3.6KF_f} + 0.5} \tag{7-5}$$

式中 Δt——烟道（囱）中烟气的温度降（℃）；

K——烟道（囱）的平均传热系数［W/(m^2·K)］；

F_f——烟道（囱）内表面面积（m^2）；

t'_f——进入烟道（囱）处的烟气温度（℃）；

t_a——烟道（囱）周围的空气温度（℃）；

Q——温降为 Δt 时烟气放出的热量（W）；

c_f——烟气的平均体积热容［kJ/(m^3·K)］；

$q_{V,f}$——基态下通过烟道（囱）的烟气量（m^3/h）。

不同材料的烟道（囱）的传热系数 K［W/(m^2·K)］如下：断面 1 砖×1 砖（一砖厚）3.25～3.72；断面 1/2 砖×1/2 砖（半砖厚）3.95～4.53；屋顶砖砌烟道（半砖厚）3.13～3.48；抹灰砖墙中的烟道（半砖厚）2.32～2.56；无保温钢制室内排气筒 3.48～4.65。

烟囱造成的抽力 Δp 应能克服燃气用具、烟道和烟囱的阻力 $\Sigma\Delta p$，而且抽力 Δp 应为阻力 $\Sigma\Delta p$ 的 1.2～1.3 倍。

烟道、烟囱的阻力 $\Sigma\Delta p$ 包括摩擦阻力和局部阻力，即 $\Sigma\Delta p = \Delta p_1 + \Delta p_2$。

摩擦阻力按下式计算

$$\Delta p_1 = \lambda \frac{l}{d} \frac{v_f^2}{2} \rho_f \frac{T_f}{288} \tag{7-6}$$

式中 Δp_1——摩擦阻力（Pa）；

λ——摩擦阻力系数，对砖烟道为 0.04，金属烟道为 0.02，旧金属烟道为 0.04；

l——计算管段的长度（m）；

d——计算管段直径（m）；

v_f——折算成基态的烟气流速（m/s）；

ρ_f——烟气的密度（kg/m^3）；

T_f——计算管段中烟气的平均温度（K）。

局部阻力按下式计算

$$\Delta p = \Sigma\zeta \frac{v_f^2}{2}\rho_f \frac{T_f}{288} \tag{7-7}$$

式中 $\Sigma\zeta$——包括保证一定出口速度压力损失在内的局部阻力系数之和。

燃气用具出口处的真空度按下式计算

$$\Delta p_v = \Delta p - \Sigma\Delta p \tag{7-8}$$

式中 Δp_v——燃气用具烟气出口处真空度（Pa）；

Δp——烟囱抽力（Pa）；

$\Sigma\Delta p$——烟道、烟囱的阻力（Pa）。

另外，半密闭自然排气式燃气用具排气筒的高度应大于下式计算值（适用于排气筒总长 $L<8$m）

$$H = \frac{0.5 + 0.4n + 0.1l'}{\left(\dfrac{1000A_v}{6\Phi \times 0.945}\right)^2} \tag{7-9}$$

式中 H——排气筒高度（m）；

n——排气筒上的弯头数目；

l'——从防倒风罩开口下端到排气筒风帽高度 1/2 处的排气筒总长度（m）$l'=H+l$；

l——已知排气筒水平部分长度（m）；

A_v——排气筒的有效截面积（cm^2）；

Φ——燃气用具热流量（W）。

（2）机械排烟　机械排烟分单独机械排烟和共用机械排烟两种。

单独机械排烟的壁挂式半密闭燃气用具的排气口距门窗洞口和地面的距离应符合下列要求：排气口在窗的下部和门的侧部时，距相邻卧室的窗和门的距离不得小于 1.2m，距地面的距离不得小于 0.3m；排气口在相邻卧室的窗的上部时，距窗的距离不得小于 0.3m；排气口在机械（强制）进风口的上部，且水平距离小于 3.0m 时，距机械进风口的垂直距离不得小于 0.9m。

高层建筑的共用机械排烟系统是在共用排烟筒顶端安装引风机。选用风机的排风量为各燃气用具排烟筒的设计流量之和。燃气用具排烟筒的设计流量按下式

计算

$$q_V = 3.88\Phi \tag{7-10}$$

式中 q_V——排烟筒设计流量（m^3/h）；

Φ——燃气用具热负荷（kW）。

风机的风压按下述方法确定，首先，利用式（7-10）计算出排风量，使其自最下层燃气用具的安全排烟罩起，至共用排烟筒出口止的路程上所消耗的压力损失，再加上共用排烟筒顶端的附加压力之和定为风机的风压。附加压力选取原则是，若顶端处于风压带内时，取120Pa；顶端处于风压带外，则取20Pa。

2. 密闭型燃气用具的排烟系统

安装密闭型燃气用具，运行时不会对室内空气造成影响。对装有空调的建筑应安装密闭型燃气用具。

密闭型燃气用具的排烟系统大多采用平衡式，即供排气口处在大致同一位置，也即处于同一环境条件下，从而可尽量避免风压、风速等对燃烧室内部的影响。

（1）外墙安装形式　平衡式燃气用具可装在外墙上，给排气口直接通到室外。

（2）共用给排气筒形式　对于高层在建筑内设共用给排气筒，将各楼层平衡式燃气用具连于其上。这样不仅方便了建筑设计，而且还不破坏建筑外观。共用给排气筒主要有U形和SE形两种。

图7-35所示为U形给排气筒示意图。它有两个垂直风道。下端相连呈U字形。其特点是因为进排气口均设于屋顶，故不受风力影响；地下室可使用燃气用具；占地面积大于SE形。

图7-36所示为SE形给排气筒示意图，它在建筑底层水平供风道上连接垂直的给排气通道，呈倒T字形。其特点是占地面积小；工况受风力影响；地下室用气困难。

3. 燃烧烟气排除的相关规定

1）设有直排式燃气用具的室内容积热负荷指标超过207W/m^3时，必须设置有效的排气装置将烟气排至室外。有直通洞口（哑口）的毗邻房间的容积也可一并作为室内容积计算。

2）家用燃气用具和热水器（或采暖炉）应分别采用竖向烟道进行排气。

3）浴室用燃气热水器的给排气口应直接通向室外。其排气系统与浴室必须有防止烟气泄漏的措施。

4）商业用户厨房中的燃气用具上方应设排气扇或排气罩。

5）燃气用气设备的排烟设施应符合下列要求：

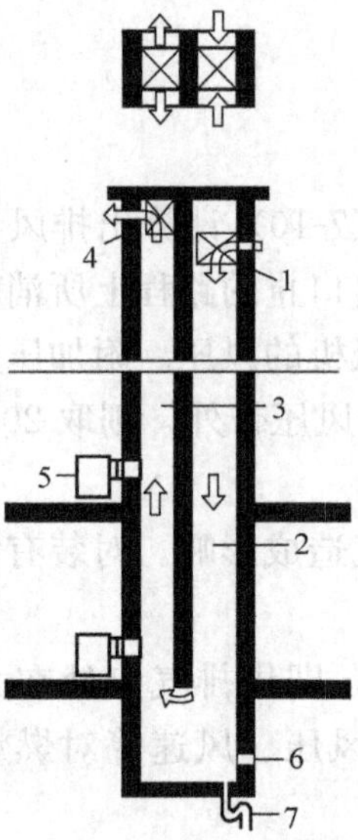

图 7-35 U形给排气筒示意图

1—给气口 2—给气筒 3—排气筒

4—排气口 5—燃具 6—清扫口 7—排水管

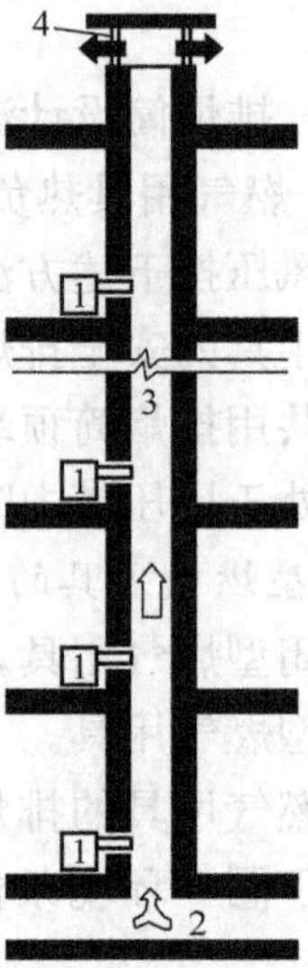

图 7-36 SE形给排气筒设计

1—燃具 2—水平风道

3—垂直风道 4—排气口

a. 不得与使用固体燃料的设备共用一套排烟设施。

b. 每台用气设备宜采用单独烟道；当多台设备合用一个总烟道时，应保证排烟时互不影响。

c. 容易积聚烟气的地方，应设置泄爆装置。

d. 设有防止倒风的装置。

e. 从设备顶部排烟或设置排烟罩排烟时，其上部应有不小于 0.3m 的垂直烟道方可接水平烟道。

f. 有防倒风排烟罩的用气设备不得设置烟道闸板；无防倒风排烟罩的用气设备，在至总烟道的每个支管上应设置闸板，闸板上应有直径大于 15mm 的孔。

g. 安装在低于 0℃房间的金属烟道应做保温。

6）水平烟道的设置应符合下列要求：

a. 水平烟道不得通过卧室。

b. 居民用气设备的水平烟道长度不宜超过 5m，弯头不宜超过 4 个（强制排烟式除外）。

c. 商业用户用气设备的水平烟道长度不宜超过 6m。

d. 工业企业生产用气设备的水平烟道长度，应根据现场情况和烟囱抽力确定。

e. 水平烟道应有大于或等于 0.01 坡向用气设备的坡度。

f. 多台设备合用一个水平烟道时，应顺烟气流动方向设置导向装置。

g. 用气设备的烟道距难燃或不燃顶棚或墙的净距不应小于 5cm；距燃烧材料的顶棚或墙的净距不应小于 25cm。当有防火保护时，其距离可适当减小。

7）烟囱的设置应符合下列要求：

a. 住宅建筑的各层烟气排出可合用一个烟囱，但应有防止串烟的措施；多台燃气用具共用烟囱的烟气进口处，在燃气用具停用时的静压值应小于或等于零。

b. 当用气设备的烟囱伸出室外时，如图 7-37 所示，其高度应符合下列要求：

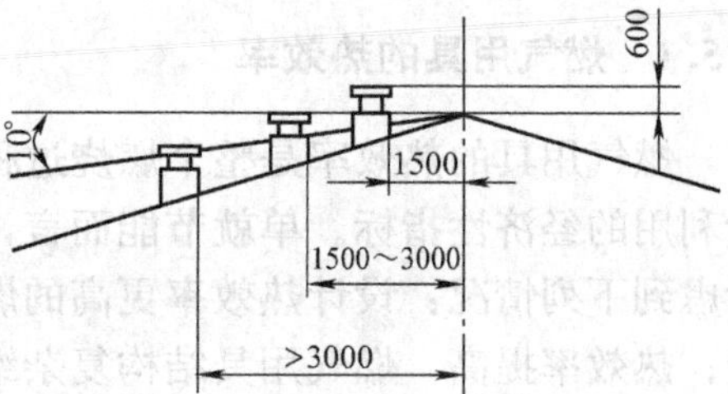

图 7-37　排烟筒安装高度图

a）当烟囱离屋脊小于 1.5m 时（水平距离），应高出屋脊 0.6m；

b）当烟囱离屋脊 1.5～3.0m 时（水平距离），烟囱可与屋脊等高。

c）当烟囱离屋脊的距离大于 3.0m 时（水平距离），烟囱应在屋脊水平线下 10°的直线上。

d）在任何情况下，烟囱应高出屋面 0.6m。

e）当烟囱的位置临近高层建筑时，烟囱应高出沿高层建筑物 45°的阴影线。

c. 烟囱出口的排烟温度应高于烟气露点 15℃以上。

d. 烟囱出口应有防止雨雪进入和防倒风的装置。

8）用气设备排烟设施的烟道抽力（余压）应符合下列要求：

a. 负荷 30kW 以下的用气设备，烟道的抽力（余压）不应小于 3Pa。

b. 负荷 30kW 以上的用气设备，烟道的抽力（余压）不应小于 10Pa。

c. 工业企业生产用气工业炉窑的烟道抽力，不应小于烟气系统总阻力的 1.2 倍。

9）排气装置的出口位置应符合下列规定：

a. 建筑物壁装的密闭式燃气用具的给排气口距上部窗口和下部地面的距离不得小于 0.3m。

b. 建筑物壁装的半密闭强制排气式燃气用具的排气口距门窗洞口和地面的距离应符合下列要求：

a）排气口在窗的下部和门的侧部时，距相邻卧室的窗和门的距离不得小于 1.2m，距地面的距离不得小于 0.3m。

b）排气口在相邻卧室的窗的上部时，距窗的距离不得小于 0.3m。

c）排气口在机械（强制）进风口的上部，且水平距离小于3.0m时，距机械进风口的垂直距离不得小于0.9m。

10）高海拔地区安装的排气系统的最大排气能力，应按在海平面使用时的额定热负荷确定，高海拔地区安装的排气系统的最小排气能力，应按实际热负荷（海拔的减小额定值）确定。

7.5 民用燃气用具热工参数的确定

7.5.1 燃气用具的热效率

燃气用具的热效率是整个燃烧过程和传热过程的综合效率。它是燃气用具能量利用的经济性指标。单就节能而言，热效率越高越好。但在提高热效率时必须考虑到下列情况：设计热效率更高的燃气用具其成本也随之提高，消费者能否承受；热效率提高，燃气用具结构复杂维修难度增加等。

燃气用具的热效率指有效利用的热量（有效热）与供给燃气用具的热量（燃气的燃烧热）之比

$$\eta = \frac{Q_e}{q_{V,g}H_l} \tag{7-11}$$

式中 η——燃气用具的热效率；

Q_e——有效热，加热对象所吸收的热量（kJ/h）；

$q_{V,g}$——燃气用量（m^3/h）；

H_l——燃气低热值（kJ /m^3）。

上式表明，可通过获得燃气用量以及被加热物料的有效利用热而算出炉子的热效率。这是一种常用的、也是比较简单准确的计算热效率的方法，称为直接计算法（正算法）。

必须指出，直接计算法只能求得燃气用具的热效率，但不可能用来研究和分析影响热效率的种种原因，以寻求提高热效率的途径。为此，可先计算燃气用具的各项热损失，然后计算燃气用具热效率，这种算法称为反算法。即，当忽略燃气、空气物理热时，可列出燃气用具平衡式

$$Q_c = Q_e + Q_{ph} + Q_l \tag{7-12}$$

则

$$Q_e = q_{V,g}H_l - Q_{ph} - Q_l$$

式中 Q_c——燃气的燃烧热（kJ/h），$Q_c = q_{V,g}H_l$；

Q_l——燃气用具的热损失，通过结构的散热和开口或门的辐射热等造成的热损失（kJ/h）；

Q_{ph}——排烟热损失（kJ/h）。

所以燃气用具热效率又可写作

$$\eta=\frac{q_{V,g}H_1-Q_{ph}-Q_l}{q_{V,g}H_1} \tag{7-13}$$

式（7-13）为炉子热效率的反算法计算式。显然，用反算法得到的结果等于用直接计算法得到的结果。

国家根据技术发展的水平对用能设备的效率有一定要求。

7.5.2 燃烧器热负荷

燃烧器热负荷应能满足加热工艺的要求。

燃气用具的燃烧器额定热负荷，是指燃烧器在额定燃气压力下，使用基准气在单位时间放出的热量（kW）。通常是根据使用对象的热负荷（有效热），除以该燃气用具的热效率来确定燃烧器的热负荷。

被加热物质在无相变情况下，燃烧器热负荷可按下式设计

$$\Phi=\frac{KWc(t_2-t_1)}{3600\eta\tau} \tag{7-14}$$

式中 Φ——燃具热负荷（kW）；

W——被加热物质质量（kg）；

c——被加热物质的比热容［kJ/(kg·℃)］；

t_1、t_2——被加热物质的初、终温度（℃）；

τ——升温所需要的时间（h）；

η——燃具热效率（%）；

K——安全系数。$K=1.28\sim1.40$。

关于安全系数的问题，主要是考虑燃气压力有可能降低、燃气热值的变化、热效率估算得不准及其他未考虑到的因素的影响，因此，在公式中要乘以安全系数。

当确定家用或公用事业单位所用燃气灶的热负荷时，不但应考虑将一定数量的食物做熟需要多少热量，而更重要的是，为了使食品在色、香、味上能有某些特点（风味），需考虑火力强弱、烹饪工艺及时间应满足哪些要求。只有将各个因素进行综合分析后，方能定出合适的热负荷。对于民用燃气用具，由于用户的不确定性，产品往往又需要大批量生产，所以无法针对每一个用户确定其热负荷，一般按用户的大致需求，将产品做成一个系列，由用户自己选择。

1. 燃气灶具的热负荷

燃气灶具的热负荷包括主火燃烧器热负荷和次要燃烧器热负荷，国家标准要求其中必须有一个燃烧器的热负荷≥3.5kW。

2. 快速式燃气热水器的热负荷

快速式燃气热水器的热负荷大小一般是根据热水器的热水产率来确定的，标注的热水产率是指热水器在额定工况下温升 25℃时的热水的每分钟产量。热水器的系列通常由热水产率的大小来建立，一般从 5L 到 24L 以整数形式确定。而选用多少升的热水器，要根据用户的具体情况确定，比如舒适性、同时使用热水的龙头数等。如果简单考虑，同时只使用一个淋浴龙头时 10L/min 的产率比较舒适；浴缸则可根据 10min 内将浴缸注水到可用水位所需流量来选择热水产率。热水器热负荷可以根据热水产率进行计算，热负荷与热水产率之间的关系为

$$\Phi = \frac{cL}{2.4\eta} \tag{7-15}$$

式中 Φ——燃烧器热负荷（kW）；

L——温升 25℃时燃气热水器热水产率（L・℃/min）；

c——水的体积热容，4.19kJ/(L・℃)；

η——燃具热效率（%）。

显然，热水器的热水产率与热负荷之间的差值即为热水器的热损失，热负荷代表的是燃烧器的热输出，也就是热水器的热收入，热水产率代表的是热水器的热输出，是满足用户实际需要的量。由于不同的热水器热效率不一样，所以相同大小（热水产率相同）的热水器热负荷不一定相同，一般热水器铭牌上同时标有热水产率和热负荷两个参数。

3. 容积式燃气热水器

容积式燃气热水器的热负荷可根据标准 01SS126《住宅用热水器选用及安装》中介绍的方法确定。

建设部 2001 年 12 月通过的《住宅用热水器选用及安装》(0155126) 国家建筑标准设计图集中介绍了燃气容积式热水器的选型计算方法，其使用工况是除在使用前预热外，在使用过程中还继续加热。计算过程介绍如下：

1）根据生活热水用水器具的一次热水用水定额、水温及一次使用时间，确定全天中最大连续使用时间段 $\Delta\tau_1$ 的用水量 V_u。住宅宜按淋浴设备计算

$$V_u = \Sigma q \times m \times n \tag{7-16}$$

式中 V_u——全天中最大连续使用时间段 $\Delta\tau_1$ 的用水量（L）；

q——在设定的热水储存温度下，生活热水器具的一次热水用量（L/次）；

m——同一种生活热水器具的同时使用个数（由设计定）；

n——每一个生活热水器具的连续使用次数（由设计定）。

2）计算热水储罐的设计容积 V_d。按 50%～85%的用水量 V_u 计算热水储罐的有效容积

$$V_0 = (50\% \sim 85\%)V_u \tag{7-17}$$

式中 V_0——热水储罐的有效容积（L）。

确定设计容积

$$V_d = (1.3 \sim 1.4)V_0 \tag{7-18}$$

式中 V_d——设计容积（L）。

3）设计加热功率

$$\Phi_d = (1.10 \sim 1.20)\frac{(V_u - V_0)(t_R - t_L)c}{\eta \times \Delta\tau_1 \times 1000} \tag{7-19}$$

$$\Delta\tau_1 = n \times \frac{q_1}{q_h} \tag{7-20}$$

式中 Φ_d——设计加热功率（MJ/h）；

t_R——热水储罐储存热水温度（℃）；

t_L——冷水温度（℃）；

$\Delta\tau_1$——连续用热水时间（h）；

q_h——生活热水器具小时用水量（L/h）；

q_1——使用温度下，生活热水器具的一次用水量（L/次）；

1.10～1.20——热损失系数；

c——水的体积热容，4.19kJ/(L·℃)；

η——加热器的效率，$\eta \geqslant 75\%$。

4）根据 V_d 和 Φ_d 值选产品额定容量和实际加热功率。

5）校核预热时间

$$\tau_2 = (1.10 \sim 1.20)\frac{V_s \times c \times (t_r - t_L)}{\eta \times \Phi_s \times 1000} \tag{7-21}$$

式中 τ_2——预热时间（h）；

V_s——所选产品的额定容量（L）；

Φ_s——实际加热功率（MJ/h）。

4. 燃气家用采暖炉的热负荷

可采用以下两种方法对采暖热负荷进行估算。

(1) 单位面积热指标法　在已知建筑面积的情况下，可参照单位面积热指标法进行估算。表7-7所示为北京地区的热指标。

表7-7　北京地区建筑面积热指标　（单位：W/m^2）

住宅	办公楼	医院、幼儿园	单层住宅	食堂、餐厅
45～70	60～80	65～80	80～105	115～140

注：总建筑面积大、外围护结构热工性能好、窗户面积小，采用较小指标；反之，采用较大指标。

(2) 窗墙比公式法　当已知外墙面积、窗墙比及建筑面积时，采暖面积热指标可按式 (7-22) 计算

$$q=\frac{(7\times\alpha+1.7)\times F'}{F}\times(t_{\mathrm{n}}-t_{\mathrm{w}})\tag{7-22}$$

式中　q——建筑物采暖热指标 ($\mathrm{W/m^2}$)；

α——外窗面积与外墙面积 (包括窗面积) 之比；

F'——外墙总面积 (包括窗) ($\mathrm{m^2}$)；

F——建筑面积 ($\mathrm{m^2}$)；

t_{n}——室内采暖设计温度 (℃)；

t_{w}——室外采暖设计温度 (℃)。

需要说明的是，对于采暖与生活热水两用的燃气壁挂锅炉，一般情况下，生活热水负荷大于采暖负荷，且工作方式为生活热水优先。因此，在选择壁挂锅炉功率时只考虑生活热水负荷即可。

7.5.3 燃烧室容积

燃烧室容积的大小，与燃气用具热负荷、燃烧方法有关。燃烧室过大，炉墙散热损失增加，炉内温度低，热效率降低，浪费燃气；燃烧室过小，燃气不能完全燃烧，燃烧室壁及加热面过热会加速腐蚀而缩短燃气用具使用寿命。

燃烧室容积由燃烧室容积热强度决定。燃烧室容积热强度是指在燃烧室单位容积、单位时间燃气完全燃烧所放出的热量，用 q_{v} 表示，单位 $\mathrm{kW/m^3}$。

燃烧室容积热强度是根据不同燃气用具、不同燃烧方法，通过实验测定出的数值。工程设计选定容积热强度的实质是要保证燃气在燃烧室停留时间大于燃气从着火到燃尽的时间，并在保证燃气完全燃烧的前提下尽可能小。一般燃烧室的截面大小取决于燃烧器的尺寸，高度则取决于火焰的外焰高度。

燃气用具燃烧室的尺寸必须保证火焰不接触水冷壁或室壁，避免发生不完全燃烧和结碳。

7.6 燃气用具的质量标准与检验

评价燃气用具的优劣主要依据它的性能、结构、材料、外观等性能指标，在这里就主要热工指标和工作性能指标简要介绍如下：

(1) 燃气用具额定热负荷　不同燃气用具的额定热负荷的大小、实测热负荷的偏差等要符合相应的国家标准规定，一般在检测实验条件下的实测值与设计值直接的偏差应小于等于10%。该实测值是换算成15℃、101.325kPa下的热负荷值。首先按下式折算燃气消耗量

$$q_{V,rg}=q_{V,mg}\times\sqrt{\frac{101.3+p_g}{101.3}\times\frac{p_a+p_g}{101.3}\times\frac{288.15}{273.15+t_g}\times\frac{s}{s_r}} \quad (7\text{-}23)$$

式中 $q_{V,rg}$——折算为基态的基准气（设计用燃气）的流量（m^3/h）；

$q_{V,mg}$——试验状态下的干试验气的流量（m^3/h）；

p_g——试验时燃气流量计内的燃气压力（kPa）；

p_a——试验时的大气压力（kPa）；

t_g——试验时燃气流量计内的燃气温度（℃）；

s——干试验气的相对密度；

s_r——基准气的相对密度。

则燃气用具的折算热负荷按下式计算

$$\Phi=\frac{1}{3.6}\times H_{rl}\times q_{V,rg}\times 10^{-3} \quad (7\text{-}24)$$

式中 Φ——15℃、101.325kPa、干燥状态下的折算热负荷（kW）；

H_{rl}——基准气的低热值（kJ/m^3）；

并按下式计算燃气用具的热负荷偏差

$$\text{热负荷偏差}=\frac{\text{折算试验热负荷}-\text{标准额定热负荷}}{\text{标准额定热负荷}}\times 100\% \quad (7\text{-}25)$$

（2）燃气用具前的燃气压力　设计燃气用具时，选定的燃气用具前的燃气压力为额定压力。表7-8所示为我国对使用不同种类燃气的燃气用具所采用的额定压力。

表7-8　燃气用具的额定燃气压力

燃气种类 / 燃气用具种类	人工燃气	天然气		液化石油气
	5R、6R、7R	4T、6T	10T、12T、13T	19Y、20Y、22Y
低压/kPa	1.0	1.0	2.0	2.8
中压/kPa	10或30	10或30	20或50	30或100

（3）燃气用具的热效率　燃气用具在额定压力下工作时，其热效率应达到相应标准所规定的最低指标。检验时使用基准气于额定压力下作业。下式为测试采暖炉在采暖模式下的热效率计算公式

$$\eta_c=\frac{4.186\times M\times(t_2-t_1)+Q_p}{V_g\times H_l}\times 100\% \quad (7\text{-}26)$$

式中 η_c——采暖热效率（%）；

M——实测的热水量（kg）；

V_g——试验燃气耗量（m^3）；

Q_p——对应平均水流温度下的测试平台热损失，包括循环水泵的热损失（kJ）。

(4) 燃烧产物的卫生指标　燃气用具排放的烟气含有 CO、NO_x、3-4 苯并芘、O_3 和 H_2S 等有害于人体和污染环境的成分，因此，对其含量应加以限制。

目前我国对烟气中的 CO 含量作了限制，要求燃气用具在额定燃气压力下工作，折算成过剩空气系数 $\alpha=1$ 时，干烟气中 CO 含量应符合相应标准的规定，部分燃气用具 CO 限制如表 7-9 所示。干烟气中 CO 含量的换算可根据烟气中 O_2 的含量计算，也可根据烟气中 CO_2 的含量进行计算，公式如下：

采用 O_2 含量计算

$$CO_{\alpha=1} = (CO)_m \times \frac{21}{21-(O_2)_m} \times 100\% \tag{7-27}$$

式中　$CO_{\alpha=1}$——折算成过剩空气系数为1时，烟气中 CO 含量（%）；

$(CO)_m$——烟气样中的 CO 含量（%）；

$(O_2)_m$——烟气样中的 O_2 含量（%）。

采用 CO_2 含量计算

$$CO_{\alpha=1} = (CO)_m \times \frac{(CO_2)_N}{(CO_2)_m} \times 100\% \tag{7-28}$$

式中　$(CO_2)_N$——理论干烟气样中的 CO_2 浓度（计算值）（%）；

$(CO_2)_m$——烟气样中的 CO_2 浓度测定值（%）。

过去我国一直采用 O_2 含量的计算方法，目前我国新的标准也采用与欧美通行的做法，使用 CO_2 含量计算法。

表 7-9　燃气用具的 CO 排放限值

采暖炉（外排气）	热水器（外排气）	家用灶具
0.1%	0.1%	0.05%

我国在 2000 年制定的家用燃气快速式热水器标准中，NO_x 作为等级条款写入，最高排放限值为 $1.18\times10^{-2}\%$。

(5) 燃烧稳定性　不同烹饪过程（或工艺条件）要求不同的火力，因此燃气用具的热负荷需要进行调节，并且在调节范围内要求火焰仍稳定燃烧。检验离焰时，采用脱火界限气于 1.5 倍额定压力下作业；检验回火时，采用回火界限气于 0.5 倍额定压力下作业；采用黄焰和不完全燃烧的界限气于 1.5 倍额定压力下进行黄焰或析碳测试作业。

(6) 安全性　不同类型燃气用具的安全措施不同，但宗旨都是防止各种情况引起的燃气泄漏导致爆炸，以及烟气引起中毒等。主要有以下几方面：

1）燃气系统的气密性。必须通过国家标准规定的气密性试验。例如，燃气采暖热水炉的燃气系统的密封阀，施加 15kPa 的检测压力，泄漏量应小于 0.06L/h。

2）安全保护装置。例如，燃气阀应有限位和自锁装置；旋钮的开、关位置应有明显标志和方向指示；所有燃气用具应设熄火保护装置；在热水器及采暖炉上还应有水-气联锁装置、风压开关、防过热保护装置等。

3）操作安全性

a. 对燃气用具各部位表面温度的要求，如表7-10所示，目的是保护使用者及设备本身。

b. 对于带燃烧室的设备，必须设置预吹扫程序。先起动风机进行预吹扫，可以预防在燃烧室内积存可燃气体时点火引起爆燃。

表7-10　燃气用具表面温度规定值

燃气用具种类	燃具部位							
	操作时手必须接触的部位	操作时手可能接触的部位	操作时手不易接触的部位	阀门壳体	干电池表面	压电元件与导线	软管接头	热水器四周墙壁或台面
	温度/℃							
家用灶	室温＋30	室温＋70	室温＋110	室温＋40	室温＋20	室温＋50	室温＋20	
热水器（快速）	室温＋30	室温＋65	室温＋105	室温＋50	室温＋20	室温＋50	室温＋20	65
烤箱	室温＋30	室温＋70	室温＋110			室温＋50	室温＋20	
中餐炒菜灶	室温＋30	室温＋65	室温＋105	室温＋50	室温＋20	室温＋50		
沸水器			室温＋105	室温＋50	室温＋20	室温＋50		65

国家标准对燃气用具的材料、结构和安全，以及性能要求的规定还有很多，以上只列举了一部分，详细内容参见相应的规范、国家标准。

思考题

1. 燃气灶具有哪些基本技术要求？
2. 试述壁挂式燃气热水器和采暖炉的结构以及工作原理。
3. 试述平衡型燃具是什么参数间的平衡，有何特点。
4. 分析冷凝式燃气热水器和采暖炉的节能特点。
5. 试述民用燃气具的自动与安全控制的内容，并分析其必要性。
6. 试述熄火保护装置的类型及工作原理，各自有哪些特点？
7. 简述设计规范中对民用燃气用具的通风排气的一般规定。
8. 试述单独排气筒的安全排气罩的作用。
9. 了解国家标准对一般燃具热效率的规定，并分析影响标准值的技术因素。
10. 如何确定燃气采暖热水两用壁挂锅炉的燃烧器热负荷？
11. 分析影响燃烧室容积大小的因素。

8

第 8 章 燃气空调

燃气空调是直接用燃气作为能源的空调。根据设备利用燃气的方式，大致可分为燃气直燃型吸收式空调、燃气发动机热泵、燃气锅炉、燃气干燥除湿设备、燃气直燃供暖设备等。

8.1 燃气直燃型吸收式空调

吸收式制冷机由发生器、膨胀阀、冷凝器、蒸发器、吸收器及溶液泵等部件组成。工作介质有制取冷量的制冷剂和吸收、解析制冷剂的吸收剂，两者组成二元溶液工质对。由于它是利用吸收剂的质量分数变化，完成制冷剂的循环，因而被称为吸收式制冷。

目前常用吸收式制冷有氨水吸收式与溴化锂水吸收式两种。氨水吸收式以氨为制冷剂，水为吸收剂，可用来制取0℃以下的低温。但氨有刺激性臭味，且热效率低、质量较重、体积庞大，除工业工艺过程外，一般很少应用。目前应用最广的是以水为制冷剂、溴化锂溶液为吸收剂，制取5℃以上冷水的溴化锂吸收式冷水机组。

燃气直燃型吸收式空调的工作原理，如图 8-1 所示，除发生器以外，与蒸汽为热源的吸收式空调的工作原理一样。其工作原理如下：在发生器中，工质对被燃气燃烧的热烟气加热，解析出冷剂蒸汽；冷剂蒸汽在冷凝器中被冷却凝结成液体，然后经节流膨胀阀降压，进入蒸发器吸热蒸发，产生制冷效应；蒸发产生的冷剂蒸汽进入吸收器，被来自发生器的工质对吸收，再由溶液泵加压送入发生器，从而循环制取冷量。

燃气直燃型空调与其他溴化锂空调的最大差别在于发生器的结构不同。燃气直燃型吸收式空调的发生器，主要由燃烧设备和发生器本体组成。发生器本体除了具有与蒸汽型发生器类似部件外，还有适用于锅炉燃烧系统的炉筒、对流换热器、

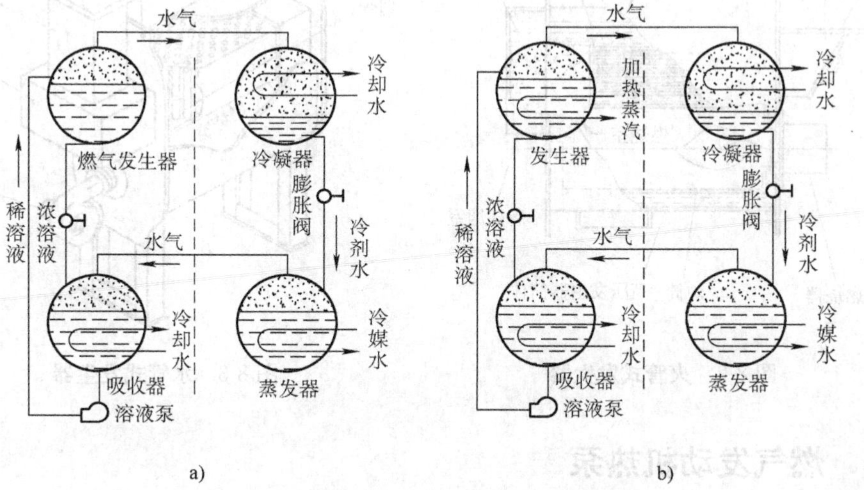

图 8-1　燃气直燃型吸收式空调的工作原理图
a）燃气直燃式　b）蒸汽加热式

余热回收装置、烟囱等设备。燃气直燃型发生器工作时，燃气在炉筒中燃烧，形成高温烟气。烟气通过炉筒和对流换热器加热溴化锂稀溶液，再经余热回收装置通过烟囱排出。稀溶液被加热浓缩成浓溶液，产生的冷剂蒸汽经挡液装置流向低压发生器。

从结构上直燃型发生器可分为火管式和水管式两种形式。

（1）火管式发生器　火管式是指高温烟气在烟管内流动，加热管外溴化锂溶液。对流换热器的传热管通常采用传热性能好的螺纹管或内部设有螺旋片的光管。对流换热器一般采用炉筒与管群平行布置的形式，如图 8-2 所示。火管被焊接固定在两端封头上。对流换热器利于检漏和清灰，可维护性比较好，所以一般用于燃油型溴化锂吸收式冷热水机组。

（2）水管式发生器　水管式是指管内流动溴化锂溶液，高温烟气在管外加热。对流换热器的传热管通常采用光管、翅片管或螺纹管。为有利于冷剂蒸汽的产生，对流换热器一般采用炉筒与管群垂直布置的形式，如图 8-3 所示。水管式结构的优点是换热效果好，节省材料，结构也比较紧凑。但由于传热管承受的烟侧温度变化很大，在热胀不均的情况下，会产生热应力，容易使传热管与管板接头处发生泄漏，同时不利于检漏和清灰。

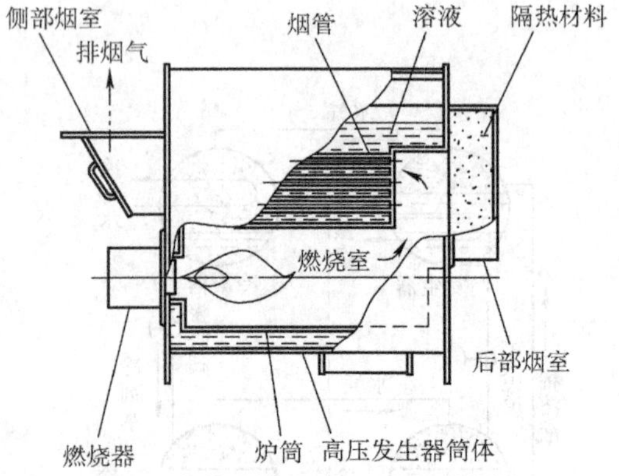

图 8-2　火管式发生器

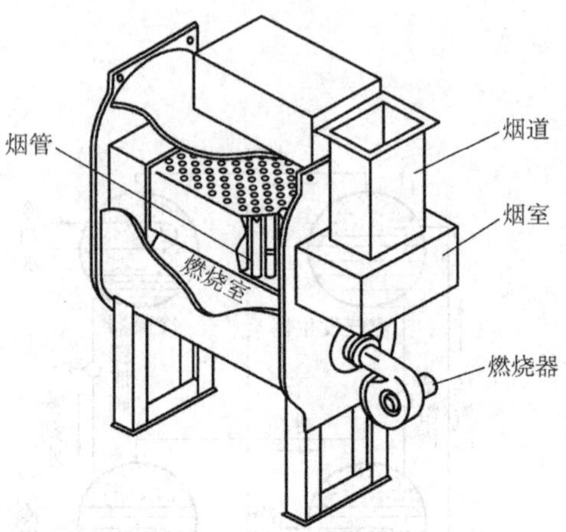

图 8-3　水管式发生器

8.2　燃气发动机热泵

热泵是一种将低温热源提高品位后提供高温热源的设备。从结构上看，燃气发动机热泵同蒸气压缩式制冷机相同，只是热泵在较高的温度工况下运转，利用冷凝器提供热量；而制冷机在较低的温度工况下运转，利用蒸发器提供冷量。如图 8-4 所示，热泵的主要部件是压缩机、冷凝器、膨胀阀和蒸发器，它们之间通过管道相互连接。系统中充填着工质，即制冷系统中的制冷剂；在工作过程中，工质交替地处于气相和液相。压缩机消耗机械能，对气态工质进行压缩。此时工质温度升高，并在较高温度和压力的情况下进入冷凝器。冷凝器是一种换热器，工质在冷凝器中放出冷凝热，并凝结成液态。工质在膨胀阀（节流元件）中降低压力，并在蒸发器中吸取热量，在较低压力下蒸发。在蒸发器中，工质吸取热源（空气或水）的热量成为气体，随后又进入压缩机中。总之，工质通过蒸发器吸取低温热源的热量，在冷凝器中将热量传给较高温度的载热剂。

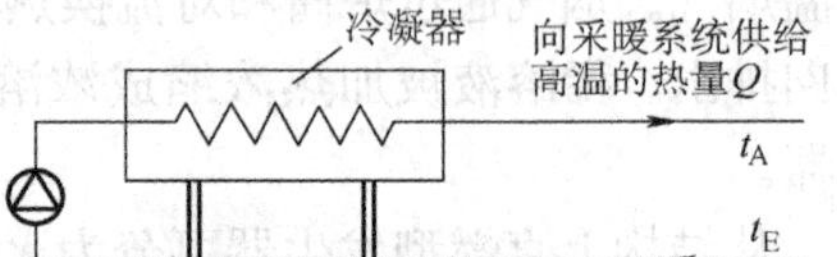

图 8-4　热泵的结构原理

燃气发动机热泵的工作原理如图 8-5 所示。压缩机由燃气发动机驱动，压缩机、冷凝器、膨胀阀和蒸发器组成压缩式热泵循环。该循环中还设有发动机冷却水换热器和排气换热器，以分别吸取发动机冷却水和排气的热量。

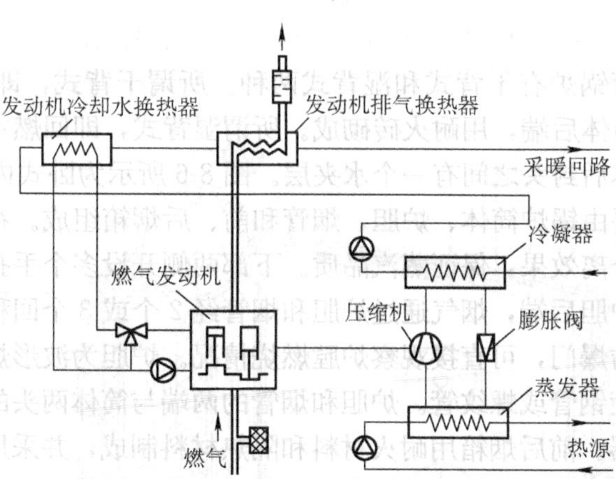

图 8-5　燃气发动机热泵的工作原理图

燃气发动机热泵依靠燃气发动机作为压缩机的动力。燃气发动机通常是一种活塞式发动机，其工作原理参见本章 8.6.2。

8.3　燃气锅炉

燃气锅炉是燃气空调中采暖供热必不可少的设备，小至家庭用，大至区域供冷、供热，容量范围广。排出压力除区域空调系统要求 3.5MPa（表）外，大多在 1MPa（表）以下。

燃气锅炉除小型家庭用外，均应按锅炉、压力容器的有关规定生产制造。对于容器内保持 40kPa（300mmHg）左右的绝对压力、供给 60～80℃左右的热水的真空热水器不属此范围。

锅炉本体由燃烧室和对流传热面构成。根据对流传热面的构造等差异，分类如下：

1）铸铁锅炉：排出压力为 0.1MPa（表）以下的低压锅炉。用于采暖、供热水。

2）烟管锅炉：排出压力为 1.6MPa（表）以下的中压锅炉。用于采暖及工艺过程。

3）水管锅炉：根据结构形式可用于高压采暖、工艺过程及发电设备；也可用于 1MPa（表）以下的中压采暖、供热水及工艺过程。

4）直流锅炉：有大型与小型两种，大型用于发电设备，小型用于采暖及工艺过程。

5）热水器：供给 80℃以下的热水（参见第 7 章）。

环，不会减少。而换热器内的冷水被加热升温后送出，供取暖或生活用。

8.3.4 铸铁锅炉

图 8-9 所示为铸铁锅炉，是由前段、后段和中段三大部件组成，在外部用螺栓将它们紧固成一体。中段可以由 3～20 个完全相同的部件叠加而成，根据锅炉容量的大小决定采用中段部件的数量。锅炉的下面部分是燃烧室①，燃烧室上面是 3 个对流烟气通道，燃烧室和烟道都由水夹套包围。烟气从燃烧室后端流入第 1 烟道②返回锅炉前端，再流入第 2 烟道③，后经过第 3 烟道④，最后流入后段的铸铁烟箱进入烟囱排出。给水从下面进入，热水从上面出来。

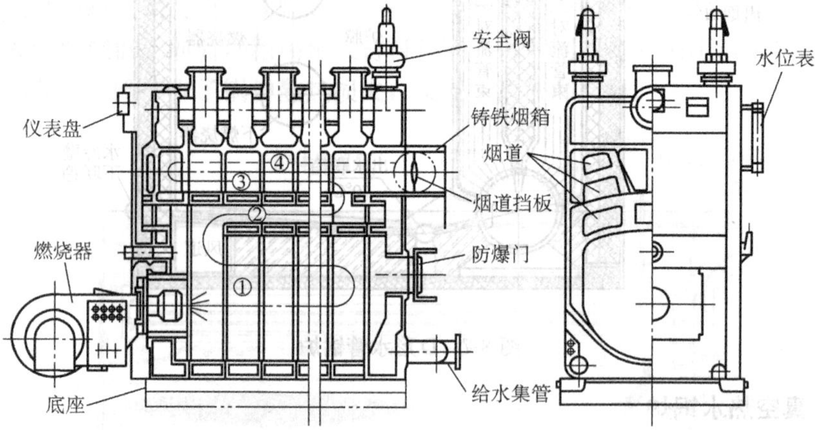

图 8-9 铸铁锅炉

铸铁锅炉容量小、压力低，一般蒸发量为 0.3～4t/h，或 (10.5～837)×10^4kJ/h，压力在 0.3MPa 以下。由于是铸铁制造，所以耐腐蚀、使用寿命长、操作也方便，另外可以拆卸装配，便于搬运和安装，但是不能承受剧烈的温度变化。因此，作为热水锅炉，其进出口水温温差不宜过大，一般不超过 20℃。为此，采用从空调机盘管或散热器盘管回来的疏水或回水作为给水，或将补给水和回水混合后进入锅炉。

8.4 燃气干燥除湿设备

为了满足室内的温湿度要求，可在机组中加入转轮除湿机，室外新风先进入转轮除湿机进行除湿处理，除湿后的干空气再进入空调机进行空调处理，然后进入空调室完成制冷、采暖过程。

转轮除湿机由吸湿转轮、传动机构、外壳、风机及再生用加热器等组成。用来吸收室外新风中水分的吸湿剂，一般为硅胶或分子筛。当吸湿剂达到含湿量的极限时，会失去吸湿能力，为重复使用需进行再生处理。再生处理是用180～240℃的热空气来加热吸湿剂，使其含湿量蒸发。热空气就是通过再生加热器中燃气燃烧后的烟气与空气进行热交换获得的。

燃气干燥除湿是利用固体吸湿原理实现干燥空气的目的。图8-10所示转鼓以8～20r/min的转速旋转，鼓内填充的是固体吸湿剂，鼓的圆形断面被划分为空气“处理区”和“还原区”。湿空气流经“处理区”范围时，由于吸湿剂表面水蒸气分压低于湿空气中水蒸气分压，吸湿剂吸收空气中水汽而趋于饱和，干燥后的空气被送至用户。在“还原区”，经烟气加热的另一股空气加热饱和吸湿剂，吸湿剂被还原；在较高温度下，热空气带走吸湿剂中的饱和水分被排入大气。这样，吸湿剂再进入“处理区”内即可重复使用。

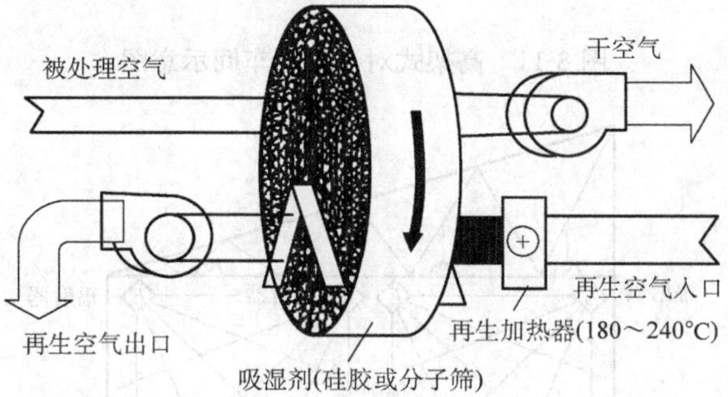

图8-10 燃气干燥转鼓除湿原理

用燃气干燥除湿的优点：

1）与电冷凝除湿相比，能耗低、系统简单、运行经济实用。燃气干燥除湿适合大会堂、商场、游泳馆、大型仓储除湿。

2）防止物品霉变损害，可确保某些含湿材料制成品（如书、画、胶卷、皮毛等）的最佳性能。

3）空气无需预冷凝，因而质量高，更加符合自然和卫生状况，改善了环境舒适水平，提高了工效作用。

4）除湿过程为无氟工艺，不破坏大气层臭氧层，符合环保要求。

8.5 燃气直燃高架式供暖

工业和商业建筑中，燃气直燃辐射加热供暖系统通常采用高架式安装。在工业厂房内，地面以上的工作空间范围通常需要供暖，由于建筑空间相对较高，空的屋面板下可提供安装加热器、辐射体和风管的位置，加热供暖装置安装十分简便，因此工业厂房多采用高架加热方式。同样，商业建筑中加热器或风导管可采用悬吊在天花板下安装，如图8-11、图8-12所示。

适宜高架方式供热的加热器有辐射式和对流式两类。

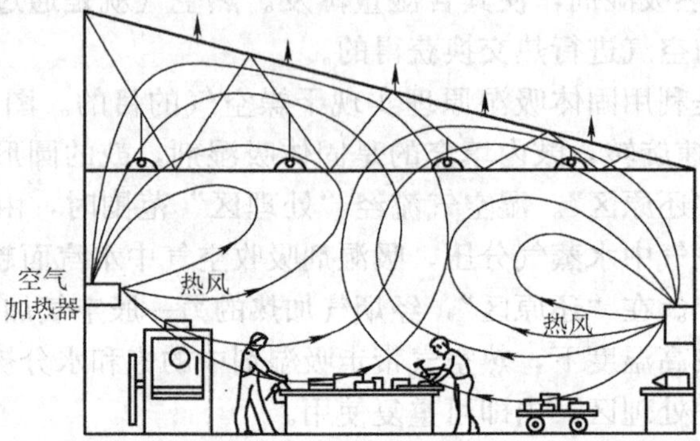

图 8-11　高架式对流供暖车间示意图

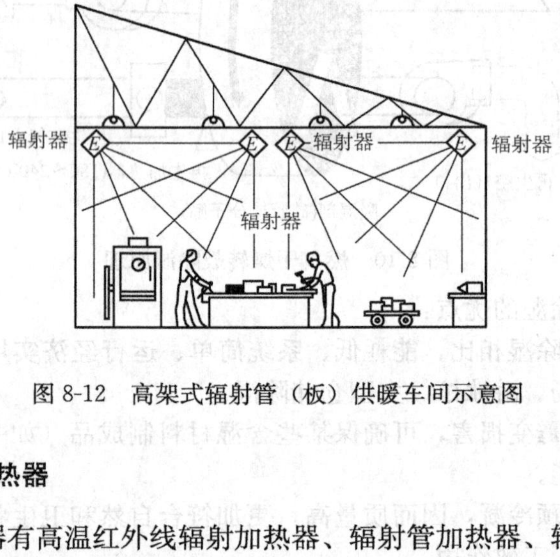

图 8-12　高架式辐射管（板）供暖车间示意图

8.5.1　辐射式加热器

辐射式加热器有高温红外线辐射加热器、辐射管加热器、辐射管式空气加热器、蒸汽或热水辐射板等。燃气辐射式加热供暖形式在国外应用十分广泛和多样化，尤其是燃气辐射管方式，它具有非直接燃烧的特点，因而安全方便，适用于公共建筑的体育训练馆、游泳池、快餐馆、地下车库、大型厂房、仓库、烘干间等，是一种理想的加热供暖形式，具有很强的实用价值。

设计高架式辐射板加热形式时，为了保证在工作区获得需要的辐射热量，应当了解辐射强度与安装高度的关系。对于高度在地板平面的一般加热来说，正常的辐射强度为 79W/m²；在操作平面高度，辐射强度为 158W/m² 比较舒适；但是，在头顶高度，236W/m² 辐射强度应是最大值，且只对裸露位置适用。表8-1给出了辐射强度和安装高度数据。

表 8-1 辐射强度和安装高度

辐射强度/(W/ m²)	230	183	104	91	85
安装高度/m	3.7	4.3	4.9	5.5	6.1

8.5.2 对流式加热器

对流式加热器有单元式空气加热器、直燃型空气加热器、间接燃烧式空气加热器、装配式空气加热器。

图 8-13 所示为装配式空气加热器，它具有独立新鲜空气连接管和热风出口。加热器新风由室外吸入，经过滤后进入燃烧段，一部分参与燃烧，另一部分同高温烟气混合后，在温度接近车间所需温度条件下，由机组出口排至房间。

在商业和工业建筑中通常都使用一定数量的排气系统，排除餐室废气、水蒸气、燃烧烟气以及有毒、易燃气体。由于排气系统的运行，造成建筑内空气量和热量损失，必须给建筑补充室外空气，尤其在采暖地区，室外空气应预先加热后再送入室内，以补充热量损失。在这种情况下，应用装配式空气加热器就十分方便。在平衡风量时，可以将机组风量稍大于排气系统风量，以避免冬季冷空气渗入房内。机组控制系统的全自动或全顺序控制是合为一体的，可按需要选择。熄火保护采用紫外光敏探测器或火焰整流式探测器。

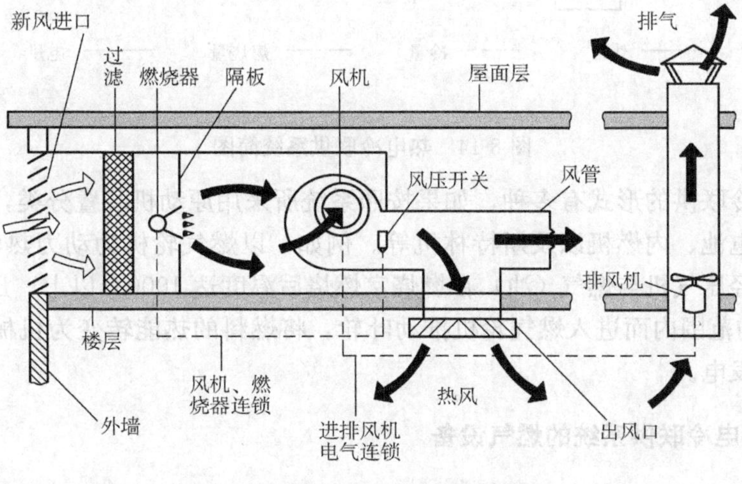

图 8-13 装配式空气加热器原理图

8.6 天然气热电冷联供系统

以天然气为燃料的动力装置，例如燃气轮机、燃气内燃机、斯特林发动机、燃料电池等，在发电的同时，其排放的余热被回收，用于供热或驱动空调制冷装置，这种以天然气为燃料，同时具备发电、供热和供冷（或除湿）功能的能源转换和供应系统，就是天然气热电冷联供系统（CCHP）。

8.6.1 天然气热电冷联供系统原理

由于供热和供冷受管网输送能力的限制，CCHP 系统一般尽可能靠近用户侧，且规模较小，它是分布式能源（Distributed Energy）系统的一种重要形式。

图 8-14 所示为热电冷联供系统简图。热电冷联供系统设置蓄能装置和制冷系统。蓄能装置可以在空调季蓄冷，采暖季蓄热。制冷可通过两种方式，即吸收式制冷机和压缩式制冷机，其中吸收式制冷机的热源可以有两种，即动力装置发电后排放的余热或锅炉。

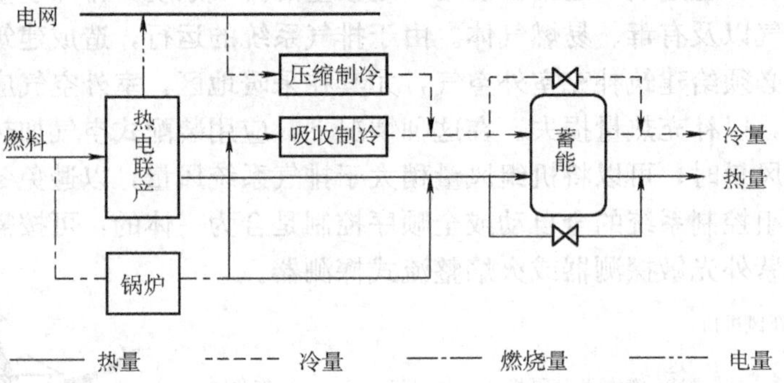

图 8-14 热电冷联供系统简图

热电冷联供的形式有多种，如果按照系统所采用原动机装置分类，有燃气轮机、燃料电池、内燃机以及斯特林机等。例如，以燃气轮机为动力热电冷系统，则是空气经压气机与燃气（油）在燃烧室燃烧后温度达 1000℃以上、压力在 1～1.6MPa 的范围内而进入燃气轮机推动叶轮，将燃料的热能转变为机械能，并拖动发电机发电。

8.6.2 热电冷联供系统的燃气设备

当前在天然气热电冷三联供系统中，将燃料的化学能转变为电能的发电装置主要有两种形式：一种是首先通过热力发动机将燃料燃烧而得到的热能转变为机械能，然后再通过同步交流发电机将机械能转变为电能；另一种是通过燃料电池直接将燃料化学能转变为电能。

热力发动机是将燃料燃烧得到的热能转变为机械能的装置。在任何热力发动机中都发生两个主要过程：①燃料燃烧放出热；②把这种热转变为机械能。燃料在发动机外部燃烧的热力发动机称为外燃机，如蒸汽机、汽轮机、斯特林发动机等；燃料直接在发动机内部（例如在气缸中或专门的燃烧室中）燃烧的热力发动机称为内燃机，如活塞式内燃机和燃气轮机等。天然气热电冷三联供系统中常用的热力发动机主要有：活塞式内燃机（以下简称为内燃机）、燃气轮机、斯特林发动机等。

燃料电池是将存在于燃料与氧化剂中的化学能直接转化为电能的发电装置，具有发电效率高、环境污染少等优点。

1. 燃气内燃机

内燃机的工作原理如图8-15所示，它主要由进气门、排气门、气缸盖、气缸、活塞、连杆、曲轴等组成。

内燃机的实际热力循环是燃料的热能转变为机械能的过程。对于往复活塞式内燃机，曲轴每转两转，活塞往复运动四次完成进气、压缩、做功、排气一个工作循环的为四冲程内燃机；曲轴每转一圈，活塞往复运动两次完成一个工作循环的称为二冲程内燃机。二冲程内燃机因经济性较差，在固定式发电装置中一般都采用四冲程内燃机。根据燃料着火方式的不同，它又分为点燃式和压燃式两种。

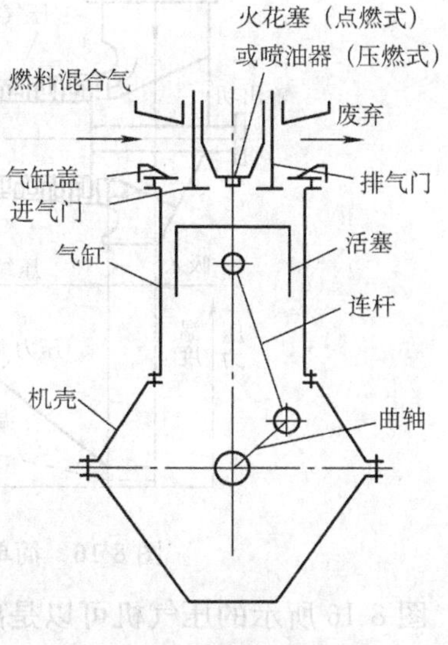

图8-15 内燃机示意图

四冲程循环的燃气内燃机工作过程如下：

1）吸气行程：活塞从上止点向下移动，吸气阀打开，燃气同空气的混合气经吸气阀流入气缸内。

2）压缩行程：活塞从下止点向上移动，吸气阀和排气阀关闭，混合气受到压缩，其温度和压力上升。

3）做功行程：混合气被点火燃烧，产生的高压气体将活塞压到下方做功，这一行程也称为爆发行程。

4）排气行程：随后活塞向上移动，排气阀打开，膨胀后的排气经排气阀排出，到达上止点，接着进行吸气行程，开始下一循环。

2. 燃气轮机

燃气轮机是靠机器内部燃料燃烧释放出的热量直接加热空气，并通过形成的烟气将热能转换成机械能的一种热力机械，因此它也是一种内燃机。

燃气轮机主要由叶轮式空气压缩机（简称压气机）、燃烧室和涡轮三个部分组成。为了确保燃气轮机的正常工作，它还设有燃料、润滑、冷却、启动、调节与安全等辅助系统。当它正常工作时，工质依次经过吸气压缩、燃烧加热、膨胀做功、排气放热四个过程而完成一个热力循环。图 8-16 所示为简单循环燃气轮机工作原理图。压气机经进气道从外部吸入空气，压缩后送入燃烧室，同时将气体或液体燃料经燃料喷嘴喷入燃烧室与高温压缩空气混合，在定压下进行燃烧，生成的高温、高压烟气进入涡轮膨胀做功，推动涡轮转子带着空气压缩机叶轮一起高速旋转，烟气排入大气中或进入余热回收装置进行余热回收。在燃气轮机中，涡轮发出的机械能约 2/3 用来驱动空气压缩机，其余部分可以输出用来拖动其他机械工作，例如驱动发电机发电。

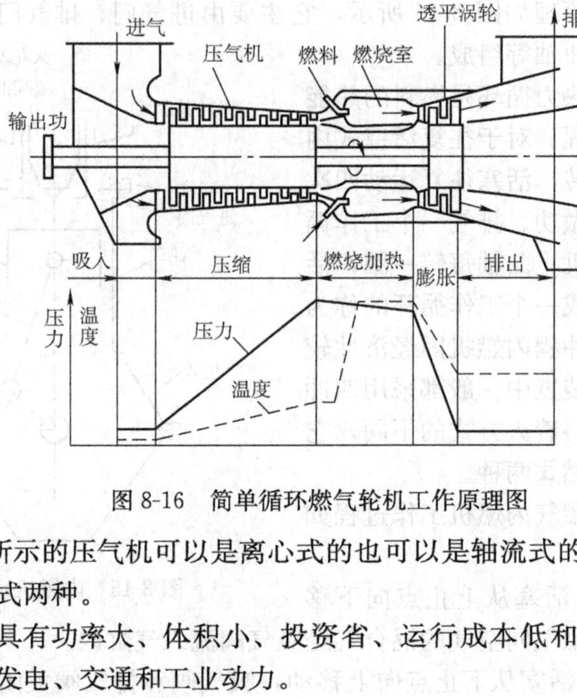

图 8-16　简单循环燃气轮机工作原理图

图 8-16 所示的压气机可以是离心式的也可以是轴流式的，而涡轮亦有轴流式和向心径流式两种。

燃气轮机具有功率大、体积小、投资省、运行成本低和寿命周期较长等优点，主要用于发电、交通和工业动力。

3. 微型燃气轮机

微型燃气轮机在天然气热电冷三联供系统中得到广泛应用。其单机功率范围为数十至数百千瓦。微型燃气轮机由透平、压气机、燃烧室、回热器、发电机及控制系统组成。图 8-17 所示为微型燃气轮机发电机组原理图，图 8-18 所示为 copstone 微型燃气轮机发电装置的结构。

微型燃气轮机的余热只有排烟一种形式，因而其余热利用系统较内燃机简单，可通过余热锅炉生产热水、蒸汽，也可直接通过吸收式冷温水机生产冷水（夏季）或热水（冬季）用于空调。

4. 斯特林发动机

斯特林发动机主要由外部燃烧系统、闭式循环系统（热腔、加热器、回热

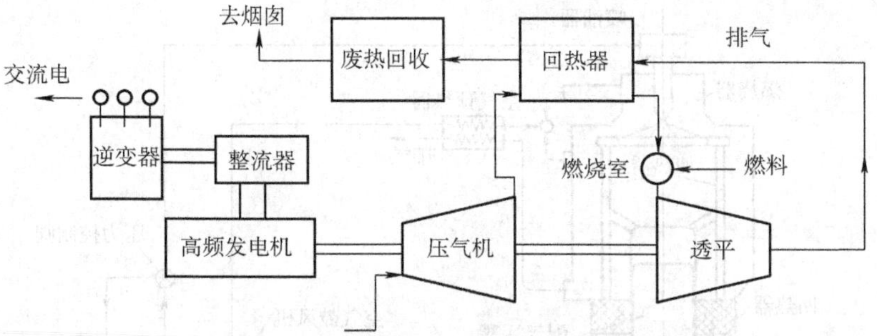

图 8-17 微型燃气轮机发电机组原理图

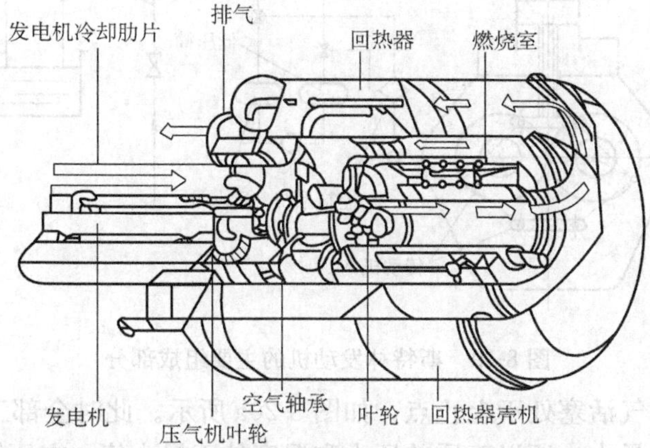

图 8-18 copstone 微型燃气轮机发电装置的结构图

器、冷却器和冷腔)、传动系统(活塞杆、菱形机构和曲轴)和调节系统四部分组成,如图 8-19 所示。闭式循环系统是斯特林发动机的核心部分。

图 8-19 所示斯特林发动机只有一个气缸,两个活塞都置于一个气缸中。靠近冷却器一侧的活塞称为动力活塞,靠近加热器一侧的活塞称为配气活塞。配气活塞不向输出轴传递功率,其作用是使工质在冷腔和热腔中来回循环,所以配气活塞又叫工质置换器。膨胀腔(热腔)由配气活塞和相应的气缸组成,其容积的变化由配气活塞的运动所控制。压缩腔(冷腔)则由动力活塞的上部和配气活塞的下部以及相应的气缸组成,其容积的变化取决于配气活塞和动力活塞的联合运动。这种斯特林发动机的特点是配气活塞和动力活塞的行程有一段是重叠的,活塞相位领先角小于容积相位领先角。这种结构的斯特林发动机称作配气活塞式斯特林发动机。

斯特林发动机的工作过程如同内燃机一样,也由四个过程组成,分别是压缩、回热、膨胀和放热过程。

图 8-20 所示为一种斯特林发动机活塞的相位图。循环开始时,设动力活塞

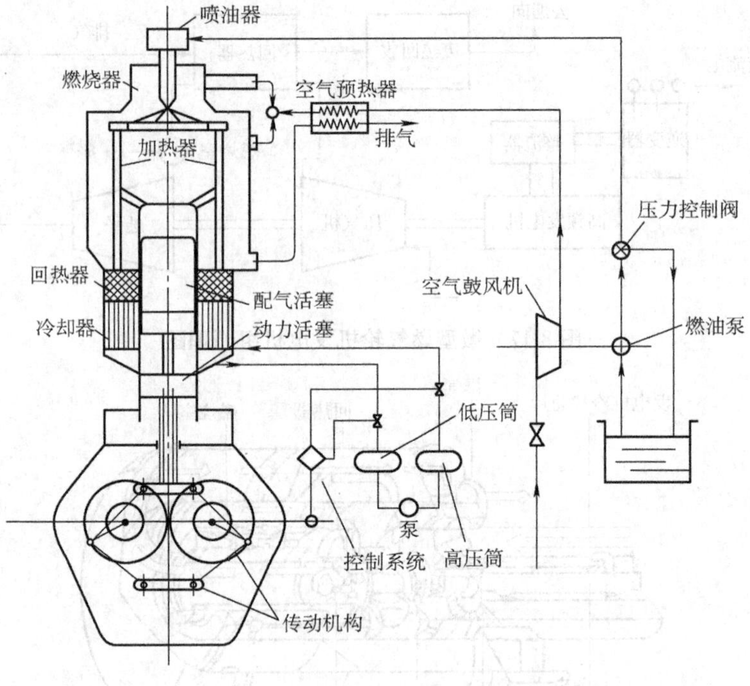

图 8-19　斯特林发动机的主要组成部分

处于下止点，配气活塞处于上止点，如图 8-20a 所示。此时全部工质都处于冷腔内，由于容积为最大，所以工质的压力和温度处于最小值。在压缩过程中，动力活塞向上止点运动，配气活塞保持不动（图 8-20b），工质在冷腔中被压缩，压力增加，热量通过压缩腔的气缸壁向外界扩散。

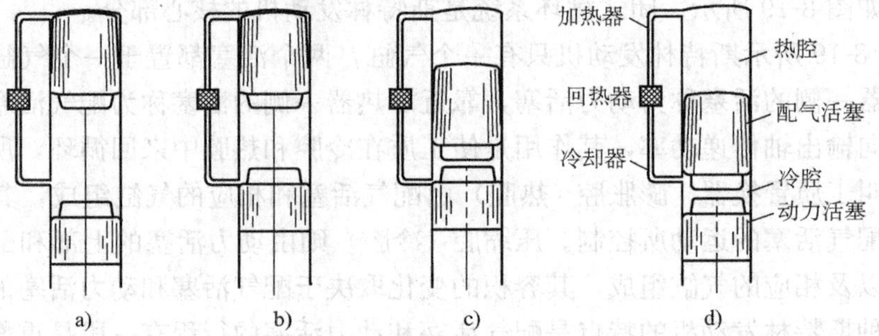

图 8-20　某斯特林发动机活塞相位图

在回热过程中，配气活塞从上止点向下止点运动，动力活塞在上止点保持不动（图 8-20c），工质通过回热器的多孔金属基体从冷腔转移到热腔。工质流过回热器时，吸收回热器基体中的热量，使温度上升，压力增加。

在膨胀过程中，配气活塞继续向下止点运动，动力活塞也开始从上止点向下止点运动（图 8-20d）。运动结束时，两个活塞均处于下止点。在膨胀过程进行中，容积增大，使压力降低，同时外热源向系统加入热量。

循环的最后一个过程为冷却过程。配气活塞从下止点返回上止点，动力活塞在下止点保持不动。工质通过回热器从热腔返回冷腔。在通过回热器基体时，工质的热量传给回热器基体，工质温度下降，然后流入冷腔。工质在这一过程中释放出的热量将保持在回热器基体内，直到下一个循环回热过程再传给工质。

上述压缩、回热、膨胀和放热四个过程组成一个循环，因而使活塞周而复始往复运动。

5. 燃料电池

燃料电池是一种按电化学原理把储存在燃料和氧化剂中的化学能直接转化为电能的能量转换装置。

燃料电池不是热机，故不受卡诺循环的限制，所以效率高。氢是燃料电池的理想燃料，它清洁、无污染，而且不会产生二氧化碳等温室气体。

燃料电池与传统电池一样，是一种将活性物质的化学能转化为电能的装置，都属于电化学动力源。但与一般电池不同的是，它的电极本身不具有活性物质，只是个催化转换元件。一般电池除了具有电催化元件外，本身也是活性物质的储存容器，因此，当储存于电池内的活性物质使用完毕时，必须及时重新补充活性物质后才能再使用。而燃料电池则是名符其实的能量转换装置，燃料和氧化剂等活性物质都是从外部供给的，只要不断加入这些活性物质，燃料电池就能够连续发电。

燃料电池根据其电解质不同有以下几类：

1）碱性燃料电池。采用氢氧化钾溶液作为电解液。这种电解液效率很高，但对影响纯度的杂质，如二氧化碳很敏感，因而运行中需采用纯态氢气和氧气。这种电池仅限于在宇宙飞行及国际工程等领域中应用。

2）质子交换膜燃料电池。采用极薄的塑料薄膜作为电解质，这种电解质功率大、质量轻、工作温度低，是适用于固定和移动装置的理想材料。

3）磷酸燃料电池。采用 200℃高温下的磷酸作为其电解质。作为一种中低温型燃料电池，不但具有发电效率高、清洁、无噪声等特点，而且还可以热水形式回收大部分热量。

4）熔融碳酸盐燃料电池。它是由多孔陶瓷阴极、多孔陶瓷电解质隔膜、多孔金属阳极、金属极板构成的燃料电池，其电解质是熔融态碳酸盐。熔融碳酸盐燃料电池是一种高温电池（600～700℃），很适合用于分散式的热电联产系统。

5）固体氧化物燃料电池。该电池采用的是固态电解质（钻石氧化物），性能很好，需要采用相应的材料和过程处理技术，因为电池的工作温度约为 1000℃。固体氧化物燃料电池在高的工作温度下排出的高质量余热可以充分利用，使其综合效率可由50％提高到70％以上；它的燃料适用范围广，不仅能用H_2，还可直接用CO、天然气（甲烷）、煤气化气，碳氢化合物等作燃料。这类电池最适合于分散和集中发电。

燃料电池的工作原理如图8-21所示，其基本结构包括中间的一层电解质，两侧分别贴附着多孔阴极与多孔阳极，阳极持续补充H_2，而阴极持续补充O_2，电化学反应在电极上发生。阳极反应后产生的质子通过电解质抵达阴极，电子则从阳极经过外接负载抵达阴极而构成电流回路。反应生成的水以及未反应的H_2和O_2，则经由电极出口排出。

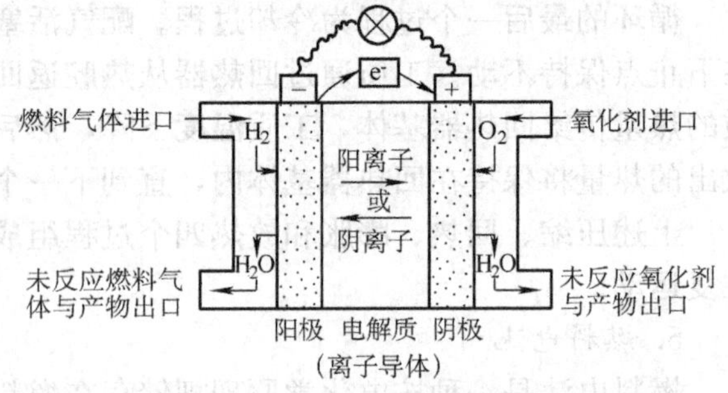

图8-21 燃料电池工作原理图

其反应式为

燃料极（阳极） $H_2 \longrightarrow 2H^+ + 2e^-$

空气极（阴极） $\frac{1}{2}O_2 + 2H^+ + 2e^- \longrightarrow H_2O$

综合反应式 $H_2 + \frac{1}{2}O_2 \longrightarrow H_2O$

以上反应式表示燃料电池工作时向阳极供给燃料（氢），向阴极供给氧化剂（空气），燃料（氢）在阳极被分解成带正电的氢离子（H^+）和带负电的电子（e^-），氢离子（H^+）在电解质中移动与阴极侧提供的O_2发生反应，而电子（e^-）通过外部的负荷电路返回到阴极侧参与反应，连续的反应促成了电子（e^-）连续地流动，形成直流电，这就是燃料电池的发电过程。

而最适合用于冷热电三联供系统的熔融碳酸盐燃料电池如图8-22所示。

反应原理如下：

阴极 $O_2 + 2CO_2 + 4e^- \longrightarrow 2CO_3^{2-}$

阳极 $2H_2 + 2CO_3^{2-} \longrightarrow 2CO_2 + 2H_2O + 4e^-$

总反应 $O_2 + 2H_2 \longrightarrow 2H_2O$

与其他热电联产方式相比，燃料电池具有下列优点：

a. 能量转换效率高。燃料电池按电化学原理直接等温地将化学能转化为电能，它不像常规电厂那样通过锅炉、汽轮机、发电机三级能量转换才能得到电能，因此既没有中间环节的转换损失，也不受热力学卡诺循环理论的限制，理论上它的发电效率可达85％～90％。但实际上，由于工作时各种极化的限制，目前各类燃料电池的实际能量转化效率为40%～60%，若实现热电联供，燃料的总利用率可高达80%以上。

b. 环境污染小。当燃料电池以天然气等富氢气体为燃料时，由于有较高的能量转换效率，其二氧化碳的排放量比热机过程减少40%以上。除此以外，由于燃料电池的燃料气在反应前必须脱硫，而且按电化学原理发电，没有高温的燃烧过程，所以几乎不排放硫化物和氮氧化物，减轻了对大气的污染。

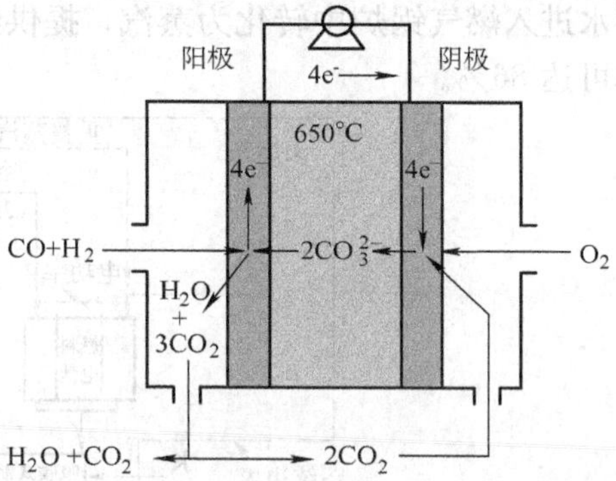

图 8-22 熔融碳酸盐燃料电池工作原理图

c. 噪声低。燃料电池按电化学反应原理工作，结构简单，而且没有高速运转的机械，可以安静地将燃料的化学能转化为直流电能，然后再由直流电能通过逆变器逆变成交流电能。

d. 负荷调节灵活。由于燃料电池发电装置是模块结构，容量可大可小，布置可集中可分散，且安装简单，维修方便，因而这种性能使燃料电池不仅能向家庭、城市公用事业用户提供独立热电冷联供系统，也能在用电高峰时作为调节的储能电池使用。

e. 燃料来源广。对于燃料电池而言，只要含有氢原子的物质都可以作为燃料，例如天然气、石油、煤炭等化石产物，或是沼气、酒精、甲醇等，因此燃料电池非常符合能源多样化的需求，可以减缓主流能源的耗竭。

燃料电池的缺点如下：

a. 价格昂贵。燃料电池的价格是其他的分布式发电系统（内燃机、燃气轮机）的2～10倍，目前最先进的燃料电池系统的价格相当于太阳能发电系统的价格。

b. 维护比较专业。燃料电池的维护与其他的发电装置有很大的不同，目前这方面的专业维护人员非常缺乏。燃料电池发生故障之后，往往只能运回生产厂家进行维修，还无法做到现场更换电池堆。

c. 燃料要求高。燃料电池对燃料非常挑剔，因此往往需要非常高效的过滤器，并且要经常更换。

图 8-23 所示为某燃料电池热电冷联产系统。系统集成了吸收式制冷机、锅炉和换热器，天然气经过滤后与空气分别进入燃料电池中，燃料电池在发电的同时，高温排气进入吸收式制冷设备中，将25℃的水制冷到7℃用作空调系统的冷却水，从吸收式制冷机出来的高温排气进入换热器中预热水后排出系统，预热后

的水进入燃气锅炉中转化为蒸汽，提供给天然气的重整过程使用，系统的综合效率可达 86%。

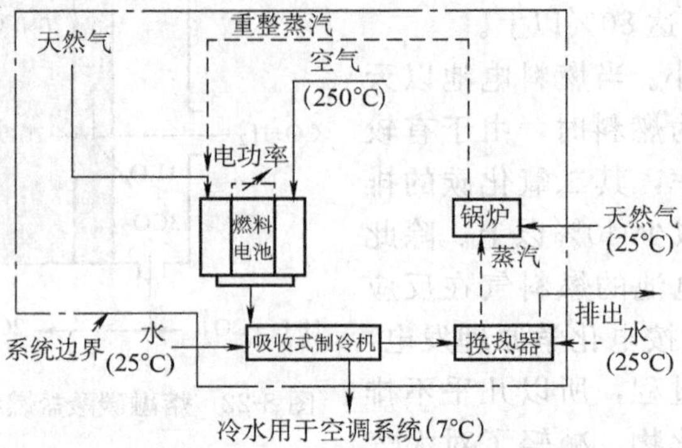

图 8-23　燃料电池热电冷联产系统

燃料电池输出的是直流电，需要经过电力调节装置转换为交流电。目前燃料电池的发电效率约为 40%～60%，有近一半的化学能转换成了热能，这些热能的回收利用可以提高燃料利用率。另外，为了保证电池工作温度的稳定，也必须将这些废热及时排除。一般而言，中低温燃料电池大都在回热系统中将废热直接回收生产热水或蒸汽，而高温燃料电池则可以与其他发电装置，如蒸汽涡轮机发电系统，组成复合发电循环，以提高发电效率和燃料利用率。

思考题

1. 燃气空调有哪些应用形式？
2. 分析燃气冷热电三联供系统的节能效果。

9

第9章 燃气工业炉

9.1 燃气工业炉的分类

工业中几乎一切需要加热的工序都可以应用燃气。工业中的燃气加热设备统称燃气工业炉。

燃气工业炉，就是以燃气为能源，对被加热物料进行热加工并使其发生物理和化学变化的工业加热设备。一般是指由耐高温与保温性能良好的材料构成的特定空间，燃气能在此空间中燃烧，并通过传导、对流、辐射三种传热方式，将被加热物料加热到需要的温度，以实现被加热物料的熔融、干馏、加热、退火、烘干或焙制等。

工业加热遍及金属热处理、锻造、熔融和各类煮沸、接合、烧成、干燥以及食品、玻璃、纤维、陶瓷、树脂、涂饰、印刷等。各工业部门使用的燃料中，有煤炭等固体燃料，石油类的液体燃料及天然气等气体燃料，也有用电作为热源的。上述各种燃料各有特点，选用燃料的原则是适用、经济。

燃气工业炉的种类，根据其用途大体可以归纳成五种类型，如表9-1所示。

表9-1 燃气工业炉的分类及其工作温度

<table>
<tr><th colspan="2">工业炉的分类</th><th>材料最高加热温度/℃</th><th>加 热 工 艺</th></tr>
<tr><td rowspan="4">熔炼炉</td><td>钢熔炼</td><td>1675</td><td rowspan="4">将金属等被加热物料从固体熔化成液态，再加入其他元素进行精炼。其加热目的是熔化金属等被加热物料</td></tr>
<tr><td>玻璃熔化</td><td>1425</td></tr>
<tr><td>铜熔炼</td><td>1250</td></tr>
<tr><td>铝熔炼</td><td>750</td></tr>
<tr><td rowspan="5">加热炉</td><td>钢模锻压加热</td><td>1350</td><td rowspan="5">将金属加热变软而有些塑性，再进行加压成形，如轧钢炉、锻造炉等</td></tr>
<tr><td>铜轧制加热</td><td>870</td></tr>
<tr><td>铝轧制加热</td><td>455</td></tr>
<tr><td>钢轧制加热</td><td>1200</td></tr>
<tr><td>薄钢板热压成形加热</td><td>1050</td></tr>
</table>

（续）

工业炉的分类		材料最高加热温度/℃	加　热　工　艺
热处理炉	钢渗碳加热	980	将金属加热，使结晶组织结构发生变化，如淬火；或者结晶组织结构不变而改变机械性能，如退火、回火等；或者进行化学热处理，如渗氮、渗碳等
	中碳钢淬火	870	
	铸钢件退火	900	
	铝坯退火	400	
	黄铜退火	540	
	玻璃退火	620	
焙烧炉	石灰石煅烧	1370	将被加热物料进行加热，使被加热物料发生物理或化学变化，以得到新的物品，如锻烧石灰石、白云石等
	波特兰水泥烧成	1450	
	瓷坯素烧	1230	
干燥炉	砂型烘干	350～500	用于蒸发物体内的水分，包括结晶水。各工业部门由于烘干物品各不相同，炉型也就不相同。如机械冶金部门的烘砂炉、烘模炉，食品部门的食品烘烤炉等
	糕点烘烤	200～280	
	油漆干燥	150	

另外，也可按其他方式分类。

1. 按热工制度分类

（1）间断式炉　炉膛内不划分温度区段，炉子间断生产，在每一加热周期内炉温是变化的。

（2）连续式炉　炉子连续生产，炉膛内划分温度区段，在加热进程中，每个区段的温度保持不变。

2. 按炉温分类

（1）高温炉　炉温＞1000℃，炉内传热以辐射为主。

（2）中温炉　炉温 650～1000℃，炉内传热以辐射、对流为主。

（3）低温炉　炉温＜650℃，炉内传热以对流为主。

3. 按炉子结构分类

有室式、台车式、开隙式、井式、振底式、步进式等。

4. 按加热方式分类

（1）直接加热炉　烟气直接与被加热物料接触，又称火焰炉。

（2）间接加热炉　烟气不直接与被加热物料接触。

燃气工业炉与其他燃料的工业炉相比有许多优点：

1）污染小。气体燃料都经过脱硫处理，燃烧生成物中 SO_x 含量极少；气体燃料的含氮量较少，燃烧生成物中 NO_x 含量比其他燃料少，同时对于高温生成的 NO_x 也比其他燃料容易抑制；燃烧完全，几乎无烟尘排放。

2）易于自动控制。一般来说，燃气燃烧器的调节比要比其他燃料燃烧装置的幅度宽，过剩空气量也较其他燃料少，而且微调灵敏性也较快，容易实现炉温和炉压、甚至炉气成分的自动控制。

3）清洁、卫生、操作方便。燃气燃烧器不存在结焦、结渣的问题，即便不完全燃烧产生炭黑也容易清理。容易实现自动点火及火焰监测等。

4）易于实现特种加热工艺。燃气工业炉内燃烧产物的成分调节灵敏，稍变动过剩空气量，炉内气氛即刻发生变动。这使少氧化加热以及快速加热等特种工艺的实现比较容易。

但是，燃气工业炉的管理及操作要比其他燃料严格。因燃气-空气混合物的可燃混气成分都在爆炸范围内，如果操作不按规程，管理检查不严格，就容易发生爆炸等事故。

9.2 燃气工业炉的组成

燃气工业炉一般由炉膛、燃气燃烧装置、烟气排出装置、炉门及提升装置、金属构架、各类附属设备（如余热利用装置、各种测量控制调节装置等）等组成，如图 9-1 所示。

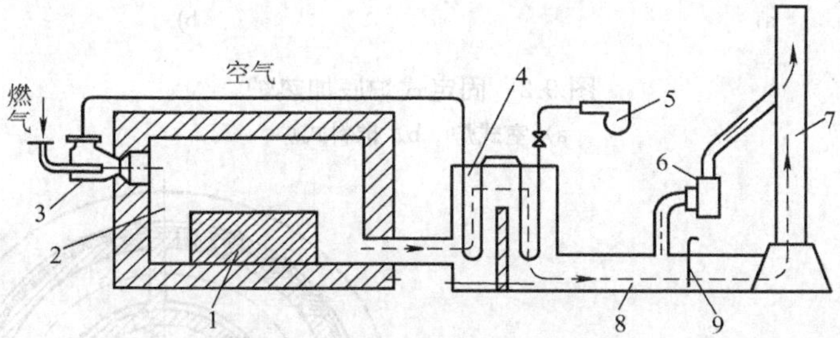

图 9-1 燃气工业炉系统示意图

1—被加热物料 2—炉膛 3—燃烧器 4—空气预热器

5—风机 6—排烟机 7—烟囱 8—水平烟道 9—烟道闸板

9.2.1 炉膛

炉膛是燃气工业炉的核心区域，是使燃气稳定燃烧，让被加热物料与高温烟气直接或间接进行热交换的场所。一般炉膛由炉顶、炉墙及炉底围成。

（1）炉墙 炉膛的侧面砌砖部分称为炉墙，要求它有足够高的耐火度和良好的隔热性能。炉墙内部用耐火粘土砖砌筑，外加绝热层，外表包以 4～10mm 厚的钢板外壳。

根据炉子工作的需要，在炉墙上开有炉门、窥视孔、烧嘴孔、测温孔等。为防止砌砖破坏，炉墙应尽可能避免直接承受附加荷载，炉门及冷却水管等构件应支承在钢架上。

（2）炉顶　炉膛顶部的砌砖部分称为炉顶。按其结构形式分为拱顶和吊顶两种。

（3）炉底　熔炼炉的炉底是一个熔池。熔池四周均为斜坡，形成一个倒拱形，斜坡的倾斜角度随金属液态重度及熔池深度而增大。

加热炉炉底都是平面，被加热物料直接搁置在上面。由于装料方式不同，可分为固定式炉底，如室式炉、推杆式炉等（图 9-2）；移动式炉底，如台车式炉、转底式炉等（图 9-3）。

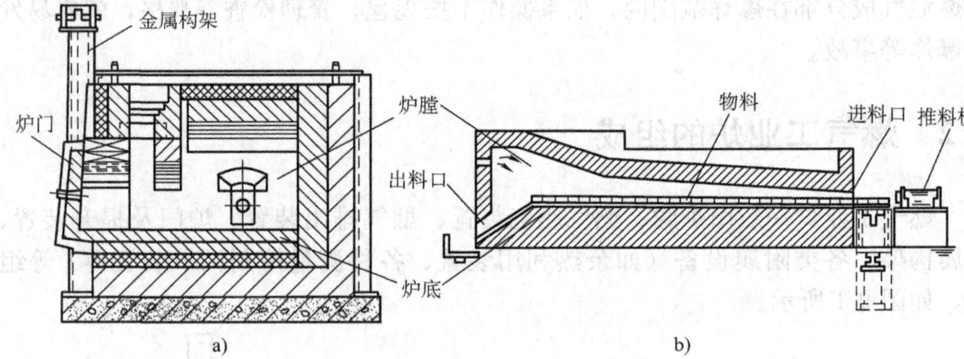

图 9-2　固定式炉底加热炉

a）室式炉　b）推料式炉

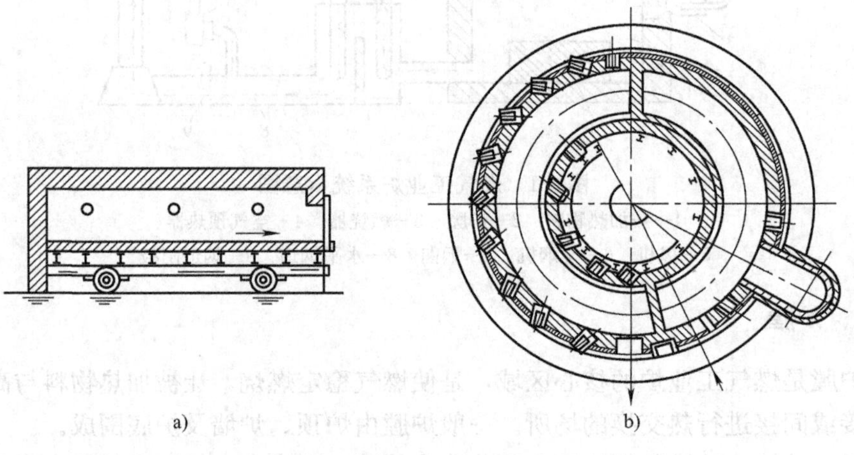

图 9-3　移动式炉底加热炉

a）台车式炉底　b）转底式炉底

炉膛的结构形式按热交换方式区分，可分成高温、中温和低温三个类型。

（1）高温炉膛　熔炼炉及加热炉均属于此类，炉温超过 900℃，炉膛内的热交换以辐射为主。其结构特点是炉膛内能够强烈燃烧，火焰直接向炉膛四周以及被加热物料进行辐射传热，炉温与被加热物料表面的温差（即温度头）相当大。

（2）中温炉膛　绝大部分热处理炉属此类，炉温处于600～900℃之间，传热方式是辐射与对流同时进行。炉膛结构特点是火焰不与被加热物料接触，同时又要使炉内气氛能循环，使炉温均匀。

（3）低温炉膛　所有干燥炉以及部分低温热处理炉属于此类，炉温不超过600℃，传热方式以对流传热为主。此类炉膛的炉底大多数是移动式，如台车式、网帘式、滚筒式等。

9.2.2　燃烧系统

燃气工业炉燃烧系统包括燃烧器、燃气引入系统、空气供给装置、自动控制及安全装置。

（1）燃烧器　作为燃烧系统的关键设备，工业炉燃烧器的选择非常重要，应根据加热工艺要求、用气设备类型、燃气供给压力及附属设施的条件等因素，经技术经济比较后确定。对于高温工业炉，通常采用燃烧强度大的鼓风式燃烧器；对于温度较低的工业炉，也可采用引射式燃烧器，它无需送风、操作简单，在燃气工业炉上应用也较广泛。

（2）燃气引入系统及空气供给装置　采用鼓风式燃烧器时，需设置空气供给装置，一般为鼓风机，其选择是根据燃烧所需空气量以及燃烧器所需的空气压力选择。噪声大的鼓风机，还需采取相应的隔声措施，比如设置风机房或地下室等。空气管的管径按流速6～10m/s计算。

燃气引入系统主要包括引入管、计量表，有时还会有调压设备等。燃气管管径由燃气流速来确定，燃气流速一般取5～12m/s。当燃气压力大于98kPa，流速可提高到15～30m/s。如燃气中含焦油及灰尘较多，根据流速计算的管径应适当放大，最小管径不应小于50mm。

从安全考虑，燃气管线敷设时要注意以下几个方面：

1）燃气管道不得暗封在可以渗入腐蚀性介质的管沟中，当暗封燃气管道的管沟与其他管沟相交时，管沟之间应密封，燃气管道应设套管。

2）当燃气管道暗埋在混凝土地面中时，其燃气管道的引入和引出处应设钢套管。钢套管应伸出地面5～10cm。钢套管两端应采用柔性的防水材料密封；管道应有防腐绝缘层。

3）燃气引入管宜设在使用燃气的房间或燃气表间内。

4）燃气管道上应设放散管，放散管管口应高出屋脊（或平屋顶）1m以上或设置在地面上安全处，并应采取防止雨雪进入管道和放散物进入房间的措施。

5）燃气表宜集中布置在单独房间内，当设有专用调压室时可与调压器同室布置。

6）使用软管连接移动式的工业燃气用具时，其长度不应超过 30m，接口不应超过两个。

7）阀门设置应符合下列规定：

a. 用气车间的进口和燃气设备前的燃气管道上均应单独设置阀门，阀门安装高度不宜超过 1.7m；燃气管道阀门与用气设备阀门之间应设放散管。

b. 燃烧器的燃气接管上，必须单独设置有启闭标记的燃气阀门。

c. 机械鼓风的燃烧器，在风管上必须设置有启闭标记的阀门。

d. 大型或并联装置的鼓风机，其出口必须设置阀门。

e. 放散管、取样管、测压管前必须设置阀门。

（3）自动控制及安全装置　工业企业生产用气设备应具有以下自动及安全装置：

1）每台用气设备都应有观察孔或火焰监测装置，并宜设置自动点火装置和熄火保护装置。

2）用气设备上应有热工检测仪表，加热工艺需要和条件允许时，应设置燃烧过程的自动调节装置。

3）燃气管道上应安装低压和超压报警以及紧急自动切断阀。

4）烟道和封闭式炉膛，均应设置泄爆装置，泄爆装置的泄压口应设在安全处。

5）风机和空气管道应设静电接地装置，接地电阻不应大于 100Ω。

6）燃气燃烧需要带压空气和 O_2 时，应有防止空气和 O_2 回到燃气管路和回火的安全措施。并应符合下列要求：

a. 气管路上应设背压式调压器，空气和 O_2 管路上应设泄压阀。

b. 燃气、空气或 O_2 的混气管路与燃烧器之间应设阻火器。

9.2.3　排烟系统

燃气工业炉排烟装置可按其所利用的能量来源不同分为自然排烟装置和机械排烟装置。

机械排烟装置是用鼓风机、引风机或引射器等装置供给能量，供气体流动。当烟道阻力损失很大或烟气温度很低（例如排烟系统中有废热锅炉等余热利用装置）时，往往需用机械排烟，此时烟囱的主要作用是保证将烟气扩散到卫生标准允许的高度。鼓风机或引风机的型号主要根据排烟系统的阻力以及排烟量来选择。

自然排烟装置是工业炉中广泛采用的方式，是利用烟囱产生自然抽力而使烟气流动。虽然基建投资较大，施工周期较长，但是它工作可靠，不需消耗动力，运转费用低廉，很少需要检修。

1．自然排烟装置

（1）排烟方式　排烟方式与炉子的结构形式及工厂周围的环境有关，分为上、下排烟两种。

下排烟一般用于大型工业炉或多台炉子组成一个排烟系统的情况。下排烟方式要占据较大的地下深度，布置烟道时可能受到车间设备基础及厂房柱基的限制，烟道系统不易严密，可能影响烟囱正常抽力，当地下水位较高时还需设计烟道防水。它的优点是烟气引入地下，不妨碍车间地上管线的布置并便于吊车作业，有利于车间卫生条件及操作环境。

上排烟的炉子，炉体结构比较简单，造价低，施工方便，抽力损耗小，在得到同样数值的抽力时，烟囱高度可以降低。

（2）烟道与闸门　烟道是连接炉子与烟囱的烟气通道。在设计烟道时，首先要正确选择它的截面尺寸和结构形式，使其具有良好的气密性。水平烟道长度，应根据现场情况和烟囱抽力确定。

下排烟炉子的烟道，大都布置在地面300mm以下，通常用砖砌筑，拱顶采用双层的半圆拱顶。根据需要，也可采用内衬硅藻土砖的金属烟道。

为了调节炉膛内的压力，烟道上设有烟气闸门，如图9-1所示。

（3）烟囱　烟囱是一种常用的排烟装置，其作用是在烟囱根部产生抽力（即形成负压），使烟气从炉内排出。图9-4所示为烟囱间图。

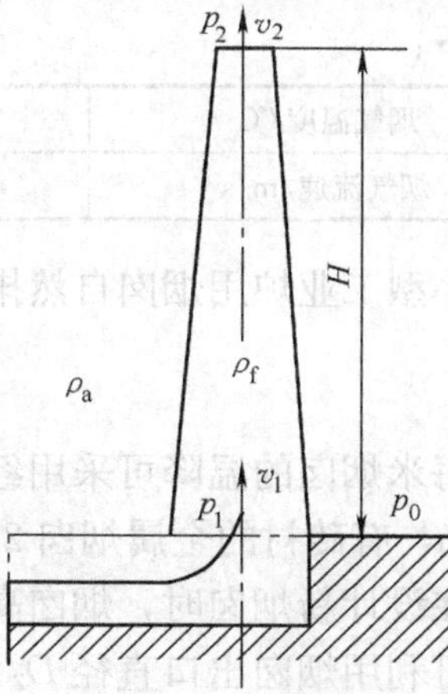

图9-4　烟囱间图

下面介绍烟囱的设计原理。

烟囱的抽力是由周围空气与烟气的热压差所造成，热压差按下式计算

$$\Delta p = Hg(\rho_a - \rho_f) \tag{9-1}$$

式中　Δp——热压（Pa）；

H——烟囱高度（m）；

g——重力加速度（m/s²）；

ρ_a——外部冷空气密度（kg/m³）；

ρ_f——内部热烟气密度（kg/m³）。

由烟囱的热压所产生的抽力是用于克服烟气在整个系统中的阻力的，且国家标准GB 50028—2006《城镇燃气设计规范》中规定，工业炉窑的烟囱抽力不应小于烟气系统总阻力的1.2倍，则有

$$\Delta p = 1.2(p_1 + p_2) \tag{9-2}$$

式中 p_1——工业炉除烟囱以外的烟气阻力（Pa），包括局部阻力和沿程阻力；如果有余热利用装置，则也包括其阻力；

p_2——烟囱阻力（Pa），包括局部阻力和沿程阻力。

烟气阻力计算公式如下

$$p = K\frac{v_f^2\rho_f}{2}\left(\frac{T_f}{288}\right) \tag{9-3}$$

式中 K——阻力系数；

T_f——烟气温度（K）；

ρ_f——烟气密度（kg/m³）；

v_f——烟气速度（m/s）。

选用排烟系统烟气流速时，既要考虑阻力损失，流通面积又不能过大。从炉膛内烟囱、烟道到烟囱，每段温度不同，流速也不同。烟道内烟气流速的经验数据如下：

烟气温度/℃	<400	400～600	600～900	>900
烟气流速/m/s	3.7	2.1～2.6	1.6～2.1	1.2～1.6

小型工业炉用烟囱自然排烟时，烟囱高度可由下式计算

$$H = \frac{1.2p_1 + p_2}{\rho_a - \rho_f} \tag{9-4}$$

每米烟囱的温降可采用经验数据：砖砌烟囱 1℃/m，不衬砖的金属烟囱 3～4℃/m，有砖衬的金属烟囱 2～2.5℃/m，混凝土烟囱 0.1～0.3℃/m。

在设计新烟囱时，烟囱高度 H 为未知数。计算烟囱中烟气温降及摩擦阻力时，可利用烟囱出口直径 D_2 按下式预先估算

$$H = (25 \sim 30)D_2 \tag{9-5}$$

计算应在夏季最高平均温度、最低气压及最大负荷条件下进行。取用的烟囱高度不得小于 20m。若烟囱高度计算值超过 50m，应采用机械排烟。

烟囱出口流速 v_{f2}，当自然排烟时，一般取 2.6～3.2m/s；机械排烟时，可取 5.7～8.3m/s。

选定出口流速后，即可计算烟囱出口直径

$$D_2 = 1.13\sqrt{\frac{q_{V,f}}{v_{f2}}} \tag{9-6}$$

式中 D_2——烟囱出口直径（m）；

$q_{V,f}$——进入烟囱的烟气量（m³/s）；

v_{f2}——烟囱出口流速（m /s）。

烟囱底部直径 D_1

$$D_1 = D_2 + 2iH \tag{9-7}$$

式中 i——烟囱的锥度，常取0.02～0.03；

H——烟囱高度（m）。

一般取 $D_1 = 1.5D_2$。

2. 机械通风排烟装置

（1）燃气工业炉常用的鼓引风机 燃气工业炉常用的鼓引风机主要有三种：轴流式风机、离心式风机及罗茨风机。

轴流风机的风量大，但风压小，因此在工业炉上应用不广。

离心风机在工业炉上应用最广。

罗茨风机的主要特点是风量稳定，流量不受阻力影响，而只与轴转速有关。

（2）燃气工业炉鼓引风机的选择原则 选择鼓引风机的任务主要是根据风机的用途确定风机的型号及转速，使风机产生所需要的流最 q_V 和压力 Δp，并在最佳工况下工作。

选择风机应考虑如下原则：

1）风机工作点应在最佳效率范围内。

2）尽可能选择比转速较大的风机。

3）风机的出口方向要保证风机与管路系统连接方便，且阻力小。

4）力求运转安全、可靠，性能稳定。

（3）引射排烟装置 当烟气温度高于250℃时，往往不能直接用引风机排烟，若烟囱又不能形成足够的抽力时，常采用引射排烟装置。

引射排烟的原理与引射式燃烧器相同，它是通过喷嘴高速喷出气体时产生的负压带走烟气。喷射用气体有空气、蒸汽、压缩空气等。

9.2.4 余热利用系统

由燃气工业炉排出的烟气温度很高，带走大量余热，使炉子的热效率很低，表9-2所示仅以金属燃气加热炉为例。为了提高热效率，节约能源，应最大限度地利用废气余热。加热炉余热利用的途径如图9-5所示。

表9-2 金属加热炉热效率

炉子类型	炉膛温度/℃	热有效利用率(%)	废气平均出炉温度/℃	废气带走的热损失(%)
均热炉	1300～1400	20～30	1250～1350	55～60
轧制连续加热炉	1300～1450	30～40	700～1100	30～45
锻造室式炉	1300～1450	10～15	1100～1200	55～65
热处理室式炉	850～1100	15～20	800～950	35～50
热处理直通炉	850～1000	25～35	500～700	25～35

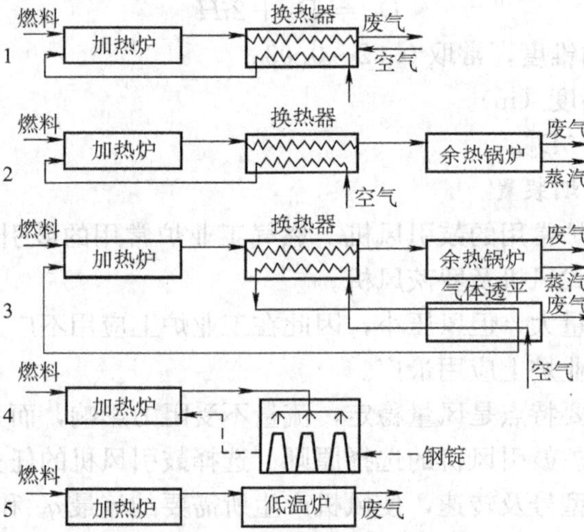

图 9-5 加热炉余热利用的途径

总结起来利用工业炉余热的主要方法有三种：

1）预热燃烧用的空气或燃气。

2）生产蒸汽或热水。

3）预热物料。

1. 预热空气或燃气的技术经济意义

（1）节约燃料　热空气或热燃气带入炉内大量物理热，可直接节约燃料。对高热值燃气，由于理论空气需要量大，因此预热空气比预热燃气效果好。对低热值燃气，两者都应预热。

在达到同样热效果的情况下，预热空气和燃气所节约的燃料可用下式计算

$$\frac{\Delta q_{V,g}}{q_{V,g}}=\frac{100(Q_a+Q_g)}{H_1+Q_a+Q_g-Q_f} \tag{9-8}$$

式中 $\frac{\Delta q_{V,g}}{q_{V,g}}$——空气和燃气预热后节约的燃料（%）；

Q_g、Q_a——$1m^3$ 燃气、$1m^3$ 燃气燃烧所需要的空气经预热后带入炉内的物理热（kJ/m^3）；

H_1——燃气低热值（kJ/m^3）；

Q_f——$1m^3$ 燃气燃烧所产生的烟气带走的热量（kJ/m^3）。

（2）提高燃烧温度　预热空气和燃气还可提高燃烧温度以满足高温工艺的要求。从第 1 章的燃烧温度计算公式可知，空气和燃气的预热温度越高，带入炉内的物理热越多，燃气的理论燃烧温度越高。高温工业炉使用低热值燃气时，必须预热空气和燃气才能达到温度要求。因而，预热空气和燃气对扩大利用低热值燃气能源有其特殊的现实意义。

（3）提高燃气燃烧速度，改善燃气的燃烧过程　空气和燃气的温度越高，燃烧反应越快，在其他条件相同时，火焰将缩短。这点对于炉子采用集中端头供热，提高炉子平均辐射温压，从而提高炉子生产能力很有益处。

2. 利用余热生产蒸汽的技术经济意义

余热利用的另一个有效方法是安装废热锅炉，利用余热产生蒸汽或热水供动力、生产工艺及生活使用。由于水的热容量和密度比空气的大，它可以把烟气的温度降至150～250℃，因此利用烟气产生蒸汽时的热回收率比预热空气大。例如，有些空气预热器排出的烟气温度尚有500～600℃，即使增加预热器面积也难再降低排烟温度，且不经济，故应在预热器后再安装废热锅炉，进一步降低排烟温度至150～250℃，可再回收烟气热量的50%以上。

9.3　燃气工业炉的耗气量计算

燃气工业炉的耗气量表明其加热能力及效率，根据耗气量确定燃烧器规格及数量。耗气量的计算可采用热平衡计算法、经验指标套算法，或者利用其他燃料工业炉能耗折合推算。热平衡计算法是一般常用的方法，尤其是新型及特殊炉型必须采用。经验指标套算法则应用于常用的、生产经验较多的炉型，计算较方便，也比较正确，被广泛应用。

9.3.1　热平衡法

热平衡计算法根据燃气工业炉收入及支出两边总热量必须平衡的原则进行耗气量计算。连续式炉可按稳定工况内某一小时的热量计算。间歇式炉要以每一工作周期的热量进行计算，整个周期包括稳定态与不稳定态两种工况。

根据工业炉的热平衡

$$q_{V,g}H_l + q_{V,g}V_a t_a c_a = Q_e + q_{V,g}V_f t_f c_f + Q_l$$

式中　$q_{V,g}$——耗气量（m^3/h）；

H_l——燃气低热值（kJ/m^3）；

Q_e——有效热，加热对象所吸收的热量（kJ/h）；

Q_l——炉膛的热损失，通过炉体的散热和开口或门的辐射热等造成的热损失（kJ/h）；

t_a——空气的预热温度（℃）；

c_a——空气的0～t_a之间的平均体积定压热容［$kJ/(m^3 \cdot K)$］；

V_a——空气的实际需要量（m^3/m^3）；

t_f——排烟温度（℃）；

c_f——烟气的0～t_f之间的平均体积定压热容［$kJ/(m^3 \cdot K)$］。

则燃气的耗量为

$$q_{V,g}=\frac{Q_e+Q_l}{H_l+V_a t_a c_a-V_f t_f c_f} \tag{9-9}$$

式中，分子部分为工业炉的热支出部分（kJ/h），其内容按各炉型具体情况而定。

9.3.2 热指标法

热指标法被各行业用来计算耗气量。目前较普遍使用的指标形式有单位热耗和炉底热强度或容积热强度两种。热指标的大小，是根据工业炉的加热温度，并能满足排放标准的燃烧来确定的。这些指标都是不少工厂历年运行中实测的数据，但在套用时要结合具体工况（如生产率、燃气低热值、班次等）进行适当的修正。几种常见工业炉的热指标见表9-3～表9-5。

表9-3 常用燃气工业炉单位耗热指标

炉 型	炉温/℃	最高生产率时单位热耗/(kJ/kg)
台车式加热炉（不预热）	1200	3349～5023
室式加热炉（1.5～6m³）	1300	5023～5442
连续式加热炉（两段，上、下供热，空气预热340℃）	1300	2302
半连续式加热炉（实底炉，空气预热250℃）	1300	3349～3767
环型加热炉（空气预热400℃，煤气预热200℃）	1300	2513
台车式热处理炉（退火）	900	5023～5860
平炉	1675	5274～14651

表9-4 燃气加热炉及热处理炉炉底热强度

炉 型	炉温/℃	最大炉底热强度/[MJ/(m²·h)]
台车式加热炉	1200	1250～900
室式加热炉（1～6m³）	1200～1300	1670～1260
连续式加热炉（10～60m²）	1200～1300	1260～920
环形加热炉	1300	800～650
台车式热处理炉（正火，3～20m²）	900～1000	479～500

表 9-5 燃气工业炉的容积热强度

炉 型	炉温/℃	最大容积热强度/[MJ/(m³·h)]
干燥炉（炉膛有效容积 10～100m²）	150～200 200～300 300～400 400～500	41.9～31.4 62.8～41.9 83.7～62.8 92.1～75.3
室式糕点炉	200～250	134
红外线连续糕点炉	180～260	268
搪瓷炉	780～960	2210
纺织品热定型炉	190～200	16

1. 单位热耗法计算耗气量

单位热耗是加热每单位质量或件数的加热对象所消耗的热量。耗气量计算公式如下

$$q_{V,g}=\frac{q'G}{H_1} \tag{9-10}$$

式中 q'——单位热耗（kJ/kg）；

G——工业炉生产能力（kg /h）。

2. 炉底热强度或容积热强度法计算耗气量

炉底热强度或容积热强度是每 m^2 有效炉底面积或每 m^3 有效容积每小时所消耗的热量。利用炉底热强度的耗气量计算公式如下

$$q_{V,g}=\frac{q_dF}{H_1} \tag{9-11}$$

式中 q_d——炉底热强度 [kJ/(m^2·h)]；

F——炉底有效面积（m^2）。

利用容积热强度的耗气量计算公式如下

$$q_{V,g}=\frac{q_vV}{H_1} \tag{9-12}$$

式中 q_v——炉膛容积热强度 [kJ/(m^3·h)]；

V——炉膛有效容积（m^3）。

思 考 题

1. 了解燃气在工业加热中的应用情况。
2. 简述燃气工业炉的基本组成。
3. 试述燃气工业炉耗气量计算的基本方法及原理。

附　　录

附录 A　各种常用燃气的组成和特性（0.101325MPa）

燃气种类名称			燃气成分（体积分数%）													密度	
			H_2	CO	CH_4	C_2^+							O_2	N_2	CO_2	（0℃）（kg/m^3）	（15℃）（kg/m^3）
						C_2H_4	C_2H_6	C_3H_6	C_3H_8	C_4H_8	C_4H_{10}	C_5^+					
人造燃气	煤制气	炼焦煤气	59.2	8.6	23.4	2.0							1.2	3.6	2.0	0.4686	0.4442
		直立炉气	56.0	17.0	18.0	1.7							0.3	2.0	5.0	0.5527	0.5239
		混合煤气	48.0	20.0	13.0	1.7							0.8	12.0	4.5	0.6695	0.6346
		发生炉气	8.4	30.4	1.8	0.4							0.4	56.4	2.2	1.1627	1.1022
		水煤气	52.0	34.4	1.2								0.2	4.0	8.2	0.7005	0.6640
	油制气	催化煤气	58.1	10.5	16.6	5.0		5.7					0.7	2.5	6.6	0.5374	0.5094
		热裂化制气	31.5	2.7	28.5	23.8	2.6						0.6	2.4	2.1	0.7909	0.7497
天然气		四川干气			98.0				0.3		0.3	0.4		1.0		0.7435	0.7048
		大庆石油伴生气			81.7				6.0		4.7	4.9	0.2	1.8	0.7	1.0415	0.9873
		天津石油伴生气			80.1		7.4		3.8		2.3	2.4		0.6	3.4	0.9709	0.9204
液化石油气		北　京			1.5		1.0	9.0	4.5	54.0	26.2	3.8				2.5272	2.3956
		大　庆			1.3		0.2	15.8	6.6	38.5	23.2	12.6		1.0	0.8	2.5268	2.3653

（续）

燃气种类名称			相对密度	热值/(kJ/m³)(15℃)		华白数 $\left(\frac{高热值}{\sqrt{相对密度}}\right)$ (15℃)	理论烟气量/(m³/m³)		理论空气需要量/(m³/m³)	爆炸极限(在空气中的体积分数,%)		理论燃烧温度/℃
				高热值	低热值		湿	干		上	下	
人造燃气	煤制气	炼焦煤气	0.3623	18788	16701	32059	4.88	3.76	4.21	35.8	4.5	1998
人造燃气	煤制气	直立煤气	0.4275	17106	15296	26871	4.44	3.47	3.80	40.9	4.9	2003
人造燃气	煤制气	混合煤气	0.5178	14610	13137	20853	3.85	3.06	3.18	42.6	6.1	1986
人造燃气	煤制气	发生炉气	0.8992	5691	5445	6165	1.98	1.84	1.16	67.5	21.5	1600
人造燃气	煤制气	水煤气	0.5418	10855	9843	15147	3.19	2.19	2.16	70.4	6.2	2175
人造燃气	油制气	催化煤气	0.4156	17510	15661	27897	4.55	3.54	3.89	42.9	4.7	2009
人造燃气	油制气	热裂化制气	0.6116	35977	32969	47249	9.39	7.81	8.55	25.7	3.7	2038
天然气		四川干气	0.5750	40403	38300	34545	51877	8.65	9.46	15.0	5.0	1970
天然气		大庆石油伴生气	0.8054	52833	50083	45864	57318	11.33	12.52	14.2	4.2	1986
天然气		天津石油伴生气	0.7503	48077	45574	41371	54039	10.3	11.40	14.2	4.4	1973
液化石油气		北　京	1.9545	123678	117240	109072	86132	26.58	28.28	9.7	1.7	2050
液化石油气		大　庆	1.9542	122284	115918	107857	85168	25.87	28.94	9.7	1.7	2060

附录 B 一些常用气体的物理、化学和燃烧特性（0.101325MPa）

	气体	分子式	相对分子质量 μ	kmol 体积① [m^3/kmol] (0℃)	气体常数 R [J/(kg·K)]	密度 ρ (0℃) (kg/m^3)	密度 ρ (15℃) (kg/m^3)	相对密度 s (空气=1)	等熵指数 k (0℃)
1	氢	H_2	2.0160	22.4270	4125	0.0899	0.0852	0.0695	1.407
2	一氧化碳	CO	28.0104	22.3984	297	1.2506	1.1855	0.9671	1.403
3	甲烷	CH_4	16.0430	22.3621	518	0.7174	0.6801	0.5548	1.309
4	乙炔	C_2H_2	26.0380		319	1.1709	1.1099	0.9057	1.269
5	乙烯	C_2H_4	28.0540	22.2567	296	1.2605	1.1949	0.9748	1.258
6	乙烷	C_2H_6	30.0700	22.1872	276	1.3553	1.2847	1.048	1.198
7	丙烯	C_3H_6	42.0810	21.9900	197	1.9136	1.8140	1.479	1.170
8	丙烷	C_3H_8	44.0970	21.9362	188	2.0102	1.9055	1.554	1.161
9	丁烯	C_4H_8	56.1080	21.6067	148	2.5968	2.4616	2.008	1.146
10	正丁烷	i-C_4H_{10}	58.1240	21.5036	143	2.7030	2.5623	2.090	1.144
11	异丁烷	n-C_4H_{10}	58.1240	21.5977	143	2.6912	2.5511	2.081	1.144
12	戊烯	C_5H_{10}	70.1350	21.2177	118	3.3055	3.1334	2.556	—
13	正戊烷	C_5H_{12}	72.1510	20.8910	115	3.4537	3.2739	2.671	1.121
14	二氧化碳	CO_2	44.0098	22.2601	188	1.9771	1.8742	1.5289	1.304
15	氧	O_2	31.9988	22.3923	259	1.4291	1.3547	1.1052	1.400
16	氮	N_2	28.0134	22.4035	296	1.2504	1.1853	0.9670	1.402
17	空气		28.966	22.4003	287	1.2931	1.2258	1.0000	1.401
18	水蒸气	H_2O	18.0154	21.629	461	0.833	0.790	1.644	1.335

① 为实际 kmol 体积，理想 kmol 体积均为 22.4163m^3

	气体	热导率λ /[W/(m·K)] (0℃)	运动粘度 $\gamma\times10^6$ (m^2/s)	动力粘度 $\mu\times10^6$ (kg·s/m^2) (0℃)	向空气的扩散系数 $D\times10^4$ /(m^2/s) (0℃)	最低着火温度/℃	点火能/ $\times10^{-8}$kJ		熄火距离/mm	
							化学计量比	最小	化学计量比	最小
1	氢	0.2163	93.00	0.852	0.611	400	1.51	1.51	0.51	0.51
2	一氧化碳	0.02300	13.30	1.690	0.175	605	—	—	—	—
3	甲烷	0.03024	14.50	1.060	0.196	540	33.03	29.01	2.54	2.03
4	乙炔	0.01872	8.05	0.960	—	335	3.01	—	0.76	—
5	乙烯	0.0164	7.46	0.950	—	425	—	—	—	—
6	乙烷	0.01861	6.41	0.877	0.108	515	42.03	24.03	2.29	1.78
7	丙烯	—	3.99	0.780	—	460	28.22	—	2.03	—
8	丙烷	0.01512	3.81	0.765	0.088	450	30.52	—	2.03	1.78
9	丁烯	—	2.81	0.747	—	385	—	—	—	—
10	正丁烷	0.01349	2.53	0.697	0.075	365	—	—	—	—
11	异丁烷	—	—	—	—	460	—	—	—	—
12	戊烯	—	1.99	0.669	—	290	—	—	—	—
13	正戊烷	—	1.85	0.648	—	260	—	—	—	—
14	二氧化碳	0.01372	7.09	1.430	0.138	—	—	—	—	—
15	氧	0.025	13.60	1.980	0.178	—	—	—	—	—
16	氮	0.02489	13.30	1.700	—	—	—	—	—	—
17	空气	0.02489	13.40	1.750	—	—	—	—	—	—
18	水蒸气	0.01617	10.12	0.860	0.220	—	—	—	—	—

		燃烧反应式	热值				理论空气需要量，耗氧量 /［m^3/m^3（干燃气）］	
			（0℃）（kJ/m^3）		（15℃）（kJ/m^3）		空气	氧
			高	低	高	低		
1		$H_2+0.5O_2=H_2O$	12753	10794	12089	10232	2.38	0.5
2		$CO+0.5O_2=CO_2+2H_2O$	12644	12644	11986	11986	2.38	0.5
3		$CH_4+2O_2=CO_2+2H_2O$	39842	35906	37768	34037	9.52	2.0
4		$C_2H_2+2.5O_2=2CO_2+H_2O$	58502	56488	55457	53547	11.90	2.5
5		$C_2H_4+3O_2=2CO_2+2H_2O$	63438	59482	60136	56386	14.28	3.0
6		$C_2H_6+3.5O_2=2CO_2+3H_2O$	70351	64397	66689	61045	16.66	3.5
7		$C_3H_6+4.5O_2=3CO_2+3H_2O$	93671	87667	88819	83103	21.42	4.5
8		$C_3H_8+5O_2=3CO_2+4H_2O$	101270	93244	95998	88390	23.80	5.0
9		$C_4H_8+6O_2=4CO_2+4H_2O$	125847	117695	119296	111568	28.56	6.0
10		$C_4H_{10}+6.5O_2=4CO_2+5H_2O$	133885	123649	126915	117212	30.94	6.5
11		$C_4H_{10}+6.5O_2=4CO_2+5H_2O$	113048	122857	107163	116462	30.94	6.5
12		$C_5H_{10}+7.5O_2=5CO_2+6H_2O$	159211	148837	150923	141089	35.70	7.5
13		$C_5H_{12}+8O_2=5CO_2+6H_2O$	169377	156733	160560	148574	38.08	8.0
14								
15								
16								
17								
18								

序号	理论烟气量/（m^3/m^3 干燃气）				爆炸极限（%）常压，20℃		燃烧热量温度/℃
	CO_2	H_2O	N_2	V_f^0	下	上	
1		1.0	1.88	2.88	4.0	75.9	2210
2	1.0	—	1.88	2.88	12.5	74.2	2370
3	1.0	2.0	7.52	10.52	5.0	15.0	2043
4	2.0	1.0	9.40	12.40	2.5	80.0	2620
5	2.0	2.0	11.28	15.28	2.7	34.0	2343
6	2.0	3.0	13.16	18.16	2.9	13.0	2115
7	3.0	3.0	16.92	22.92	2.0	11.7	2224
8	3.0	4.0	18.80	25.80	2.1	9.5	2155
9	4.0	4.0	22.56	30.56	1.6	10.0	—
10	4.0	5.0	24.44	34.44	1.5	8.5	2130
11	4.0	5.0	24.44	34.44	1.8	8.5	2118
12	5.0	5.0	28.20	38.20	1.4	8.7	—
13	5.0	6.0	30.08	41.08	1.4	8.3	—
14							
15							
16							
17							
18							

附录 C　气体平均体积定压热容 c_p

[1 大气压，0-t（℃），kJ/（m^3·K）]

	N_2	O_2	H_2O	CO_2	空气	H_2	CO	SO_2	CH_4	C_2H_2	C_2H_4	C_2H_6	NH_3	H_2S	C_3H_8	C_4H_{10}	C_6H_6
1	2	3	4	5	6	7	8	9	10	11	12	13	14	15	16	17	18
0	1.230	1.238	1.405	1.516	1.234	1.230	1.234	1.686	1.465	1.810	1.790	2.127	1.508	1.476	2.806	3.517	3.096
100	1.234	1.247	1.421	1.612	1.238	1.230	1.234	1.766	1.536	1.964	2.012	2.350	1.559	1.484	3.183	4.013	3.770
200	1.234	1.266	1.437	1.703	1.242	1.234	1.242	1.842	1.666	2.084	2.223	2.619	1.612	1.501	3.564	4.505	4.365
300	1.242	1.286	1.457	1.778	1.250	1.234	1.250	1.905	1.794	2.187	2.417	2.818	1.686	1.524	3.941	5.000	4.922
400	1.250	1.305	1.476	1.842	1.262	1.238	1.262	1.964	1.913	2.250	2.599	3.136	1.742	1.556	4.322	5.493	5.398
500	1.262	1.321	1.501	1.897	1.274	1.238	1.274	2.012	2.024	2.318	2.762	3.310	1.798	1.595	4.699	5.989	5.835
600	1.274	1.338	1.524	1.949	1.286	1.242	1.290	2.056	2.135	2.385	2.897		1.767	1.631	5.080	6.481	6.191
700	1.286	1.354	1.548	1.993	1.298	1.242	1.302	2.091	2.238	2.441	3.024		1.921	1.663	5.457	6.977	6.548
800	1.298	1.365	1.572	2.032	1.310	1.250	1.321	2.123	2.338	2.501	3.175		1.980	1.699	5.838	7.470	6.826
900	1.310	1.381	1.595	2.067	1.321	1.254	1.330	2.155	2.429	2.540	3.267		2.040	1.730	6.216	7.966	7.104
1000	1.321	1.389	1.623	2.103	1.334	1.258	1.341	2.175	2.516	2.599	3.374		2.103	1.762	6.596	8.458	7.382
1100	1.334	1.401	1.648	2.131	1.345	1.266	1.354	2.198									
1200	1.341	1.409	1.671	2.158	1.354	1.274	1.365	2.218									
1300	1.350	1.417	1.695	2.175	1.361	1.282	1.374	2.234									
1400	1.361	1.425	1.715	2.194	1.374	1.290	1.385	2.250									
1500	1.369	1.432	1.739	2.214	1.381	1.294	1.389	2.262									
1600	1.377	1.441	1.758	2.234	1.389	1.302	1.401	2.274									

（续）

	N_2	O_2	H_2O	CO_2	空气	H_2	CO	SO_2	CH_4	C_2H_2	C_2H_4	C_2H_6	NH_3	H_2S	C_3H_8	C_4H_{10}	C_6H_6
1	2	3	4	5	6	7	8	9	10	11	12	13	14	15	16	17	18
1700	1.385	1.445	1.778	2.254	1.397	1.310	1.405	2.286									
1800	1.393	1.452	1.798	2.270	1.405	1.318	1.413	2.298									
1900	1.397	1.457	1.818	2.286	1.409	1.325	1.421	2.302									
2000	1.405	1.461	1.833	2.298	1.417	1.334	1.425	2.314									
2100	1.409	1.465	1.849	2.310	1.421												
2200	1.413	1.468	1.866	2.322	1.425												
2300	1.421	1.472	1.882	2.334	1.432												
2400	1.425	1.476	1.897	2.341	1.437												
2500	1.429	1.481	1.913	2.354	1.441												
2600	1.432	1.484	1.925	2.361	1.445												
2700	1.437	1.488	1.937	2.370	1.448												
2800	1.441	1.492	1.949	2.374	1.452												
2900	1.445	1.496	1.960	2.377	1.457												
3000	1.448	1.501	1.973	2.381	1.461												

附录 D 城镇燃气试验气（干气、15℃、0.101325MPa）

类别		试验气	体积分数（%）	相对密度	热值/(MJ/m³) H_l	热值/(MJ/m³) H_h	华白数/(MJ/m³) W_l	华白数/(MJ/m³) W_h	燃烧势 c_p	理论干烟气中 CO_2 体积分数（%）
人工煤气	3R	0	CH_4=8.7，H_2=50.9，N_2=40.4	0.474	8.16	9.44	11.85	13.71	77.7	4.14
		1	CH_4=12.7，H_2=46.1，N_2=41.2	0.501	9.53	10.94	12.74	14.66	70.5	5.38
		2	CH_4=6.6，H_2=55.1，N_2=38.3	0.445	8.32	9.65	11.80	13.72	85.5	3.33
		3	CH_4=16.1，H_2=31.7，N_2=52.2	0.616	9.20	10.46	11.10	12.62	46.5	6.74
	4R	0	CH_4=8.4，H_2=62.9，N_2=28.7	0.368	9.80	11.37	15.31	17.78	107.9	3.84
		1	CH_4=13.1，H_2=57.5，N_2=29.4	0.396	10.40	12.55	16.52	19.03	97.7	5.31
		2	CH_4=5.9，H_2=67.3，N_2=26.8	0.339	9.38	10.93	15.26	17.82	118.7	2.90
		3	CH_4=18.1，H_2=41.3，N_2=40.6	0.522	10.96	12.48	14.37	16.38	64.7	6.64
	5R	0	CH_4=19，H_2=54，N_2=27	0.404	11.99	13.70	18.85	21.57	93.9	6.54
		1	CH_4=25，H_2=48，N_2=27	0.433	13.42	15.26	20.37	23.17	84.3	7.57
		2	CH_4=18，H_2=55，N_2=27	0.399	11.74	13.46	18.58	21.29	95.6	6.34
		3	CH_4=29，H_2=32，N_2=39	0.560	13.12	14.79	17.55	19.81	54.4	8.38
	6R	0	CH_4=22，H_2=58，N_2=20	0.356	13.42	15.36	22.48	26.69	108.3	6.95
		1	CH_4=29，H_2=52，N_2=19	0.381	15.19	17.25	24.59	27.95	98.4	7.97
		2	CH_4=22，H_2=59，N_2=19	0.347	13.51	15.48	22.94	26.23	111.4	6.93
		3	CH_4=34，H_2=35，N_2=31	0.513	15.14	17.08	21.14	23.85	63.1	8.80

（续）

类别		试验气	体积分数（%）	相对密度	热值/(MJ/m^3)		华白数/(MJ/m^3)		燃烧势 c_p	理论干烟气中 CO_2 体积分数（%）
					H_l	H_h	W_l	W_h		
人工煤气	7R	0	CH_4=27，H_2=60，N_2=13	0.317	15.31	17.46	27.19	31.00	120.9	7.59
		1	CH_4=34，H_2=54，N_2=12	0.342	17.08	19.38	29.20	33.12	109.7	8.34
		2	CH_4=25，H_2=63，N_2=12	0.299	14.94	17.07	27.34	31.23	129.0	7.28
		3	CH_4=40，H_2=37，N_2=23	0.470	17.39	19.59	25.36	28.57	71.5	9.23
天然气	3T	0	CH_4=32.5，空气=67.5	0.855	11.06	12.28	11.95	13.28	22.0	11.74
		1	CH_4=34.9，空气=65.1	0.845	11.87	13.19	12.92	14.35	22.9	11.74
		2	CH_4=16.0，H_2=34.2，N_2=49.8	0.594	8.94	10.18	11.59	13.21	50.6	6.27
		3	CH_4=30.1，空气=69.9	0.866	10.24	11.37	11.00	12.22	21.0	11.74
	4T	0	CH_4=41，空气=59	0.818	13.95	15.49	15.43	17.13	24.9	11.74
		1	CH_4=44，空气=56	0.804	14.97	16.62	16.69	18.54	25.7	11.74
		2	CH_4=22，H_2=36，N_2=42	0.553	11.16	12.67	15.01	17.03	57.3	7.40
		3	CH_4=38，空气=62	0.831	12.93	14.36	14.19	15.75	24.0	11.74
	6T	0	CH_4=53.4，N_2=46.6	0.747	18.16	20.18	21.01	23.35	18.5	10.65
		1	CH_4=56.7，N_2=43.3	0.733	19.29	21.42	22.53	25.01	19.9	10.77
		2	CH_4=41.3，H_2=20.9，N_2=37.8	0.609	16.18	18.13	20.73	23.23	42.7	9.36
		3	CH_4=50.2，N_2=49.8	0.760	17.08	18.97	19.59	21.76	17.3	10.51
	10T	0，2	CH_4=86，N_2=14	0.613	29.25	32.49	37.38	41.52	33.0	11.52

参考文献

[1] 同济大学，等. 燃气燃烧与应用 [M]. 北京：中国建筑工业出版社，2000.
[2] 姜正侯. 燃气工程技术手册 [M]. 上海：同济大学出版社，1993.
[3] 姜正侯，等. 燃气燃烧理论与实践 [M]. 北京：中国建筑工业出版社，1985.
[4] 傅忠诚. 燃气燃烧原理 [M]. 北京：中国建筑工业出版社，1988.
[5] 傅忠诚，等. 天然气燃烧与节能环保新技术 [M]. 北京：中国建筑工业出版社，2008.
[6] 冯良，等. 天然气燃烧器原理与应用手册 [M]. 北京：中国建筑工业出版社，2008.
[7] 夏昭知，伍国福. 燃气热水器 [M]. 重庆：重庆大学出版社，2002.
[8] 郭全. 燃气壁挂锅炉及其应用技术 [M]. 北京：中国建筑工业出版社，2008.
[9] 彭世尼. 燃气安全技术 [M]. 重庆：重庆大学出版社，2005.
[10] 侯凌云，侯晓春. 喷嘴技术手册 [M]. 北京：中国石化出版社，2007.
[11] 李芳. 天然气燃烧及应用技术 [M]. 北京：石油工业出版社，2002.
[12] GB 50028—2006 城镇燃气设计规范 [S]. 北京：中国计划出版社，2006.
[13] 建设部城镇燃气标准技术归口单位. 燃气采暖热水炉 [M]. 北京：中国建筑工业出版社，2005.
[14] 严铭卿. 燃气动力工程常用数据手册 [M]. 北京：中国建筑工业出版社，2000.
[15] 何涛，刘翠娟，等. 燃气燃烧与应用实验指导 [M]. 北京：中国建筑工业出版社，2008.
[16] 聂永丰. 燃气空调技术及应用 [M]. 北京：机械工业出版社，2009.
[17] 李运明，等. 工程燃烧学 [M]. 北京：中国计量出版社，2008.
[18] 汪军. 工程燃烧学 [M]. 北京：中国电力出版社，2008.
[19] 吕佐周，王光辉. 燃气工程技术手册 [M]. 北京：冶金工业出版社，1998.
[20] 建设部城镇燃气标准技术归口单位. 建设部城镇燃气及燃气器具标准汇编 [M]. 北京：中国标准出版社，2006.
[21] 国际铜业协会. 冷凝式燃气热水器 [M]. 重庆：重庆大学出版社，2005.
[22] 刘宏. 天然气热电冷联供技术及应用 [M]. 北京：中国建筑工业出版社，2008.
[23] 徐旭常，周力行. 燃烧技术手册 [M]. 北京：化学工业出版社，2008.
[24] 赵钦新，等. 燃油燃气锅炉 [M]. 西安：西安交通大学出版社，2000.
[25] 周力行. 燃烧理论和化学流体力学 [M]. 北京：科学出版社，1986.
[26] 岑可法，等. 燃烧理论与污染控制 [M]. 北京：机械工业出版社，2004.
[27] 张剑，等. 燃烧噪声与振动 [M]. 北京：北京理工大学出版社，2008.
[28] 严传俊，范玮. 燃烧学 [M]. 西安：西北工业大学出版社，2008.
[29] 胡国华. 燃气空调 [M]. 北京：中国建筑工业出版社，2005.
[30] 王方. 火焰学 [M]. 北京：中国科学技术出版社，1994.
[31] 岑可法，等. 高等燃烧学 [M]. 杭州：浙江大学出版社，2002.